基于致灾过程的气象灾害风险评估技术及应用

田　红　卢燕宇　谢五三　王　胜　邓汗青
唐为安　何冬燕　吴　蓉　戴　娟　丁小俊　著

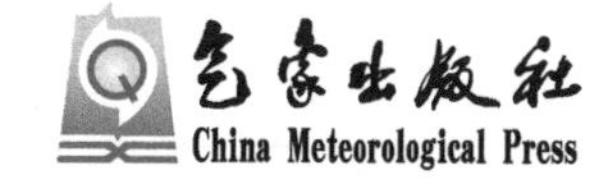

内容简介

本书根据防灾减灾需求和气象灾害发生、发展的特点，从灾害性天气致灾机理解析、致灾临界气象条件分析、灾害风险动态评估及业务化应用等方面系统地介绍暴雨洪涝、干旱、连阴雨、低温、高温、冰雹等气象灾害风险评估技术体系，有利于推动气象灾害防御的端口前移，由减轻气象灾害损失向降低气象灾害风险转变。

本书可供从事自然灾害风险管理的部门和人员参考。

图书在版编目(CIP)数据

基于致灾过程的气象灾害风险评估技术及应用/田红等著．--北京：气象出版社，2019.1(2021.3 重印)

ISBN 978-7-5029-6926-4

Ⅰ.①基…　Ⅱ.①田…　Ⅲ.①气象灾害—风险评价　Ⅳ.①P429

中国版本图书馆 CIP 数据核字(2019)第 020110 号

Jiyu Zhizai Guocheng de Qixiang Zaihai Fengxian Pinggu Jishu ji Yingyong

基于致灾过程的气象灾害风险评估技术及应用

田　红　卢燕宇　谢五三　王　胜　邓汗青　唐为安　何冬燕　吴　蓉　戴　娟　丁小俊　著

出版发行：气象出版社

地　　址：北京市海淀区中关村南大街 46 号　　**邮政编码**：100081

电　　话：010-68407112(总编室)　010-68408042(发行部)

网　　址：http://www.qxcbs.com　　**E-mail**：qxcbs@cma.gov.cn

责任编辑：杨泽彬　　**终　　审**：吴晓鹏

责任校对：王丽梅　　**责任技编**：赵相宁

封面设计：博雅思企划

印　　刷：北京建宏印刷有限公司

开　　本：787 mm×1092 mm　1/16　　**印　　张**：9.75

字　　数：200 千字

版　　次：2019 年 1 月第 1 版　　**印　　次**：2021 年 3 月第 3 次印刷

定　　价：90.00 元

目　录

第 1 章　引言 ………………………………………………………………… 1
第 2 章　研究思路 …………………………………………………………… 3
　2.1　风险评估框架 ………………………………………………………… 3
　2.2　风险评估流程与步骤 ………………………………………………… 5
第 3 章　流域暴雨洪涝灾害风险评估 ……………………………………… 7
　3.1　技术流程 ……………………………………………………………… 8
　3.2　应用案例 ……………………………………………………………… 42
第 4 章　城市内涝灾害风险评估 …………………………………………… 58
　4.1　技术流程 ……………………………………………………………… 58
　4.2　风险数据库建设 ……………………………………………………… 60
　4.3　暴雨致灾危险性分析 ………………………………………………… 67
　4.4　排涝能力估算 ………………………………………………………… 71
　4.5　内涝淹没模拟 ………………………………………………………… 76
　4.6　内涝风险评估 ………………………………………………………… 79
第 5 章　干旱灾害风险评估 ………………………………………………… 89
　5.1　技术流程 ……………………………………………………………… 89
　5.2　应用案例 ……………………………………………………………… 96
第 6 章　连阴雨灾害风险评估 ……………………………………………… 101
　6.1　技术流程 ……………………………………………………………… 101
　6.2　应用案例 ……………………………………………………………… 107
第 7 章　低温灾害风险评估 ………………………………………………… 109
　7.1　技术流程 ……………………………………………………………… 109
　7.2　应用案例 ……………………………………………………………… 113
第 8 章　高温灾害风险评估 ………………………………………………… 115
　8.1　技术流程 ……………………………………………………………… 115
　8.2　应用案例 ……………………………………………………………… 119
第 9 章　冰雹灾害风险评估 ………………………………………………… 121
　9.1　技术流程 ……………………………………………………………… 121
　9.2　应用案例 ……………………………………………………………… 128

第 10 章　大风灾害风险评估 ······ 130
10.1　技术流程 ······ 130
10.2　风险数据库建设 ······ 131
10.3　大风致灾危险性分析 ······ 131
10.4　大风灾害风险评估 ······ 135
第 11 章　安徽省暴雨洪涝灾害风险评估业务 ······ 137
11.1　业务概况 ······ 137
11.2　业务流程 ······ 137
11.3　业务系统 ······ 138
11.4　业务产品及服务 ······ 141
11.5　服务案例 ······ 143
第 12 章　结语 ······ 148
参考文献 ······ 149

第1章 引 言

随着经济社会的发展，自然灾害造成的损失越来越明显，已经成为影响经济发展、社会安定和国家安全的重要因素。在众多自然灾害中，气象灾害损失占自然灾害总损失的70%以上（WMO，2006）。近年来，在气候变化背景下，世界各地极端气象灾害增多趋强，由极端气象事件引发的气象灾害及其衍生灾害所造成的损失也在不断增加，面临的灾害风险也不断加大。为了减轻灾害造成的损失，人类开展了大量的工程和非工程减灾行动。盲目的减灾行动必然导致人力、物力和财力等的大量浪费，有悖于减灾的初衷。只有对灾害的孕育、发生、发展、可能造成的影响有科学的认识，才能避免行动的盲目性。防灾减灾的重要环节是全面认识和恰当评价自然灾害给人类社会造成的风险，国内外大量的减灾实践表明，防灾减灾三大体系——监测预报体系、防御体系和紧急救援体系在时间域与空间域上的优化配置和有序建设，需要以正确的灾害风险分析成果为基本依据（苏桂武 等，2003）。在这种背景下，气象灾害风险也成了国内外社会普遍关注的热点问题。例如IPCC于2011年11月发布了《管理极端事件和灾害风险，推进气候变化适应》特别报告（SREX），其中特别指出对于广大发展中国家伴随气候变化产生的递增风险很可能叠加大规模的贫穷和严重脆弱性，有效管理不断变化的极端气候和灾害风险已成为当务之急。在我国国民经济和社会发展规划以及近年来国务院政府工作报告中均强调了“应对极端气候事件能力建设”。合理的气象灾害风险评估对保障人民生命财产安全和国民经济的可持续发展等具有重要意义。

灾害作为重要的可能损害之源，历来是各类风险分析和风险管理研究的重要对象，灾害风险研究的兴起也成了灾害科学发展的必然。自从20世纪30年代美国田纳西河流域管理局开始研究洪水灾害风险以来（章国材，2010），自然灾害风险评估的理论和方法已得到长足发展和广泛应用。随着对灾害的自然和社会双重属性的深入认识，目前自然灾害的风险评价已经逐步将灾害成因机理与经济社会条件分析紧密结合起来，另外，由于各种统计分析手段和计算机技术的飞速发展，灾害风险评估也由定性评价逐渐转变为半定量和定量评估。国外在灾害风险评估方法和系统研究方面已取得较大进展，例如应用层次分析法（Yoshimatsu 等，2006）、概率统计（Korkmaz 等，2009）、模糊数学（Karimi 等，2007）等方法来定量评估灾害风险，研制了综合风险评估指数和模型（UNDP，2004），并且在评估系统的研发和应用方面取得了丰硕成果（FEMA，2004）。我国自然灾害风险评估研究工作起步较晚，主要始于20世纪90年代参与“国际减灾十年”，进入新世纪后，国务院启动了突发灾害应急响应工作，大大促进了自然灾害风险评估的研究。近年来，随着自然灾害风险研究的不断深入和相关学科的发展，国内在自然灾害风险的形成机理、系统理论和评估方法等方面的分析和研究日渐丰富（黄崇福，2005；张继权，2007；葛全胜，2008）。以暴雨洪涝灾害为例，周成虎等（2000）在对影响洪灾的各主要因子分析的基础上，构建了基于GIS的洪灾风险区划指标模型并完成了辽河流域洪灾风险综合区划;张会等(2005)构建了暴雨洪涝灾害风险指数,并对辽河中下游地区进行了风险评估;刘家福等(2008)应用GIS技术与AHP方法完成了对淮河流域洪水灾害的危险性和脆弱性评价,编制了洪水灾害综合风险评价图;宫清华等(2009)根据风险评估理论建立了洪涝灾害风险评估指标体系,并以县域为基本单元对广东省洪涝灾害风险进行了分析和区划。在开展大量研究工作的同时,国内外学术界对灾害风险评估也存在着不同理解,呈现百家争鸣的局面。例如在风险度的组成上,即存在着两因素(UNDHA,1991)、三因素(史培军,2002)、四因素(张继权,2007)等不同划分方法,但基本上都是对灾害风险的自然和社会属性(亦即风险源和风险承载体)的不同表达。评估方法上也呈现多元化,既有基于历史灾损自身规律来进行统计分析(Korkmaz 等,2009),也有根据灾害形成原理建立指标和模型来开展研究(张会 等,2005)。

从目前国内外气象灾害风险研究实践来看,大致可总结为以下几种方法:①基于指标体系;②基于风险概率;③基于情景等方面研究。在灾害风险评估研究繁荣发展的同时也带来一些新的要求和难题,首先风险评估的出发点和归宿是如何避免和减轻自然灾害对人民生命财产和社会经济的破坏和损害(章国材,2010),具体来说,风险评估是为了预防风险,其重要任务之一是需要回答灾害在何时、何地以何种规模发生,对某地或某区域有可能发生的风险是什么及其程度如何。对这些问题进行实时解答,将有助于自然灾害的早期预警,并提出防御措施,以把灾害损失控制在最低可能限度。由于目前的风险评估更多地侧重于对灾害风险的静态描述和评价,缺少灾害风险的实时评估,并且在指标和模型的构建中常存在较强的先验性,缺乏对风险发生过程的客观认识和分析,因而常常无法有效地回答以上问题,这将不利于风险评估成果在灾害预警和防御中发挥应有的作用。其次,灾害性天气是气象灾害发生的前提,但是只有灾害性天气强度达到某一阈值时才会致灾,当前许多研究常常将灾害性天气与气象灾害混同,忽略了致灾临界阈值这一判断灾害是否发生的重要条件,因而偏离了气象灾害风险研究的出发点和内涵。最后灾害风险是由一系列具有明确物理意义的环节共同组成,目前研究多是采用一些简单的表征因子和指标来描述灾害风险,具有较强的主观性,无法反映致灾过程的有机联系,也就无从有效合理的表达灾害风险。

对于上述问题的解答,需要我们从致灾机理出发,分析灾害出现的临界条件,以及灾害发生发展的物理过程,并建立起灾害风险源与风险承载体之间关联,从而实现灾害风险的动态评估。为提升气象防灾减灾实效,促进气象工作从传统的灾害性天气预报延伸到气象灾害风险管理,2011年起中国气象局启动了气象灾害风险评估试点工作。安徽作为试点省,组建了相应的工作团队,以淮河流域暴雨洪涝风险评估为例,通过瞄准气象灾害风险评估中的关键问题,着眼于致灾过程,识别气象灾害发生的过程以及过程间的联系,采用多学科手段和方法来描述气象灾害发生发展的一系列环节以及对社会经济的潜在影响,建立了风险评估的方法流程和体系,从而实现灾害风险的精细化动态评估。此后,在一系列项目的支持下,研究团队逐步研究了干旱、连阴雨、低温、高温、冰雹、大风等灾害的风险评估技术,形成了一个技术体系,构建了相应的技术流程,并用于工作实践,切实发挥了服务实效。因此,本书是研究团队多年工作的技术总结,也是多个成果的积累和凝练,体现了安徽省气候中心在气象灾害应急服务向气象灾害风险管理服务延伸中的有益探索。

第 2 章　研究思路

2.1　风险评估框架

近年来风险一词逐渐成为不同领域的关注热点(Obersteiner *et al.*，2001；Wilby *et al.*，2009；Birkmann *et al.*，2014)，IPCC 第五次评估报告(AR5)的第二工作组(WGII)报告最核心的关键词即为风险(IPCC，2014；李莹 等，2014)。随着关注度的不断提升，关于风险的研究也呈蓬勃发展之势，从最初的仅从极端事件本身考虑，到扩展到三因素、四因素等多重风险因子(张继权 等，2007；史培军 等，2014a)；从简单的专家打分到复杂的系统动力学模型(章国材，2014)；从静态风险评估到动态风险和风险链研究等(史培军 等，2014b；Mechler *et al.*，2014；Aldunce *et al.*，2015)，对于风险概念的理解及其评估方法呈现多元化发展和百家争鸣的局面。随着风险研究的不断深入，IPCC 在总结了相关研究成果的基础上发布了《管理极端事件和灾害风险，推进气候变化适应》的特别报告(SREX)，其中指出极端天气气候事件常常但并非总是与灾害有关，灾害的严重程度和影响在很大程度上取决于承灾体的暴露度和脆弱性，根据这一概念，报告提出了基于致灾因子危险性、暴露度和脆弱性的风险评估框架，归纳并更新了对风险的认识(IPCC，2012)。在此基础上，IPCC AR5 根据 SREX 以来的最新研究成果，进一步对风险评估框架进行了扩展和更新，强调了风险产生因子间的相互作用及其复杂性，并提出了关键风险和新生风险(IPCC，2014)。虽然相较于前几次报告，AR5 在气候变化影响方面取得较大的研究进展，并基本统一了有关风险的认识和评估框架，但是在定量评估风险方面仍然有较大的不足，目前对于风险的判断多是基于专家认识的基础上，风险评估常常过于宏观，缺乏对不同情景、地区和行业气候风险的认识(李莹 等，2014)，并且所提出的风险评估框架还停留在概念性模型的阶段，如何使之具体化、可行化并实现风险的定量分析还有待进一步的研究。

根据气象灾害风险的特点和灾害风险系统的组成和结构来看，气象灾害风险主要由两部分组成，首先是风险源或者致灾因子，其次是风险承载体或者承灾体，气象灾害风险实际上就是气象致灾因子作用于承灾体的结果，那么对于风险评估而言实际上要解决的问题就是探究致灾因子和承灾体以及二者之间的关联。进一步来看风险系统的这两部分组成要素，首先就气象灾害而言，致灾因子往往与某种极端天气气候事件有关，一般而言极端事件的强度或者频度越大，发生灾变的可能性越大，但是极端事件的发生并不意味着灾害一定会发生，往往是致灾因子的强度超过某一临界值，灾害才有可能出现，因此进行风险评估时需要我们首先识别出致灾临界气象条件。致灾因子达到临界值还只是发生灾害风险的必要条件而非充分条件，有风险源并不意味着风险就一定存在，因为风险是相对于行为主体而言。对于灾害风险形成来说，风险承载体不仅决定了某种灾害风险是否存在，而且载体的性质还决定了风险的形式和大小。基于上述的分析，我们提出了气象灾害风险链的概念(图 2.1)，把灾害风险分解为环环相扣的链条，从而转化为一系列待解决的关键问题。

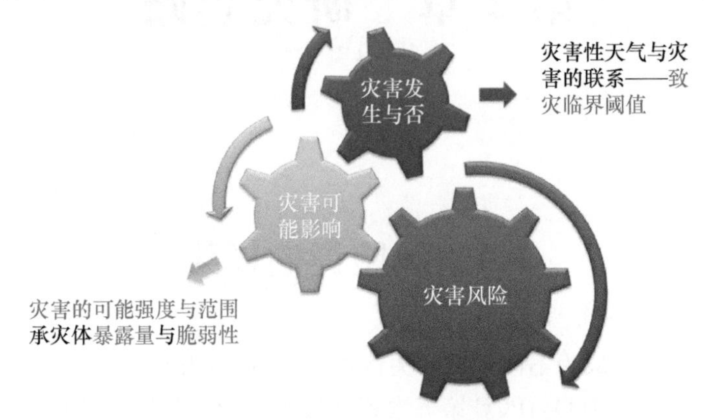

图 2.1　气象灾害风险链的概念性模型

通过气象灾害风险链的构建，我们可以看出风险评估实际上就是要重点解决以下问题：①灾害是否发生——致灾临界值确定的问题：在多源信息融合的基础上，针对不同地区情况和灾害性天气致灾特点，采用多学科交叉方法探究和描述致灾过程，构建极端气象事件的致灾阈值分析关键技术；②灾害有何影响——承灾体物理暴露和脆弱性的问题：应用物理模型和统计分析技术模拟极端气象事件诱发灾害演进的过程，实现不同灾害等级下承灾体暴露量的动态识别，并通过调查分析和试验模拟，建立主要气象灾害承灾体脆弱性的客观定量化评估指标与方法；③灾害风险如何表达——风险模型确立的问题：基于气象灾害风险系统和致灾关键环节，耦合致灾危险性与承灾体易损性，研发主要气象灾害风险模型，并以该模型为核心确立动态风险评估以及风险区划的技术方案；④怎么实现成果转化——技术体系构建与应用的问题：选择代表性的典型样区，采用“边研究边应用”的形式，并结合不断地反馈优化和滚动订正，逐步形成一整套具有系统性和通用性的技术流程体系和规范，实现技术体系由点及面的推广应用。

通过上述问题的解决实际上也就构成了风险评估的框架(图 2.2)，首先根据气象灾害发生发展的特点，将致灾过程分解为一系列层层相扣的环节，采用多学科交叉的方式来描述和综合这些环节，从而实现灾害风险评估模型的建立。具体而言，首先是分析灾害性天气气候事件的致灾机理，识别致灾因子，构建相应的定量化评估指标。其次抓住是否致灾这一关键问题，确定致灾阈值。然后将致灾因子与承灾体之间建立联系，根据不同灾害发生发展机制的差异，这里主要以两种方案来实现，一是采用实时灾害演变模拟来提取分析不同强度致灾气象条件可能影响的承灾体暴露量，如针对暴雨洪涝灾害；二是以历史灾损资料为基础采用统计分析手段建立致灾因子强度与承灾体灾损之间的定量关系，如针对干旱、冰雹、低温、高温等其他灾害。最后结合承灾体脆弱性评估，形成风险评估模型和技术流程，实现灾害风险的定量客观表达。

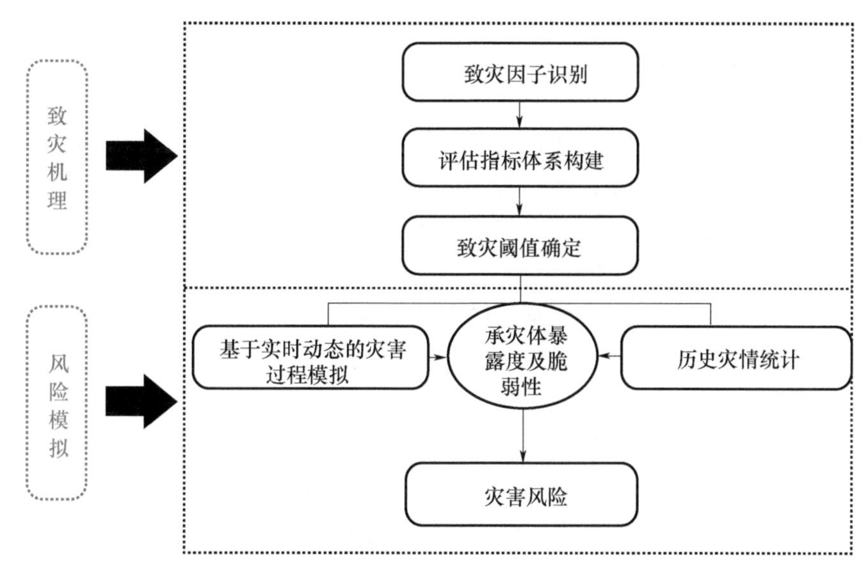

图2.2　气象灾害风险评估框架

2.2　风险评估流程与步骤

2.2.1　气象灾害风险数据库

开展风险评估首先需要有数据资料的支撑。这里所指的数据根据用途可分为两类：一类是针对风险模型方法构建而言，通过研究已经发生的灾害，通过收集各类相关数据，判明引起这些灾害的原因，研究灾害发生之前的状态，揭示其发生的前兆和指标；另一类是针对风险评估的应用而言，利用已经建立的风险模型和方法，采用相应的输入数据来开展风险评估。

根据风险评估的框架，构建气象灾害风险数据库主要从以下方面入手，首先灾害是否发生与致灾物理因子直接相关，对于气象灾害而言，便是气象条件，因此需要收集与灾害有关的气象资料；其次灾害风险还与人类社会所处的自然地质地理环境条件以及防灾工程等有关，包括地形地势、海拔高度、山川水系、地质地貌等，例如同样的降水量，地势低洼的地区容易出现洪涝灾害，因此地理信息也是灾害风险分析必不可少的内容；承灾体是灾害风险的载体，诸如人口、建筑、植被以及经济发展水平等社会经济资料是用于分析承灾体暴露和脆弱性的基础；最后构建风险模型的关键是需要建立在对已有灾情资料分析的基础上。总的来说，气象灾害风险数据库包括了气象、地理、社会经济和灾害等方面资料，准确、完备的数据是风险评估模型及其应用结果合理性、科学性的保证。

2.2.2　确定致灾临界气象条件的方法

在前文中已述及致灾临界气象条件就是指可能产生灾害的气象条件，这一条件不仅仅与气象条件本身有关，还与人类社会所处的自然环境以及防灾能力等条件有关，确定致灾临界气象条件是开展风险评估的前提条件，对于不同的气象灾害由于其致灾机制不同，一般所采用的方法也有区别。概括起来主要分为以下几种方法：

(1)统计分析法：在对灾害发生机制有一定认识的基础上，基于已有灾害记录样本，通过采用相关分析、回归分析、神经网络等统计方法，对致灾因子进行识别，并构建相应的统计模型。

(2)物理模型法：根据灾害事件的动力学过程，以物理模型来模拟灾害发生过程来识别致灾临界条件。在应用物理模型前需要利用真实的灾害个例来对模型进行验证，评估模型的适用性。

(3)实验或情景模拟法：通过实验室或设定情景模拟的手段来再现灾害过程，从而得到导致灾害发生的关键气象参数。

2.2.3　承灾体暴露度与脆弱性

承灾体是灾害风险的承载体，由于气象灾害风险是气象灾害作用于承灾体的结果，因此，暴露在气象灾害中的承灾体的量及承灾体的脆弱性便构成了风险评估的主要对象。承灾体暴露一般指暴露在自然灾害之下的人口、房屋、财产、农田、设施等数量和价值量。社会发展造成了人口分布、经济发展程度、财产密度及物价的变动等，人口和财产密度越大，暴露于灾害中的数量和价值量越多，灾害风险就越大，同样强度的灾害在人口、财产密集区产生的灾害损失就越大。因而有必要建立评价区域内精细化的承灾体数据库，调查收集各类承灾体以及社会经济资料，并将各类型资料与空间数据相关联，建立具有空间索引和拓扑关系的承灾体数据库，以便与灾害发生范围进行叠置分析，并且建立数量型指标、价值量型指标以评估承灾体的物理暴露性。

承灾体的脆弱性是指风险载体受灾害破坏的可能性和损失程度。脆弱性水平也是影响灾害风险大小的基本因素之一，一般地，承灾体脆弱性越低，那么遭受同样强度灾害所发生的损失可能性越小。承灾体脆弱性高低与致灾因子和承灾体本身以及二者之间的相互作用方式都有关系，风险源不同，承灾体的脆弱性形式和水平往往也有差异，同样的承灾体类别不同，对同一风险源的响应也有区别。因此，对脆弱性的分析，需要我们针对不同灾害不同承灾体，基于历史灾损资料或者实验模拟等方法，建立灾损与致灾因子(比如灾害强度以及持续时间等)的定量关系，以客观定量地分析承灾体的脆弱性，从而为实现灾害风险的科学评估提供基础。

2.2.4　风险评估模型

根据图 2.2 的评估框架，通过灾害风险链将致灾临界气象条件和承灾体暴露及脆弱性进行耦合，即形成了风险评估模型。具体而言首先确定出致灾临界气象条件，然后求暴露在灾害下的承灾体的数量和价值量，最后通过脆弱性函数确定灾害可能造成的损失风险。在这一整套模型或者流程方法中，除了前文中提及的致灾因子和承灾体的识别评估外，还需要建立二者之间的联系，针对不同灾害致灾机制，主要分为两种方案：一是以暴雨洪涝灾害为例，降水并不直接导致灾害，而是转变为地表径流后才会产生一系列影响，这就有必要采用物理模型或者统计手段等方法建立二者的纽带，以实时灾害演变模拟的方式实现从致灾危险性到承灾体暴露及灾损的评估；二是以历史灾损的大小来反映不同强度的气象灾害综合作用于承灾体的影响程度，基于灾损信息建立致灾因子强度与承灾体脆弱性之间关系，构建基于影响的灾害风险评估模型和等级划分方法。

第3章 流域暴雨洪涝灾害风险评估

对于流域暴雨洪涝灾害而言，其灾害发生的最直接原因是流域集水区内强降水量超过某一临界值，使得河流水量无法维持出入平衡，而导致渍涝或洪水淹没等现象，并产生危害流域社会经济的后果。针对上述致灾过程，暴雨洪涝灾害风险的评估可以分解为：①流域面雨量的计算；②降水致洪过程的描述以及致灾临界雨量的确定；③灾害影响范围和强度的动态分析；④承灾体的暴露量及灾损脆弱性评估等一系列气象水文和社会统计环节，从而可以采用多学科交叉的方式来综合解决这些环节中的关键问题。通过分析各部分中关键要素的因果关联和有机联系来耦合各个环节，建立面向流域暴雨洪涝灾害风险评估方法(图3.1)，实现灾害风险的精细化动态评估。

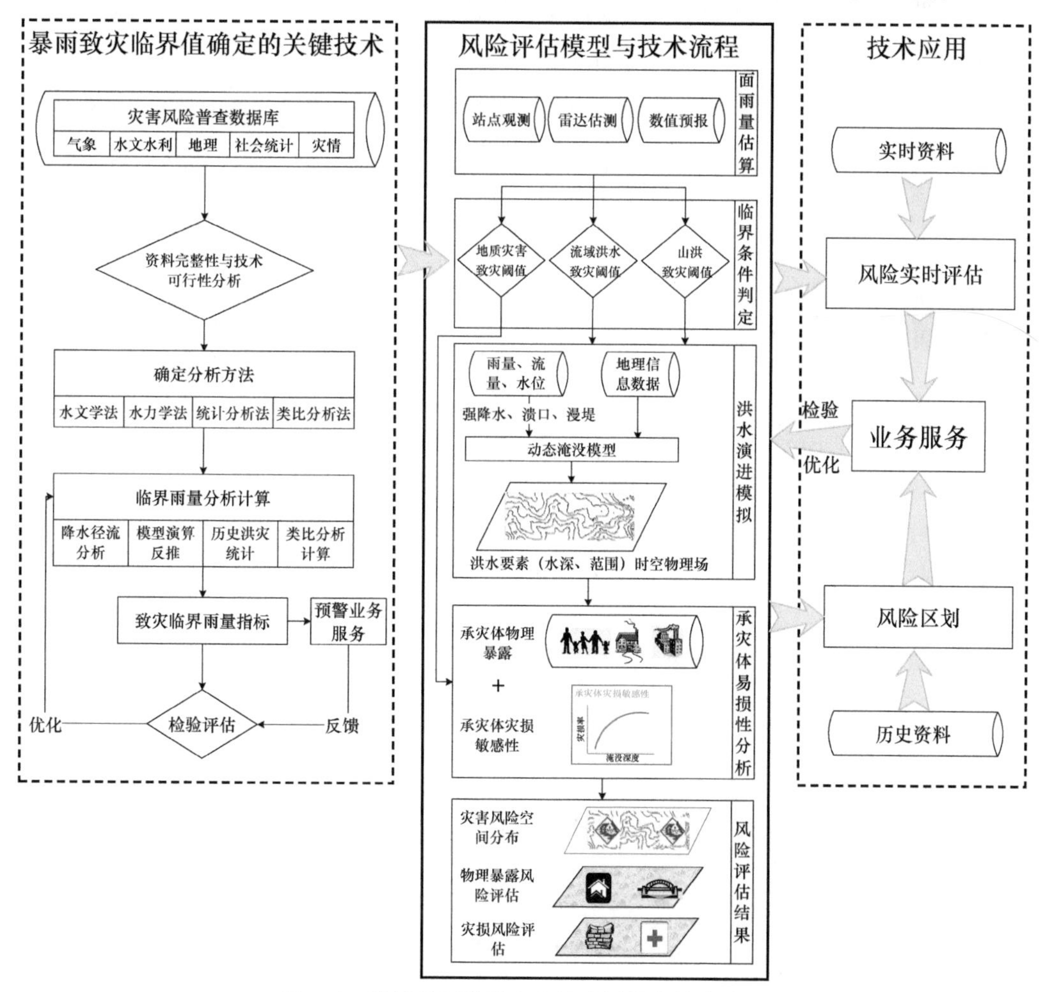

图3.1 流域暴雨洪涝灾害风险评估的技术流程

3.1 技术流程

3.1.1 风险数据库建设

根据上述技术流程，可以看出本项工作是一项跨学科、跨领域的工作，涉及多部门资料的收集整理，包括了气象数据、水文水利资料、地理信息数据和社会统计资料等多方面的基础资料（表 3.1）。在 1∶5 万地理信息数据集的基础上，提取了研究区的相关地理要素数据，如 DEM、水系、居民点分布等。通过多部门合作共享，收集了相关的水文资料序列、水利工程数据、研究区 1∶10 万土地覆盖类型数据、1∶100 万土壤类型数据、乡镇行政区划数据和相关社会统计资料及灾害普查数据等。

表 3.1 气象灾害风险数据库概况

类别	数据描述	属性/更新频率
气象数据	气象站降水、气温、蒸发等	实时动态
水文数据	主要控制站的水位、流量	实时动态
水利数据	蓄洪区及防洪工程资料	静态数据或不定期更新
地理信息	DEM、流域边界、居民点、水系、道路、土地利用等	静态数据或不定期更新
社会经济资料	乡镇村落分布、人口、耕地面积、GDP 等	每年更新
灾情信息	暴雨洪涝灾情记录	每次过程更新

3.1.2 面雨量计算

在各个环节中，首先流域面雨量是开展风险评估的起始要素，是所有工作的基础。然而由于降水的时空分布不均匀，如何准确估算面雨量始终是一个科学难题。获取精细化的流域降水空间分布特征的直接方法就是建立高密度的雨量站网。虽然我国已经建立相当多的雨量站，但仍相对稀疏，其站网密度远远不能满足精细化流域面雨量的计算要求。因此，研究精确快速的流域面雨量估算方法是暴雨洪涝风险评估的基础，对后续结果的准确性和可靠性具有重要意义。

近年来随着气象学、数学、水文学、遥感等学科技术的发展，流域面雨量的估算技术也有了长足的发展。目前流域面雨量估算技术主要可分为两大类，一是以地面测站雨量观测结果为基础，采用空间插值的方法得到细网格化的面雨量估算结果，由于降水是空间离散量，尤其是对短时降水而言，因此，基于空间内插的方法一般在估算长时段（如月、季、年）面雨量时能获得较好结果；而当地面测站空间密度不足的情况下，对于短时降水发生范围的估计常出现偏差。二是以遥感观测手段如雷达来估测面雨量，其原理是根据云团对电磁波的反射特征来推算云团的可降水量，由于电磁波的空间连续性，用雷达可估算出降水场的空间分布，但由于雷达是通过间接方式估算降水的，按一定的关系式换算的结果与实际观测相比往往有较大的出入。由于地面降水能提供较为准确的点雨量，而雷达观测能反映降水的空间分布，因此将二者有效结合可以得到高时空分辨率的降水场，并且采用雷达与雨量站资料联合估测的面雨量可以取得更为真实的降水场和降水中心。而如何把遥感监测的雨量和地面观测的降水信息有效快速地融合在一起，生成有代表性的流域面雨量，既是亟待解决的重要问题，也是流域面雨量估算的发展趋势。考虑历史资料和实际资料情况，这里仍然以地面雨量站的降水为主来进行面雨量的计算，为使气象数据与模型输入相匹配，将采用空间插值的方法将离散的站点数据插值成细网格化的面状数据。插值方法将考虑反距离权重、自然邻域、克里金和薄盘样条等方法，同时还将根据降水空间分布特点，采用海拔高度、地形起伏度、坡度、坡向等地形因子作为协同变量，构建空间插值模型。采用交叉验证(cross-validation)的方法来比对不同方法和模型的实际效果，从中选择最优化处理方案，作为面雨量计算和网格化推算的方法。

3.1.2.1 方法简介

(1)反距离权重法(IDW)

反距离权重法假定每个测量点都有一种局部影响，而这种影响会随着距离的增大而减小。由于这种方法为距离预测位置最近的点分配的权重较大，而权重却作为距离的函数而减小，因此称之为反距离权重。目前常用的幂函数来推算权重与距离的关系，即权重与反距离的 p 次幂成正比。因此，随着距离的增加，权重将迅速降低。权重下降的速度取决于值 p。如果 $p=0$，则表示距离没有减小，因为每个权重 λ_i 均相同，预测值将是搜索邻域内的所有数据值的平均值。随着 p 值的增大，较远数据点的权重将迅速减小。如果 p 值极大，则仅最邻近的数据点会对预测产生影响。一般将 $p=2$ 用作默认值，可以通过统计分析和交叉验证信息来调整 p 值(图 3.2a)。

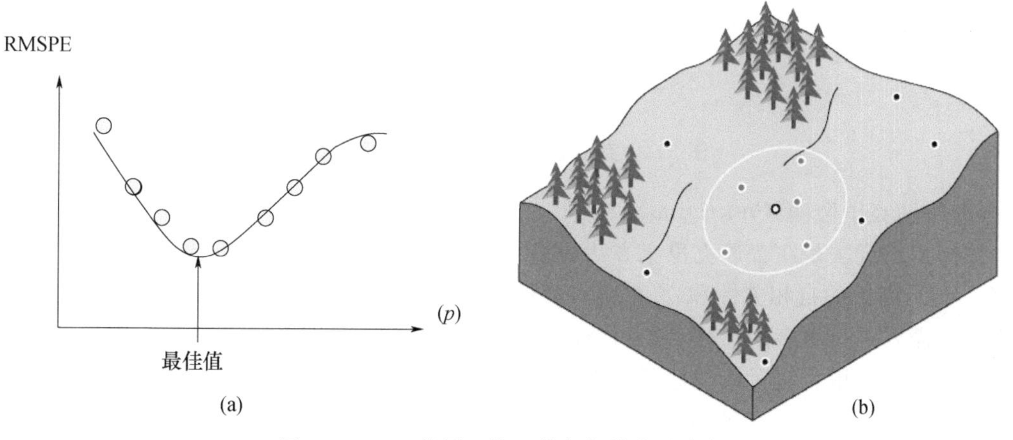

图 3.2 IDW 的幂函数 p 值与邻域范围确定

基于 IDW 方法的基本假定，随着位置之间的距离增大，测量值与预测位置的值的关系将变得越来越不密切。为缩短计算时间，可以将几乎不会对预测产生影响的较远的数据点排除在外。因此，通过指定搜索邻域来限制测量值的数量是一种常用方法(图 3.2b)。邻域的形状限制了要在预测中使用的测量值的搜索距离和搜索位置，一般采用圆形作为邻域搜索的形状，搜索距离主要可分为两种方式，即固定距离或固定参加计算的站点。使用反距离权重法计算出的表面取决于幂值(p)的选择和搜索邻域策略。反距离权重法是一个精确插值器，其中插值表面内的最大值和最小值，只能出现在采样点处。输出表面对拓扑和异常值的出现十分敏感。

(2)克里金法(Kriging)

克里金法是通过一组具有 Z 值的分散点生成估计表面的统计过程。该方法基于包含自相关(即,测量点之间的统计关系)的统计模型。克里金法假定采样点之间的距离或方向可以反映可用于说明表面变化的空间相关性。克里金法工具可将数学函数与指定数量的点或指定半径内的所有点进行拟合以确定每个位置的输出值。克里金法是一个多步过程;它包括数据的探索性统计分析、变异函数建模和创建表面,还包括研究方差表面。

由于克里金法可对周围的测量值进行加权以得出未测量位置的预测,因此它与反距离权重法类似。在使用克里金方法时,权重不仅取决于测量点之间的距离、预测位置,还取决于基于测量点的整体空间排列。要在权重中使用空间排列,必须量化空间自相关(图 3.3)。因此,在克里金法中,权重取决于测量点、预测位置的距离和预测位置周围的测量值之间空间关系的拟合模型。克里金法一般包括两步:①创建变异函数和协方差函数以估算取决于自相关模型(拟合模型)的统计相关性(称为空间自相关)值;②基于构建的模型预测未知值。

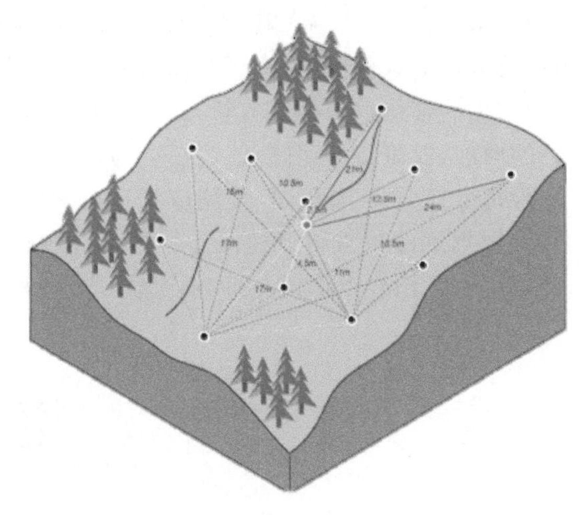

图 3.3 克里金法空间自相关分析示意图

(3)协同克里金法(Co-kriging)

协同克里金法是在普通克里金方法中进一步引入多种变量类型的信息。假定感兴趣变量是 Z_1,可利用 Z_1 的自相关性和 Z_1 与所有其他变量类型间的互相关性进行更好的预测。协同克里金法需要进行更多的估计,包括估计每一变量的自相关性以及所有的互相关性。

普通协同克里金法对模型做了假设

$$Z_1(s) = \mu_1 + \varepsilon_1(s) \quad Z_2(s) = \mu_2 + \varepsilon_2(s) \tag{3.1}$$

式中,μ_1 和 μ_2 为未知常量。此时存在两种类型的随机误差,$\varepsilon_1(s)$ 和 $\varepsilon_2(s)$,因此,它们各自具有自相关性且两者之间存在互相关性。同普通克里金法一样,普通协同克里金法尝试对 $Z_1(s)$ 进行预测,但是为了使预测更精确,还使用了协变量 $Z_2(s)$ 中的信息。例如,图 3.4 中的数据与普通克里金法使用的数据相同,只是在此处额外添加了另外一个变量。本研究中主要考虑海拔作为降水空间插值的协变量。

(4)局部多项式法(LPI)

局部多项式插值法可以对位于指定重叠邻域内的多个多项式进行拟合。通过使用大小和形状、邻域数量和部分配置,可以对搜索邻域进行定义。或者,可以使用探索性趋势面分析滑块同步更改带宽、空间条件数(如果已启用)和搜索邻域值。一般而言一阶多项式可以根据数据对单平面进行拟合;二阶多项式可以对包含一个弯曲的表面进行拟合(表面可以表示山谷);三阶多项可以对包含两个弯曲的表面进行拟合;依此类推。但是,当表面具有多种形状时(如延绵起伏的地表),单个全局多项式将无法很好地拟合。多个多项式平面能够更加准确地体现表面(图 3.5)。

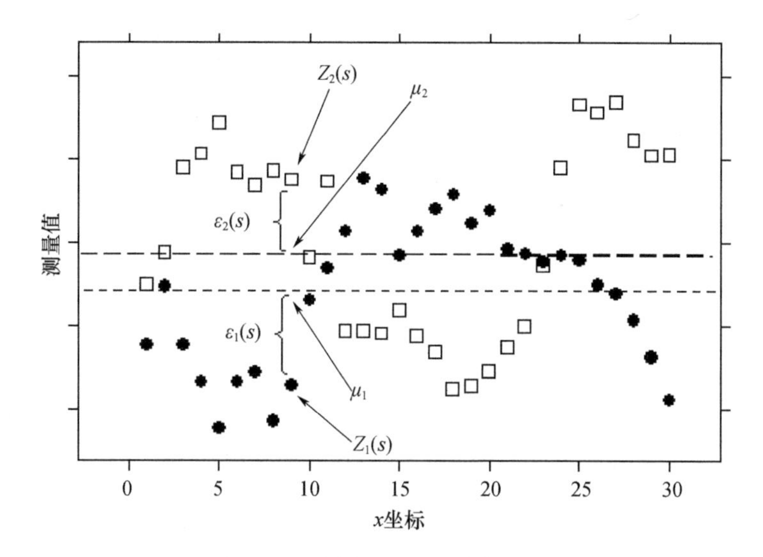

图 3.4　协同克里金法计算原理

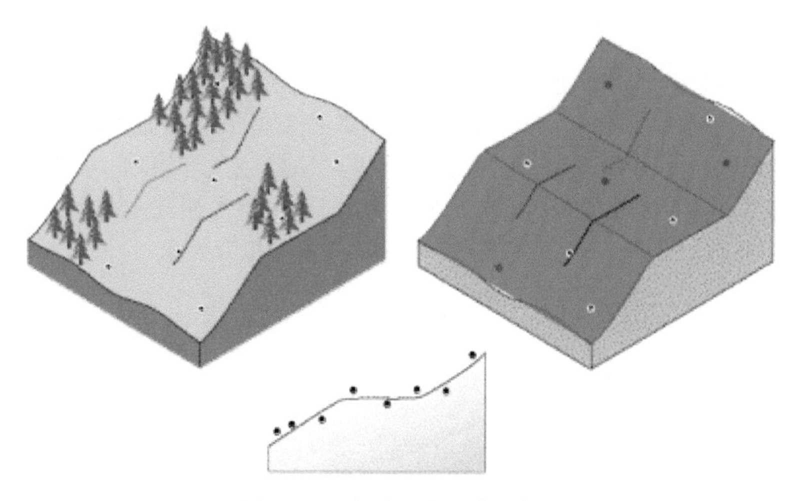

图 3.5　局部多项式构建示意图

与在 IDW 中选择幂 (p) 值相似,也需要在局部多项式中选择最佳参数,以将均方根预测误差 (RMSPE) 降至最小。一般而言全局多项式插值法适用于在数据集中创建平滑表面及标识长期趋势。在本书中由于要研究降水的局部变化,因此选择局部多项式插值法来捕获这种变化。

(5)径向基函数法(RBF)

RBF 方法是一系列精确插值方法的组合,即表面必须通过每一个测得的采样值。有以下五种基函数:薄板样条、张力样条、规则样条、高次曲面、反高次曲面函数,在不同的插值表面中,每种基函数都有不同的形状和结果。RBF 方法是样条函数的一个特例。从概念上讲,RBF 类似于在最小化表面的总曲率时通过测得的样本值拟合预测表面(图 3.6)。

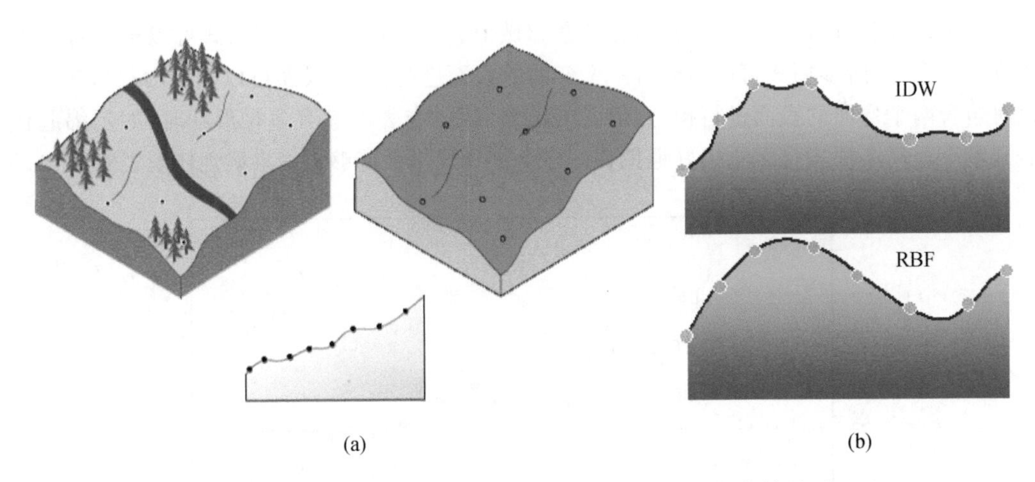

图 3.6　径向基函数构建示意图(a)以及与 IDW 方法的插值效果对比(b)

作为精确插值器，RBF 方法不同于全局和局部多项式插值器。比较 RBF 和 IDW(也是精确插值器)来看，IDW 从不预测大于最大测量值或小于最小测量值的值，而 RBF 却可预测大于最大测量值和小于最小测量值的值(图 3.6)。RBF 使用交叉验证确定最佳参数，方法与针对 IDW 和局部多项式插值法所述的方法相似。

3.1.2.2　交叉验证法

交叉验证(cross-validation)主要用于建模应用中，在给定的建模样本中，拿出大部分样本进行建模型，留小部分样本用刚建立的模型进行预报，并求这小部分样本的预报误差，记录它们的平方和。这个过程一直进行，直到所有的样本都被预报了一次而且仅被预报一次。把每个样本的预报误差平方加和，用来评估模型效果。一般主要采用平均相对误差[ME，式(3.2)]、均方根误差[RMSE，式(3.3)]来衡量模拟效果，由于本研究主要考虑暴雨，因而进一步引入纳什效率系数[NASH，式(3.4)]来考察对于极值的拟合效果。

$$ME = \frac{\frac{\sum (Z_{obs} - Z_{sim})}{n}}{\overline{Z_{obs}}} \tag{3.2}$$

$$RMSE = \sqrt{\frac{\sum (Z_{obs} - Z_{sim})^2}{n}} \tag{3.3}$$

$$NASH = 1 - \frac{\sum (Z_{obs} - Z_{sim})^2}{\sum (Z_{obs} - \overline{Z_{obs}})^2} \tag{3.4}$$

3.1.2.3　方法优选和确定

选择 2015 年 6 月 27 日 00 时至 6 月 29 日 02 时共 50 h 的降水过程，来分析不同方法对安徽省降水量的插值效果。本次过程主要以大别山区和滁河流域受灾较为严重，其中大别山区发生严重山洪灾害，致多人伤亡，滁河流域发生历史罕见的洪涝灾害，滁河全线超警，襄河口以上河段发生超历史洪水，于 28 日 11 时启用滁河荒草二圩、荒草三圩蓄洪。本研究采用全省 2200 个雨量站进行分析，从安徽省气象信息中心获取了逐小时雨量数据，用于面雨量计算方法比较和确定。为全面分析不同方法效果，将分别对过程雨量和小时雨量进行研究。

(1)小时降水

以雨量较强的 6 月 27 日 10 时为例分析不同插值方法对小时雨量的插值效果，从图 3.7 可知，五种方法对降水的总体空间分布格局把握较为一致，均能较好地指示出降水中心位于大别山区和滁河流域；而在局部分布特征上，不同方法具有一定差别，其中 RBF 拟合的降水空间分布连续性较差，降水中心较为破碎；其他四种方法的拟合结果总体较为接近。

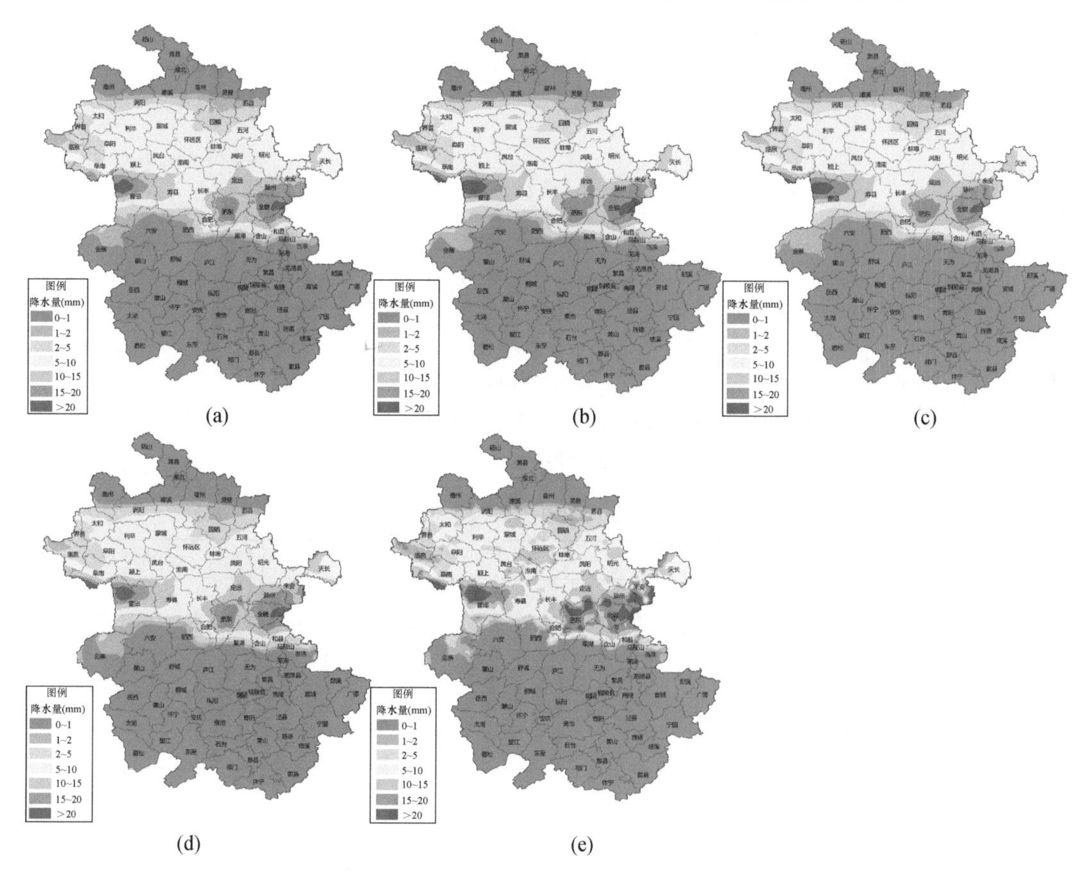

图 3.7　小时降水量插值结果的空间分布

(a、b、c、d、e 分别为 IDW、Kriging、Co-kriging、LPI 和 RBF)

从逐点交叉验证结果来看(图 3.8)，五种方法拟合斜率均小于 1，即相对于实际观测值空间插值有低估的倾向，其中以普通克里金(Kriging)法的拟合斜率和回归系数最高，即模拟值与观测值总体最为接近，而 RBF 法的回归系数最低，IDW 法的拟合斜率则为最小。从图 3.8 还可以看出，RBF 法对极大值的拟合效果最好，但在无降水量地区拟合出了较多的虚假降水；而 IDW 法则是在降水量较大的地方拟合结果明显偏低，导致斜率偏小。

由表 3.2 可知，就平均相对误差来看，IDW 和 RBF 法拟合值总体均比观测值偏小，其他三种方法则略偏高，其中以 Co-kriging 方法误差最小；对于均方根误差来看，RBF 法的误差最大，而克里金法的估计误差最小；纳什效率系数越接近于 1，说明拟合结果与观测值越接近，可以看出同样 RBF 法的估计偏差最大，而 Kriging 法则与观测结果最为接近。综合三种指标可以看出以 Kriging 法的拟合效果最佳。

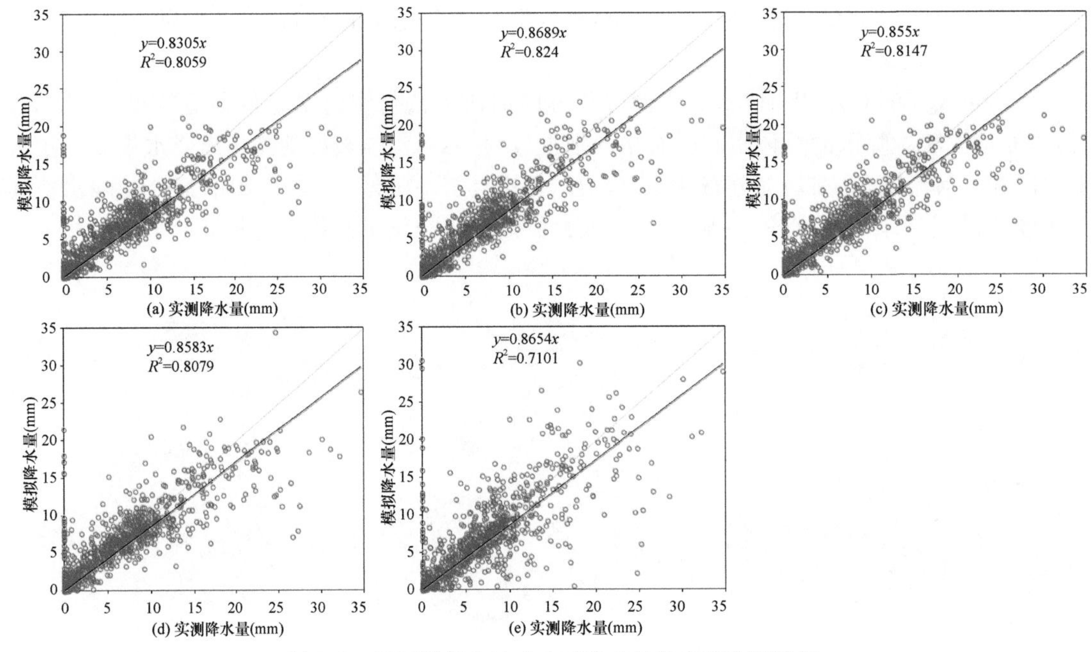

图 3.8 不同插值方法对小时降水量的交叉验证结果

（说明同图 3.7）

表 3.2 不同插值方法对小时降水量的误差分析

方法	*ME*	*RMSE*	*NASH*
IDW	0.019	2.221	0.817
Kriging	−0.002	2.121	0.833
Co-Kriging	−0.001	2.167	0.826
LPI	−0.004	2.209	0.819
RBF	0.018	2.851	0.698

(2)过程降水

暴雨洪涝灾害的发生常常与持续性降水有关，因此除了考察对于短历时极端强降水的模拟效果外，还需要进一步分析不同插值方法对于过程累计降水拟合的优劣程度。从图 3.9 可知，不同方法对过程降水的空间总体分布格局拟合较为一致，对降水中心的把握较好，这主要是由于本研究所采用的站点数较多，将高密度的区域自动站引入到空间插值中，能够较好捕捉到相关的降水空间分布信息。与小时降水类似，在局部分布特征上，RBF 拟合的降水中心较为离散，存在一定的“牛眼”现象，这可能与插值算法中有关距离的参数有关，导致局部空间中少量站点的权重过大，影响了空间分布的连续性。类似的现象也出现在 IDW 方法结果中，其他三种方法分布趋势大体相同，具有较好的整体分布规律。

从逐点交叉验证结果可以看出，对于过程降水量不同方法的拟合效果总体好于小时降水，这可能是由于小时降水的局地性更强，在进行空间插值时其分布趋势的拟合更为困难。不同方法的效果也与小时降水类似，以 Kriging 和 Co-kriging 方法总体与观测更为接近，而 RBF 法拟合斜率最高，回归相关系数最小，IDW 法则是拟合斜率最小(图 3.10)。具体原因已在前文中论述，这里不再赘述。

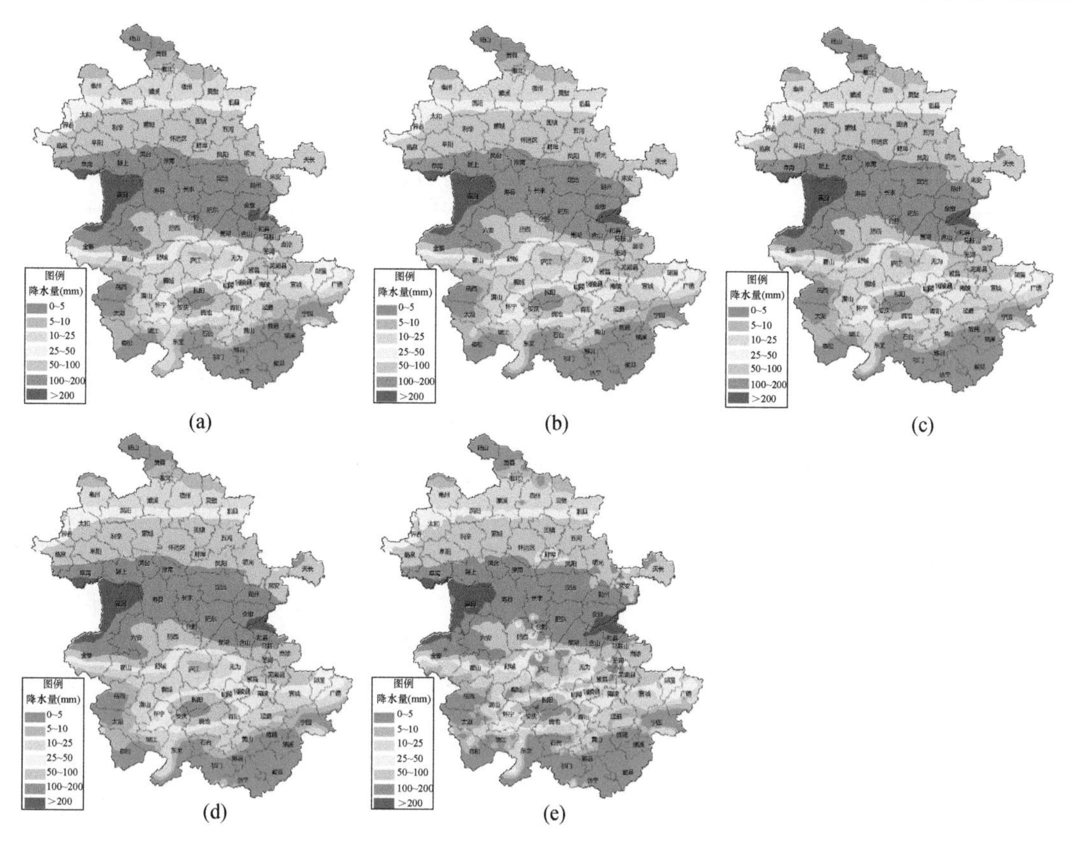

图 3.9　过程降水量插值结果的空间分布

（说明同图 3.7）

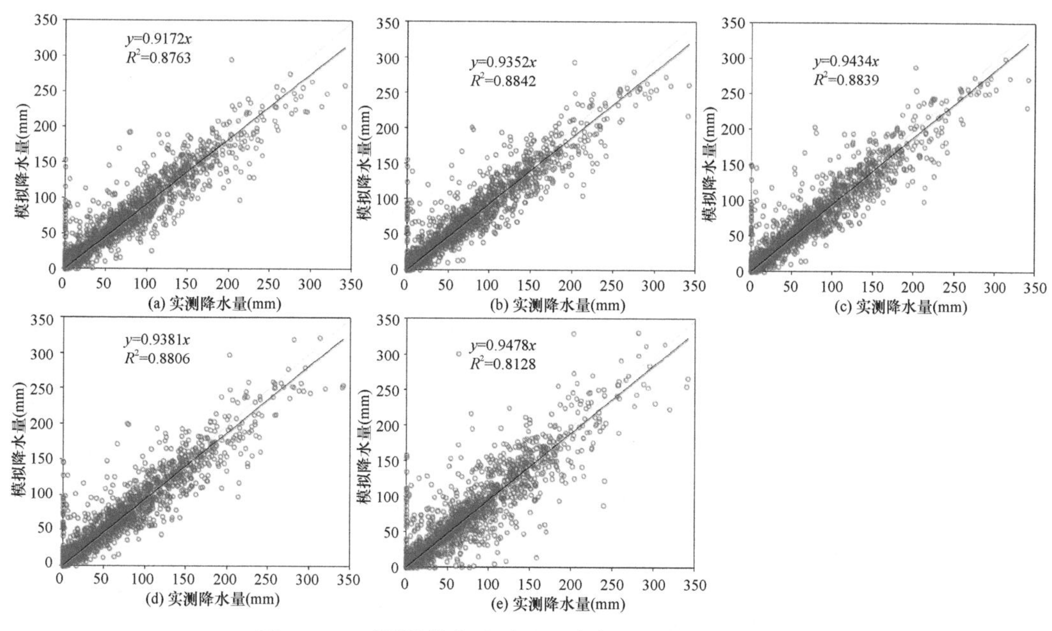

图 3.10　不同插值方法对过程降水量的交叉验证结果

（说明同图 3.7）

从不同误差评估指标看，不同方法对过程雨量的插值效果仍然以 Kriging 方法最好，不论是平均相对误差、均方根误差还是纳什效率系数都表明其拟合结果与观测值最为接近(表 3.3)。

表 3.3　不同插值方法对过程降水量的误差分析

方法	*ME*	*RMSE*	*NASH*
IDW	0.011	20.370	0.886
Kriging	−0.001	19.762	0.892
Co-kriging	−0.005	19.852	0.891
LPI	−0.005	20.041	0.889
RBF	0.005	26.449	0.807

以典型暴雨过程为例，基于逐小时站点数据采用 5 种空间插值方法探讨了降水的空间网格化方案和面雨量计算方法，对比了不同方法，结果表明，由于采用的站点较为密集，不同插值方法能够拟合出较为一致的空间分布格局，在局部分布特征上，由于算法特点，RBF 倾向于拟合出更为离散的降水中心。交叉验证结果表明，不同方法的插值效果总体均较好，插值结果与观测值较为吻合。不论是小时降水还是过程降水，误差分析表明均以 Kriging 方法效果最佳，拟合结果与观测值最为接近。因此，推荐采用 Kriging 法用于将站点雨量转换为面雨量的计算方法。

3.1.3　致灾临界雨量确定

降水仅是洪涝灾害发生的诱因，只有当流域面雨量达到某一临界条件时洪涝灾害才会出现，因此，临界气象条件对于洪涝灾害的发生既是必要条件又是充分条件，是致灾因子危险性的重要表征。同时致灾临界气象条件不仅是风险评估中的关键要素，也是灾害预报、预警以及防治规划的重要依据和参考。而在以往的风险评估研究中，致灾临界气象条件所引起的重视远远不够，相关的研究也极为薄弱。由于灾害是否发生不仅与致灾因子有关，而且与人类社会所处的自然地理环境条件以及防灾设施的能力有关。因此，在研究洪涝灾害的致灾临界气象条件时，不仅要考虑降水的量值，同时还必须考虑自然地质地理条件(孕灾环境)以及防灾工程设施的影响。

流域暴雨洪涝灾害的发生是气象、地形地貌、下垫面类型、工程设施等多要素共同作用的结果，因此，流域暴雨洪涝灾害的致灾临界气象条件不是一个静态的值，而是与前期降水量、水文特征、下垫面等条件密切相关的动态条件。随着水文模型以及水文气象学科的发展，水文气象耦合技术已经逐渐成熟，对于流域暴雨洪涝灾害而言，致灾临界面雨量可以基于水文气象耦合技术来求算，建立适用于研究区域的面雨量与河流实时水文特征(流量、水位等)的定量关系，来模拟降水致洪过程。当具有了适用于研究区域的雨-洪定量关系后，就可以根据典型的灾害案例和防洪设施标准(警戒、保证水位等)来推演出该区域的致灾临界气象条件，即通过雨-洪-灾三者的关系来最终确定致灾临界气象条件。

确定临界雨量需要根据研究区域的特点、所掌握的资料情况以及方法的可行性来综合选择分析方法。用于确定中小河流洪水和山洪致灾临界雨量的方法主要分为四种，采用不同方法主要考虑资料完整度，同时需结合研究区的特点，来分析方法适用性。四种方法及其针对的研究对象如下：

1)有完整水文资料(包括水位和流量)的流域可采用水文模型法进行致灾临界雨量的

确定；

2)有部分水文资料(仅有水位)的流域，可采用统计法；

3)无水文观测资料，但有典型洪水淹没水位纪录的流域，可采用淹没模型结合实地考察的方法；

4)无水文观测也无典型个例的流域，可以采用在下垫面相似地区率定好的淹没模型结合情景设置的方法，来推算当预警点淹没达到某一等级时的临界雨量。

由于中小河流一般具有水文站，所以常采用前两种方法，而山洪沟常常无水文和气象观测资料，因此需借助后两种方法来计算临界雨量。

3.1.3.1　水文模型法

水文模型法的一般步骤为：选择水文模型→准备输入和验证数据→基于历史水文数据率定和验证模型→得到适用于研究区的最优化模型参数→根据率定后的水文模型和流量-水位关系→最终确定降水与水位的定量关系。

下面以东津河流域为例来说明水文模型法的具体步骤。

(1)流域概况

东津河位于宁国市境内，是水阳江上游三源(东津河、中津河、西津河)之一。东津河源出天目山脉北侧，凤龙山(高程 1040 m)、螺丝尖(高程 1195 m)、癞痢尖(高程 1363 m)、汤公山(高程 1103 m)一带深山区，东、南部以天目山脉与浙江省接壤。东津河道全长 65 km，河床质为砂及卵石，山区水土流失，河床一般淤积深度在 1.5 m 以上，上口宽 80 m，洪水深度 7.5 m，枯水深度 0.4 m左右，比降 5.94‰，估计最枯流量约 0.2 m^3/s。流域面积 1014 km^2，大部属山区(图 3.11)。

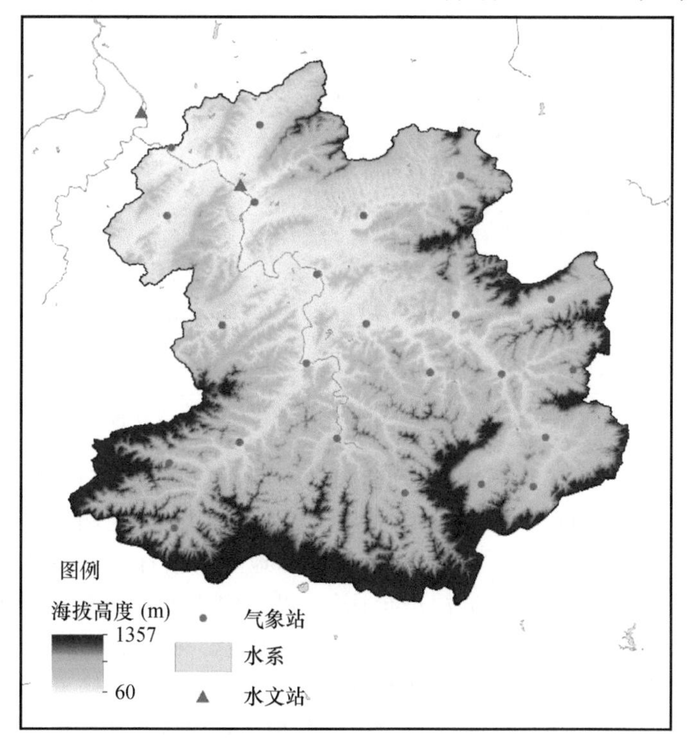

图 3.11　东津河流域示意图

(2)致灾临界雨量确定的方法步骤

1)收集资料

东津河在宁国市梅林镇沙埠村设有水文站，通过查阅水文年鉴，收集了 2007－2011 年的沙埠站典型洪水过程的逐小时流量与水位观测值。气象部门在该流域内布设了 23 个自动站，提取了洪水过程同期的各站点小时雨量。

2)数据处理

根据 1∶5 万 GIS 数据采用水文分析方法提取了流域边界(图 3.11)，根据流域范围内气象站或雨量站，并形成了流域面雨量资料序列。

3)选择方法

根据安徽省东津河流域收集到的资料情况，可采用水文模型法，本个例拟运用 TOPMODEL 水文模型来研究致灾临界面雨量。

4)确定降雨量—水位关系

TOPMODEL 是以流域地形指数为基础的半分布式水文模型，首先需要计算流域内的地形指数，并确定不同等级地形指数所占的面积比例。基于 DEM 数据和 D8 算法运用 GIS 空间分析技术得到了东津河流域地形指数的空间分布，并统计了其频率分布，以此将全流域地形指数划分为 30 个等级，计算出各等级地形指数栅格面积占流域总面积的比例(图 3.12)。

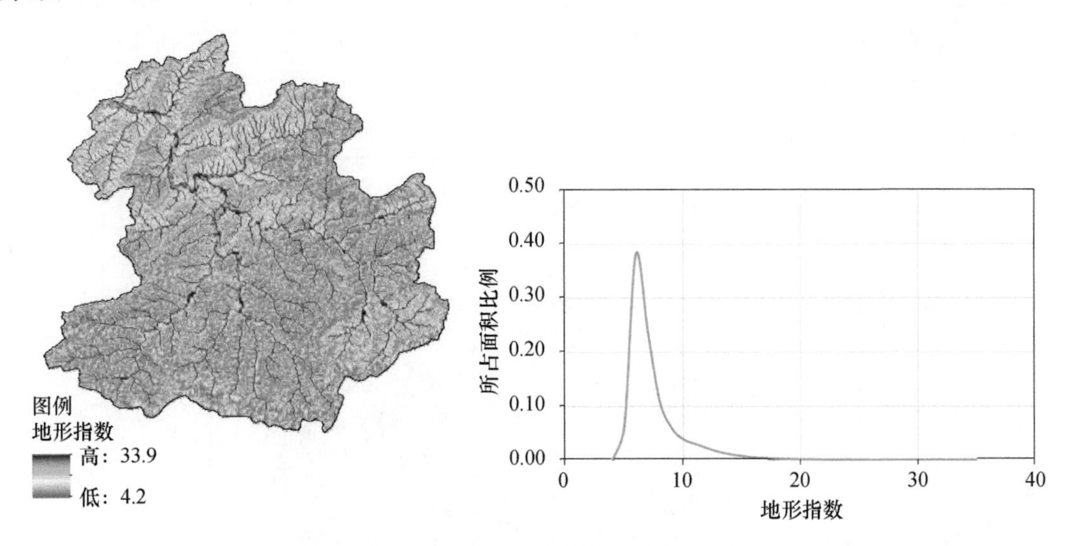

图 3.12　东津河流域地形指数空间及频率分布

除地形指数外，模型还需要雨量、蒸散量来进行驱动以得到出口断面的径流深，考虑到模拟时段均为阴雨天气，因此将蒸散量设为零。将沙埠站流量观测值转换为径流深，并根据数据序列把模型步长设为 1 h，将雨量、蒸发量和地形指数计算结果代入到 TOPMODEL 中运算，进行流量模拟并与实测径流深进行比较，以率定模型参数和检验模型适用性，本个例采用 TOPMODEL 97 版本，主要涉及 5 个参数的确定。采用 2007、2009 年汛期的洪水过程完成了模型参数率定，模型确定性系数均在 0.7 以上，模拟的洪峰量值与出现时间均与实际较为吻合(图 3.13)，因此率定后的 TOPMODEL 模型可以作为东津河流域临界雨量确定的工具。

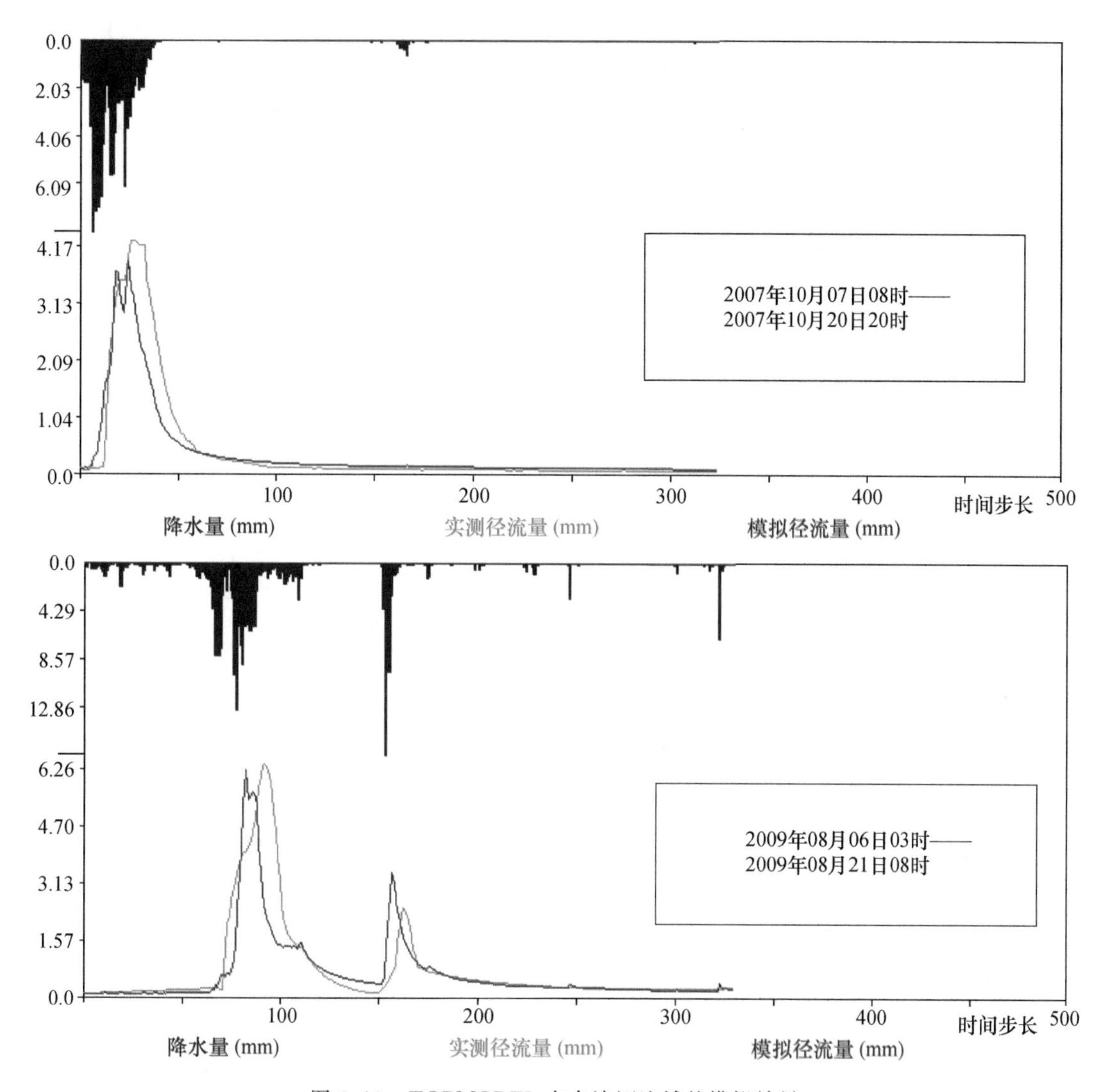

图3.13　TOPMODEL在东津河流域的模拟效果

通过TOPMODEL模型可以建立东津河流域降水与径流量的响应关系，然而判断河道洪水是否致灾的直接指标则是水位，因此还需要进一步研究流量与水位的联系，从而以流量为纽带构建降水-流量-水位的对应关系，并作为确定致灾临界雨量的依据。

一般地，受洪水涨落影响的水位流量关系多呈复杂的绳套关系曲线，而本研究主要对象为致洪降水，因此这里只考虑水势上涨时水位-流量关系，点绘相应时刻的水位-流量关系散点，概化为单一关系曲线(图3.14)。

5)确定临界雨量

通过查阅资料可知沙埠站警戒水位为59 m，无保证水位，在2012年洪水过程中沙埠站邻近的河沥溪水文站出现最高水位52.91 m，超保证水位0.38 m，同期沙埠站最高水位为61.48 m，因此近似地认为沙埠站保证水位为61 m。通过普查可知沙埠村段堤防高为6 m，加上该地海拔58 m，即堤顶海拔为64 m。根据沙埠站水位-流量关系曲线可以得知警戒水位对应的流量为397 m^3/s，保证水位对应的流量为1142 m^3/s，漫堤水位对应的流量为2032

m^3/s。采用 TOPMODEL 和流量来反算面雨量(图 3.15),通过给定一个面雨量值,用 TOPMODEL 模型进行流量模拟,如果模拟流量和给定的临界流量相差较大,那么重新给定面雨量进行模拟。通过多次模拟,直到模拟与临界流量一致,此时得到的面雨量就是临界面雨量。

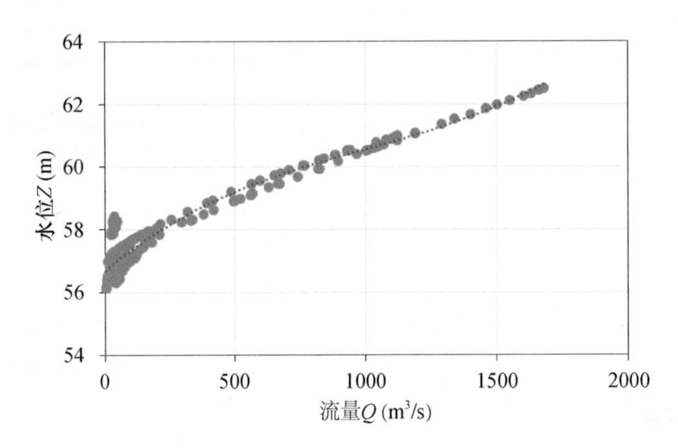

图 3.14 东津河沙埠站水位-流量关系曲线

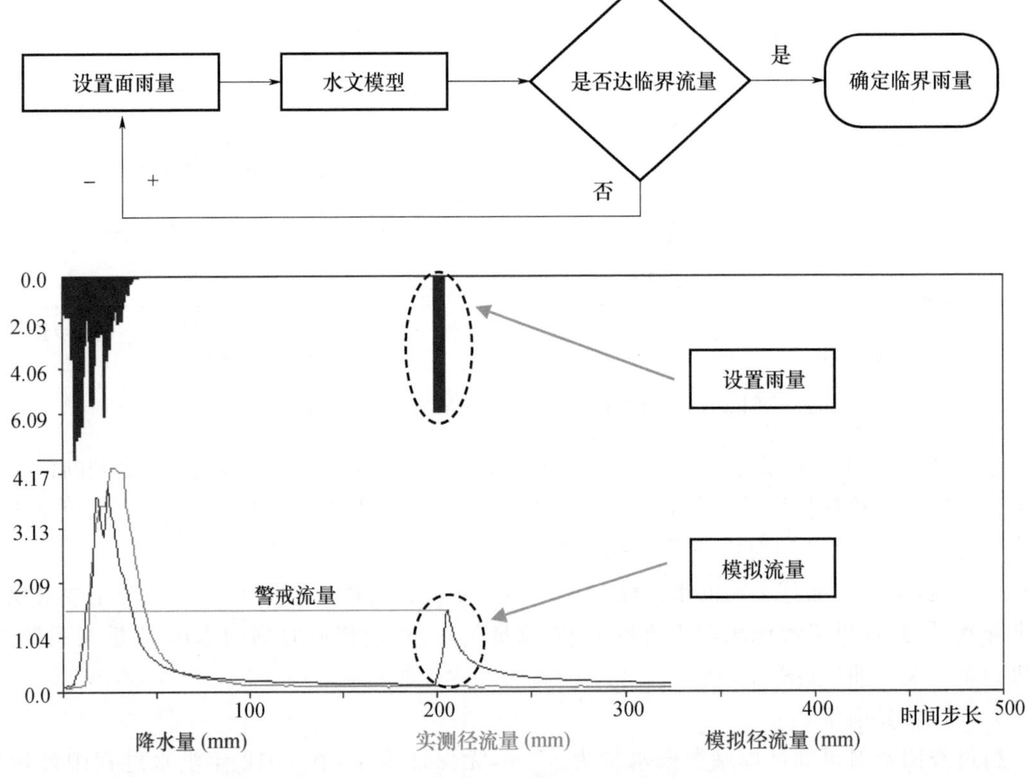

图 3.15 水文模型计算临界雨量流程示意

(3)致灾临界面雨量指标

根据不同等级临界流量,利用 TOPMODEL 分别反算了对应不同基础水位的 3 h、6 h 的临界面雨量(表 3.4)。

表 3.4　东津河不同洪水等级临界面雨量

(一)一级洪水临界面雨量					
一级洪水临界面雨量时效	小时(h)	3	6	3	6
一级洪水临界面雨量	毫米(mm)	55	63	36	50
一级洪水临界水位	米(m)	64	64	64	64
基础水位	米(m)	57	57	58	58
(二)二级洪水临界面雨量					
二级洪水临界面雨量时效	小时(h)	3	6	3	6
二级洪水临界面雨量	毫米(mm)	48	51	28	37
二级洪水临界水位	米(m)	61	61	61	61
基础水位	米(m)	57	57	58	58
(三)三级洪水临界面雨量					
三级洪水临界面雨量时效	小时(h)	3	6	3	6
三级洪水临界面雨量	毫米(mm)	34	36	13	15
三级洪水临界水位	米(m)	59	59	59	59
基础水位	米(m)	57	57	58	58

3.1.3.2　统计法

统计法方法的一般步骤为:基于研究区和资料情况确定统计方法→根据所选用方法对资料进行整理→利用历史洪水过程建立水文特征量(水位、流量等)与降水量的定量关系。

下面以练江流域为例来说明水文模型法的具体步骤。

(1)流域概况

练江发源于安徽省绩溪县,是新安江的主要支流之一,水系呈扇形分布(图 3.16),支流包括扬之、布射、富资、丰乐四水。总流域面积 1492 km^2,河道全长 75 km,其中本干仅 6.65 km。干流上游称为“扬之水”,至歙县城东附近布射水汇入后称练江。源头双岭水穿流于峡谷之中,河床质为岩石,河段长 10.8 km;扬之水上段绩溪境,长 36 km,河床质为岩石,上口宽 50 m,底宽 45 m,洪水深 5 m,枯水深 0.3 m;下段歙县境,长 18.6 km,河床质为砂,上口宽 173 m,底宽 165 m,洪水深 8 m,枯水深 0.8 m,比降 1.23‰;练江本干河床中左岸多为岩石,右岸多为沙滩,上口宽 146 m,底宽 63 m,洪水深 12.7 m,枯水深 0.5 m。练江历史最大流量为渔梁站 1969 年 7 月 5 日 6630 m^3/s,最小为 1958 年 7 月 31 日的 1.12 m^3/s;历史最高水位为渔梁站 1969 年 7 月 5 日的 120.74 m,最低为 1958 年 7 月 30 日的 109.92 m。

(2)致灾临界雨量确定的方法步骤

1)收集资料

练江在歙县徽城镇渔梁村设有水文站,通过查阅水文年鉴,收集了 2006—2009 年的渔梁站逐日流量和水位观测值。气象部门在该流域内布设了 23 个自动站(图 3.16),提取了同期的各站点逐日雨量。

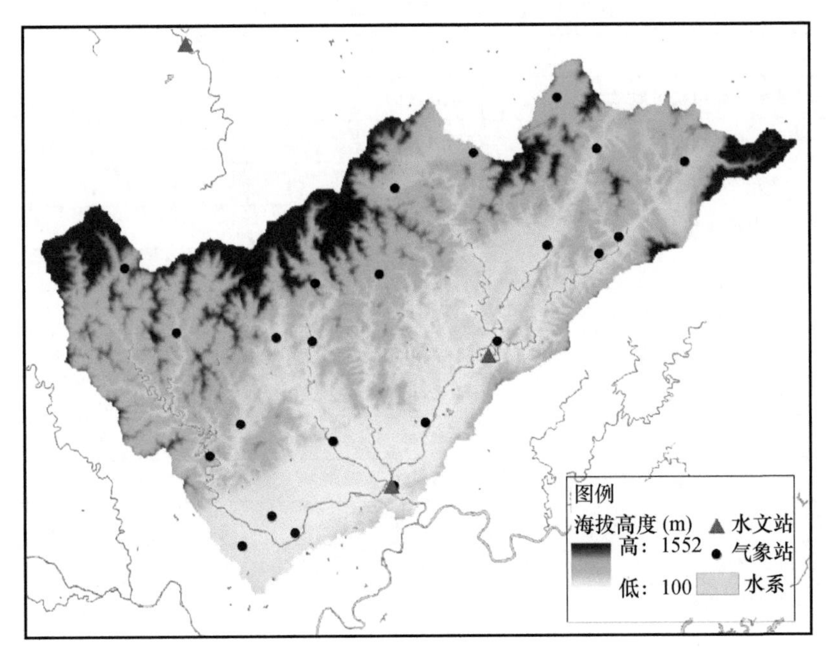

图 3.16　练江流域概况

2)数据处理

根据 1∶5 万 GIS 数据采用水文分析方法提取了流域边界，根据流域范围内气象站或雨量站，形成了流域面雨量资料序列。

3)选择方法

根据安徽省练江流域收集到的资料情况，可采用统计方法计算临界面雨量指标。通过统计分析渔梁站水位与前期基础水位以及降雨量的关系，并基于统计关系求出不同等级的临界雨量。统计方法拟采用逐步多元回归法。

4)确定降雨量-水位关系

对于中小河流而言，致灾临界雨量不仅与降水量本身大小有关，还与流域前期湿润程度密切相关。本个例采用统计方法主要基于河流水文系统的自相关特性来建立，即利用河流前期水位的高低来表征流域持水能力，当前期水位较高时流域较湿润，持水能力较低，相应地致灾临界雨量也就较低。

对于练江流域其流域面积较小，且位于山区，河道比降大，河道汇流时间不超过 2 天，因此这里选择前两天的水位和雨量来构建降雨量与水位的关系，其中选择 2006—2008 年数据用于建模，2009 年用于验证。统计模型的形式为：

$$Z=f(Z_1,Z_2,P_1,P_2)$$

式中，Z 为当前水位，Z_1 为前一天基础水位，Z_2 为前二天基础水位，P_1 为前一天面雨量，P_2 为前二天面雨量。

通过逐步回归分析得出当前水位与前一天的水位和雨量关系最为显著，因此降水量与水位的统计关系为：

$$Z=0.559\times Z_1+0.0126\times P_1+6.635\times 10^{-5}\times {P_1}^2+48.834\quad (R^2=0.903)\qquad (3.5)$$

采用统计模型对逐日水位进行了模拟和验证，可以看出模拟的水文过程线与实测基本一致，并且能够很好地捕捉到洪水的涨落过程，洪峰水位的量值与出现时间均与实际较为一致(图 3.17)。不论在建模期还是验证期，模拟的确定性系数和纳什效率系数均在 0.85 以上，表明统计模型可以很好地反映练江流域降水-水位关系，从而可为分析致灾临界气象条件提供可靠工具。

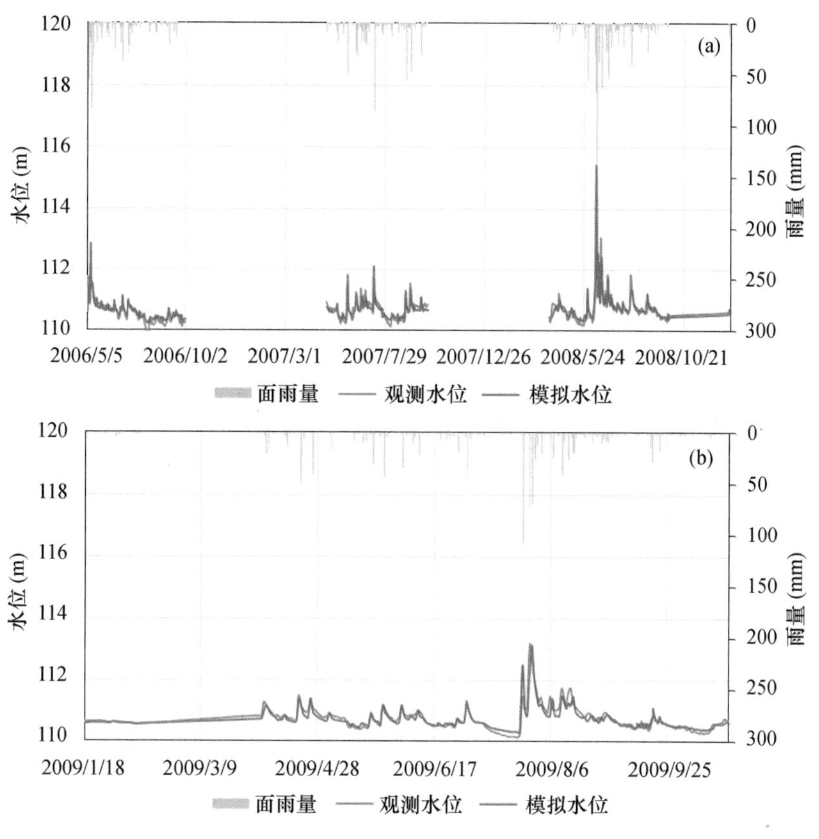

图 3.17　统计模型在练江流域的模拟效果

(a)建模期；(b)验证期

5)确定临界雨量

通过查阅资料可知渔梁站警戒水位为 114.5 m，无保证水位，以渔梁地区护岸工程的设计洪水位 115.5 m 作为二级洪水临界水位，以渔梁站历史最高水位 120.74 m 为一级洪水临界水位。以临界水位为判据，将不同的前期基础水位和降雨量组合代入统计模型中可以求得各等级临界面雨量值(图 3.18)。

(3)致灾临界面雨量指标

采用统计方法建立了练江流域降雨量与水位的定量关系，并基于这种关系求得练江流域不同洪水等级临界面雨量指标，见表 3.5。

表 3.5　练江流域不同洪水等级临界面雨量

(一)一级洪水临界面雨量				
一级洪水临界面雨量时效	小时(h)	24	24	24
一级洪水临界面雨量	毫米(mm)	292	280	264

续表

(一)一级洪水临界面雨量				
一级洪水临界水位	米(m)	120.74	120.74	120.74
基础水位	米(m)	112	113	114
(二)二级洪水临界面雨量				
二级洪水临界面雨量时效	小时(h)	24	24	24
二级洪水临界面雨量	毫米(mm)	170	155	137
二级洪水临界水位	米(m)	115.5	115.5	115.5
基础水位	米(m)	112	113	114
(三)三级洪水临界面雨量				
三级洪水临界面雨量时效	小时(h)	24	24	24
三级洪水临界面雨量	毫米(mm)	139	122	98
三级洪水临界水位	米(m)	114.5	114.5	114.5
基础水位	米(m)	112	113	114

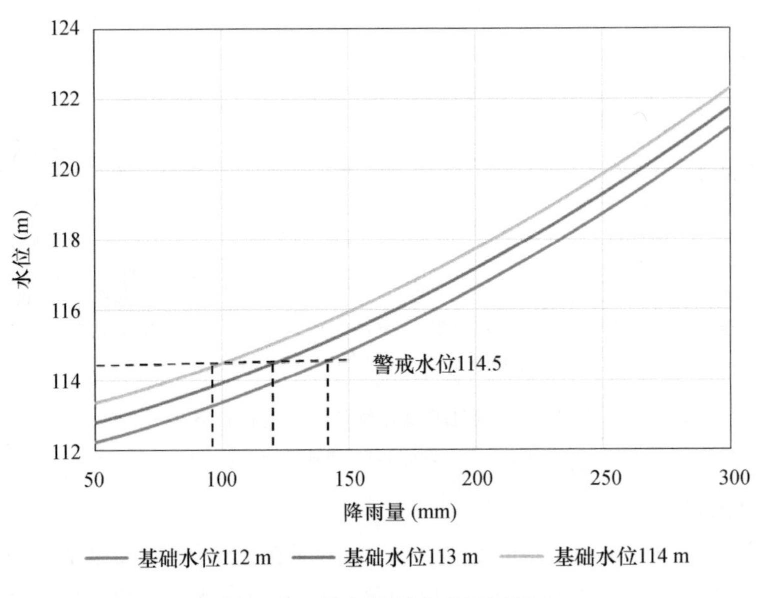

图 3.18　练江流域临界面雨量

3.1.3.3　淹没模型法和类比情景法

淹没模型法的一般步骤为:选择模型→准备输入和验证数据→基于历史水文、实地考察淹没数据率定和验证模型→得到适用于研究区的最优化模型参数→提取洪水淹没进程→建立水位与降雨量的定量关系。

类比情景法的一般步骤为:通过类比得到与研究流域相似的山洪沟→利用相似山洪沟已确定的模型参数→设定不同雨量情景进行模拟试验→提取洪水淹没进程→建立水位与降水量的定量关系。

由于淹没模型法与类比情景法步骤基本一致,二者的区别主要在于是否有历史灾情资料用于率定和验证模型。因此下面以方洲河流域为例来说明淹没模型结合情景法的具体步骤。

(1)流域概况

方洲河属皖河水系长河支流,位于太湖县城西乡境内(图3.19)。流域内包括一座方洲水库,坝址以上集水面积28.68 km^2,总库容1750万 m^3,是一座以灌溉为主,兼有防洪、发电、养殖等综合效益的省重点中型水库。方洲河流域面积约为40 km^2,为典型的山洪区。

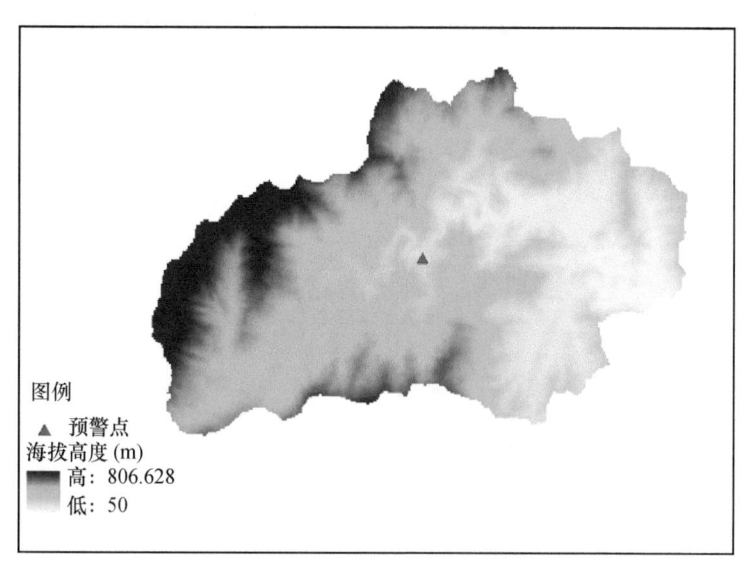

图3.19 方洲河流域地形地貌及预警点分布图

(2)致灾临界雨量确定的方法步骤

1)收集资料

方洲河流域无水文站和气象站,历史灾情仅有一些零星记载,无典型洪水过程的灾情记录和淹没实况。在该流域仅收集了包括DEM和居民点分布等基本地理信息数据。

2)数据处理

基于DEM数据采用GIS水文分析方法提取了方洲河流域边界,并提取了村落等预警点信息,根据预警点距河流远近和所在位置的海拔高度,挑选了洪水淹没风险较大的预警点。

3)选择方法

由于方洲河流域数据匮乏,因此针对该个例采用淹没模型结合情景设置的方法来确定临界雨量。淹没模型采用FloodArea,该模型已在安徽省的类似地区进行了率定和验证,能够很好模拟暴雨导致的山洪演进情况,模型已在业务中得到应用,因此能够为方洲河流域致灾临界雨量的确定提供可靠的模型工具。

4)确定降雨量-水位关系

在本个例中,淹没模型是关联降雨量与水位的媒介。利用FloodArea的普降暴雨淹没模块来将降水转化为地面水流过程,实时输出洪水淹没和水位上涨情况,通过动态提取预警点的淹没水深,并与风险等级阈值相比对,以此来判断输入的面雨量是否达到临界雨量值。具体操作流程与利用水文模型确定临界雨量方法类似。

5)确定临界雨量

首先设定一组逐小时的面雨量情景，由于方洲河流域面积小，这里不再考虑雨量时空分布对临界雨量结果的影响，因此将全流域所有格点的雨量都设定为相同权重，以均匀雨量输入模型进行模拟计算。由于面雨量情景需要人为给定，需要根据预警点所在位置，流域大小，地形走向等因素确定一个大致的模拟时效。本个例中由于预警点靠近流域中游且地处山区汇流到平原的隘口位置，累积时间较短，将模拟时效定为3 h，通过比较预警点淹没程度再相应的调整面雨量，这样不断地迭代调整运算，最后将达到不同淹没等级的3 h累积雨量定为致灾临界面雨量(图3.20)。

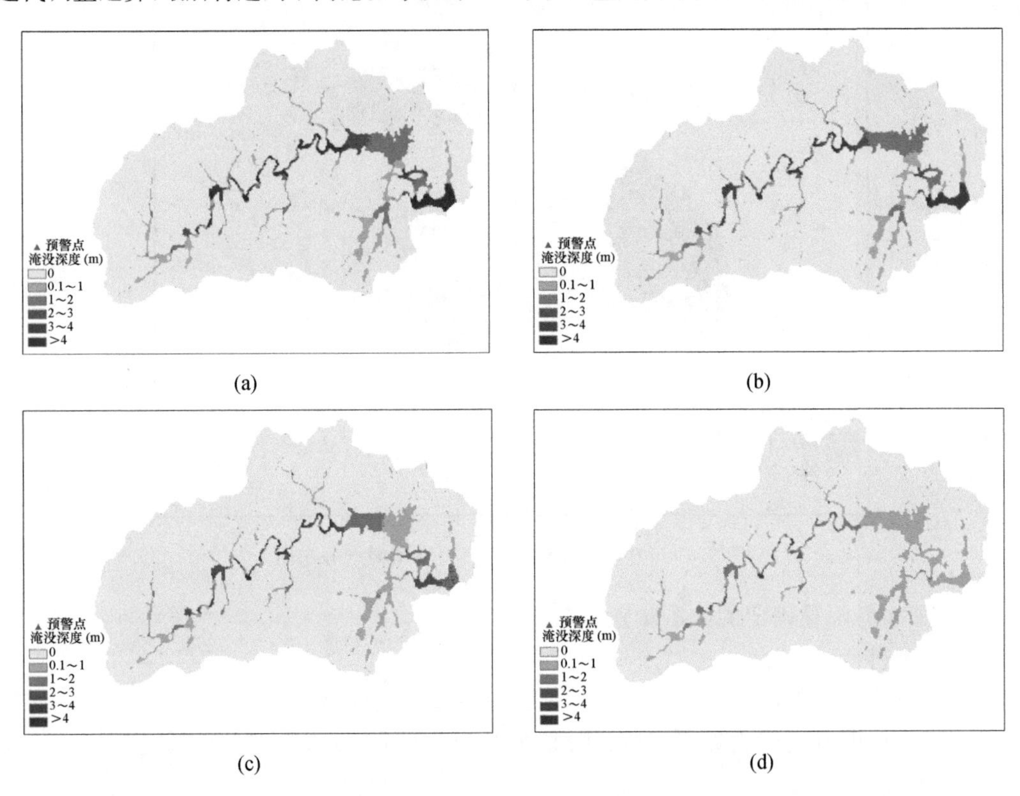

图3.20 方洲河流域一级(a)、二级(b)、三级(c)和四级(d)临界面雨量淹没情景

(3)致灾临界面雨量指标

由于方洲河流域面积小，资料匮乏，因此选择了淹没模型结合情景设置的方法来计算该流域的临界面雨量值。以淹没模型作为衔接空中降水与地面水流的关键环节，通过情景设置来动态调整面雨量使得模拟结果不断逼近风险阈值，最终获得了方洲河流域的致灾临界面雨量指标(表3.6)。

表3.6 方洲河不同洪水等级临界面雨量

风险级别	前3 h累计雨量(mm)	淹没深度(m)
一级	177.0	1.8
二级	133.0	1.2
三级	98.0	0.6
四级	55.0	0.0

3.1.4 洪水淹没模拟

洪涝灾害的危害与洪水的淹没范围和水深直接相关，因此，确定灾害范围和程度可通过模拟洪水演进及其水文特征来实现。由于水动力学模型能够实现洪水演进的动态模拟，可以比较准确地反映淹没范围、淹没深度及其历时特征，因而成为当前研究的一个热点方向。而水动力学模型研究的重要问题是在充分考虑洪水演进物理机制的同时，如何高效快速地实现洪水演进的动态模拟，并且将模拟结果与社会经济等数据相匹配结合，以实现灾害影响的评估。当前，将水动力学模型与 GIS 技术相结合，为这一问题的解决提供了思路，本研究引入了德国 Geomer 公司研制的基于 GIS 的水动力模型——FloodArea 模型。其原理是充分利用 GIS 栅格数据在水文-水动力学建模上的优势，实现 GIS 与水文-水动力学模型的数据融合。模型以栅格为基本单元，淹没模拟基于二维非恒定流水动力学模型，用 Manning-Strickler 公式计算每个栅格与周围栅格之间的水量交换。模型能够以给定水位，给定流量或给定面雨量三种方式进入模型，并可根据水文过程线进行实时调整，可视化表达流向、流速和淹没水深等水文要素的时空物理场，为洪水淹没风险动态模拟提供了有效工具。

3.1.4.1 模型简介

洪涝灾害的危害与洪水的淹没范围和水深直接相关，因此，确定灾害范围和程度可通过模拟洪水演进及其水文特征来实现。由于水动力模型能够实现洪水演进的动态模拟，可以比较准确地反映淹没范围、淹没深度及其历时特征，因而成为当前研究的一个热点方向。而水动力学模型研究的重要问题是在充分考虑洪水演进物理机制的同时，如何高效快速地实现洪水演进的动态模拟，并且将模拟结果与社会经济等数据相匹配结合，以实现灾害影响的评估。当前，将水动力学模型与 GIS 技术相结合，为这一问题的解决提供了思路。

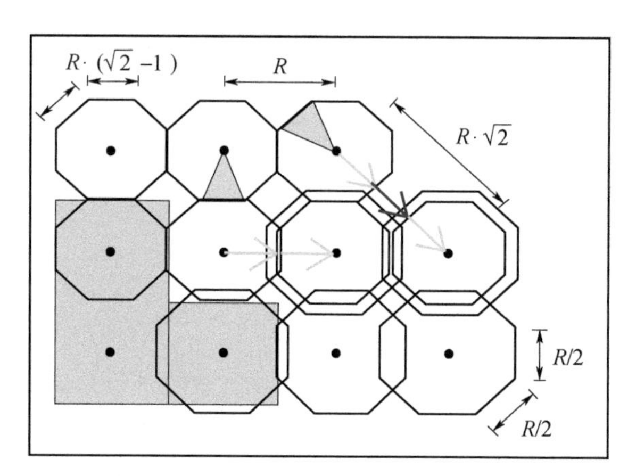

图 3.21　FloodArea 汇流计算原理示意图(Geomer，2003)

本研究引入了德国 Geomer 公司研制的基于 GIS 的水动力模型——FloodArea 模型。模型以栅格为基本单元，淹没模拟基于二维非恒定流水动力学模型，用 Manning-Strickler 公式计算每个栅格与周围栅格之间的水量交换。用 Manning-Stricker 公式计算每个栅格单元与周围 8 个单元之间的洪水流量，FloodArea 模型计算洪水汇流示意图如图 3.21所示，相邻单元的水流宽度被认为是相等的，位于对角线的单元，以不同的长度算法来计算；图中 R 为相邻单元的栅格距离，R 为对角线单元的栅格距离，阴影部分指栅格面积，箭头指水流方向。水流的淹没深度为淹没水位高程和地面高程之间差值，由式(3.6)表示：

$$\text{Flow\_depth} = \text{water\_level} - \text{elevation} \tag{3.6}$$

淹没过程中的水流方向由地形坡向所决定，地形坡向反映了斜坡所面对的方向，坡向指地表面上一点的切平面的法线矢量在水平面的投影与过该点的正北方向的夹角，表征该点高程值改变量的最大变化方向，计算公式如下：

$$aspect = 270 - \frac{360}{2\pi} \cdot \alpha\tan2\left[\frac{\partial Z}{\partial y}, \frac{\partial Z}{\partial x}\right] \tag{3.7}$$

式中 α 为地形坡度。FloodArea 模型有三种基本的淹没情景：漫顶、溃口以及暴雨，能够以给定水位，给定流量或给定面雨量三种方式进入模型，并可根据水文过程线进行实时调整，可视化表达流向、流速和淹没水深等水文要素的时空物理场，为洪水淹没风险动态模拟提供了有效工具。

3.1.4.2　模型输入参数

根据 FloodArea 模型的输入，主要有下垫面信息及相关降水和水文数据(表 3.7)。下垫面信息包括数字地面高程(DEM)、土地利用类型等，DEM 数据主要来自于 1∶5 万地理信息数据，根据研究区范围进行裁剪得到，数据分辨率为 25 m，土地利用类型来自于 GLC30 土地类型数据库，分辨率为 30 m。降水数据一方面为设定的降水情景数据，另一方面实测降水数据来自于全省自动气象站的逐小时降水数据集。水文数据主要来自于安徽省水文遥测信息网。

表 3.7　FloodArea 模型的不同淹没模式及对应的输入参数

模式	DEM	河网	水位	面雨量分布	流量	雨量	溃口点坐标	地面糙率	阻水物	阻水物失防点	模拟时长和间隔	最大交换率
漫顶	√	√	√					○	○	○	√	○
溃口	√				√		√	○	○	○	√	○
暴雨	√			√		√		○	○	○	√	○

注：√为必需参数，○为可选参数

3.1.4.3　模型参数分析和优化

(1)最大交换率

为开展 FloodArea 模型的本地化，需首先对其模型参数进行系统分析，确定不同参数对模拟结果的影响。在 FloodArea 模型运行中除输入数据外，主要的控制参数为两类：地面糙率和最大交换率。其中，地面糙率是 Manning-Sticker 公式中的计算参数，用于表征地面对水流的阻滞作用，一般是糙率系数越大，水流越快，模型默认参数为 25；最大交换率则是 FloodArea 模型中用于控制计算精度的参数，当迭代计算结果小于最大交换率时，才停止运算，最大交换率越小，模型运算精度越高，但耗时也越长，一般模型默认参数为 1，在山区地形陡峭区可以适当放大。

本研究选择淮河流域的支流史河上游作为研究区域(图 3.22)，主要是考虑到该流域地形复杂，可以较好地反映暴雨洪水的演进过程，通过设计不同参数组合和降水情景来分析不同参数的影响(表 3.8)。降水情景假定降水均发生在山顶处，针对该流域以海拔 1000 m 以上作为降水区域，累计降水量为 300 mm，降水历时 3 h，共模拟 20 h，最后通过观察不同参数组合下的洪水演进结果，评估参数的可能影响。

表 3.8　不同模型参数组合设置

参数	组合 1	组合 2	组合 3	组合 4
糙率	25	25	25	80
最大交换率	1	10	0.5	1

在淹没模拟过程中，当最大交换率越大时，模拟耗时越长，并且耗时与最大交换率的变化呈非线性关系。根据不同模拟水深分布可以看出，组合 1 和 3 的分布较为相似，组合 2 模拟的水深明显高于其他参数组合，而组合 4 的淹没范围则最大(图 3.23)。通过栅格数来进一步定量分析不同淹没水深等级的分布情况，由表 3.9 可知，组合 2 模拟的高水深地区明显较高，并且其平均水深也大大超过其他组合，根据水量平衡原理，不同参数组合下的总水量应基本一致，但显然在高交换率下，模型模拟出现一定偏差，总水量明显偏多，这可能是由于最大交换率设置过高时，模型迭代运算出现一定问题，导致结果明显失真。对比组合 1 和 3，可以看出二者差异并不显著，但是组合 3 由于交换率的减小，导致模型运算耗时明显升高。而组合 4 模拟的淹没范围大于其他组合，这也说明了较高的糙率系数，将导致较快的洪水演进速度。

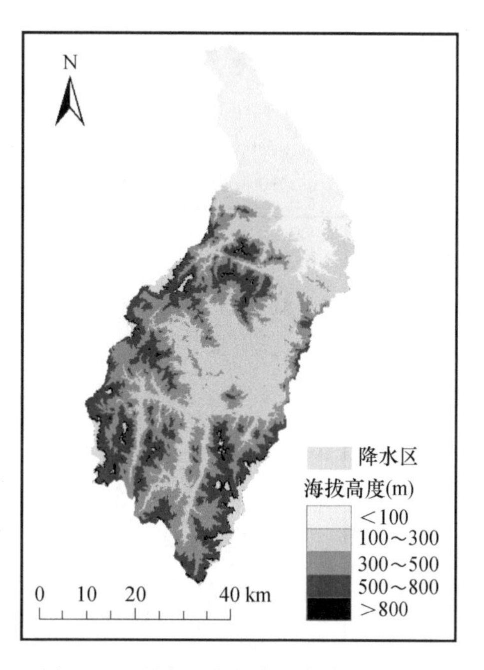

图 3.22　研究区海拔高度与降水区分布

表 3.9　不同参数组合下的各等级淹没水深栅格数统计

淹没水深(m)	组合 1	组合 2	组合 3	组合 4
<0.1	31186	29718	30300	32974
0.1～0.2	569	337	628	894
0.2～0.5	820	409	828	1475
0.5～1.0	579	317	655	710
1.0～2.0	807	502	846	956
>2.0	472	3497	434	617
总计	34433	34780	33691	37626

综合来看，最大交换率的取值对结果影响并不明显，但存在一个合理上限，当超出该值时，模拟将出现异常结果，考虑到运行效率推荐取值在 1 附近。地面糙率对洪水演进的影响较大，该参数的取值将直接决定模拟效果。

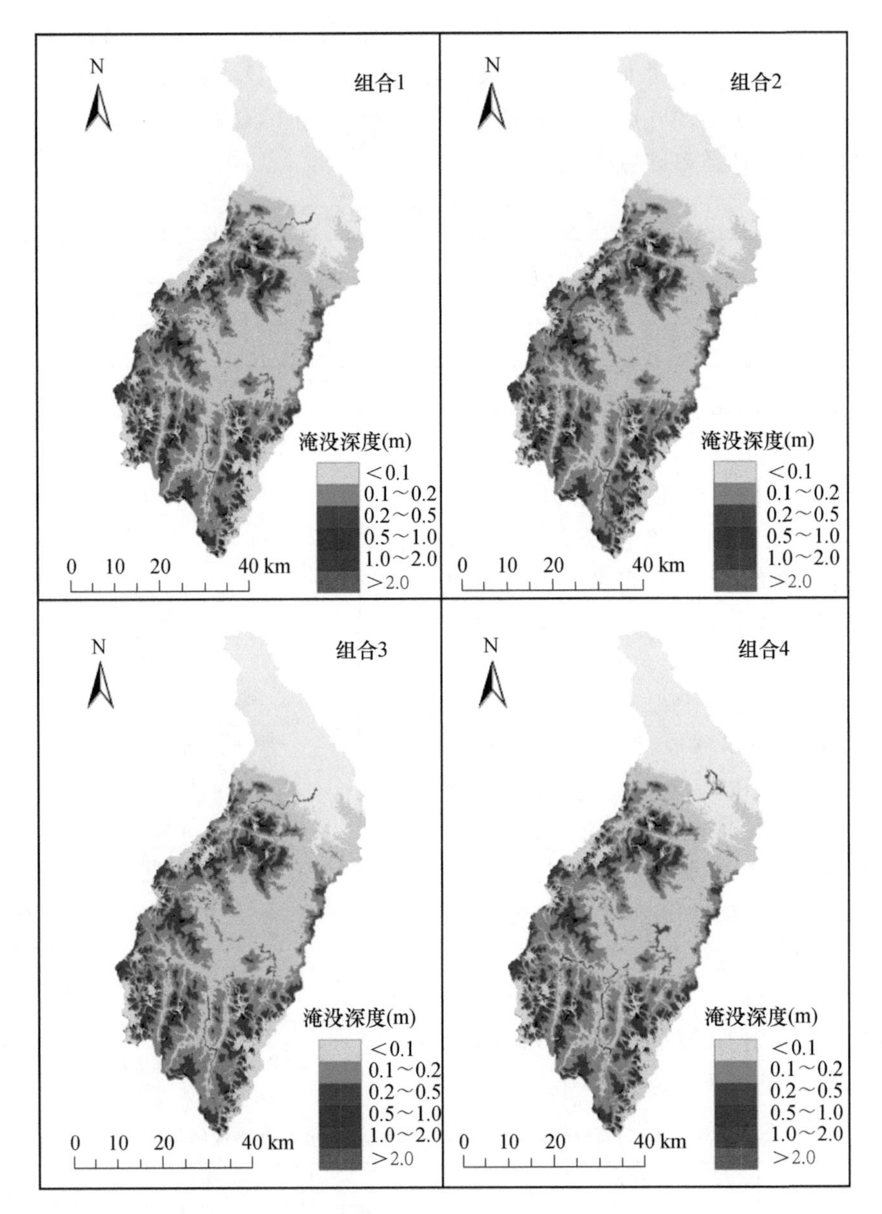

图 3.23　不同参数组合下的模拟水深分布

(2)糙率系数

根据 FloodArea 模型参数的敏感性分析，可以看出糙率系数对洪水的演进速度有重要作用。由于在 FloodArea 模型中溃口模式是直接以流量输入，可以避免降水输入、转换等因素带来的不确定性，因此，我们采用溃口模式来研究糙率系数的本地化。进行参数优化的前提是需要有实际观测数据的验证，并且理想条件下应满足洪水演进在封闭空间内进行，以避免其他因素的影响。为此，我们选择了 2007 年 7 月 10 日王家坝开闸泄洪过程，该过程中洪水从泄洪口进入蓄洪区，在泄洪闸处有洪水流量实时观测资料，并且蓄洪区内的曹集水文站提供了洪水淹没的水位资料，该个例能够较好地满足模型参数分析的需求。

根据已有研究表明，糙率系数与土地利用类型有密切关系，因此，参考相关研究及标准规范，按不同土地利用类型设定了糙率系数(表 3.10)。

表 3.10　不同土地利用类型对应的糙率系数

土地覆盖分类	居民地	水体	旱地	水浇地	林地
糙率系数	14	40	17	20	15

按模型需求将研究区数字地形、蓄洪区堤防边界以及糙率系数处理成相应的数据格式(图 3.24)，以王家坝闸为洪水入口，根据该闸的经纬度信息进行数字化，并采用投影转换使之与其他输入数据相匹配。

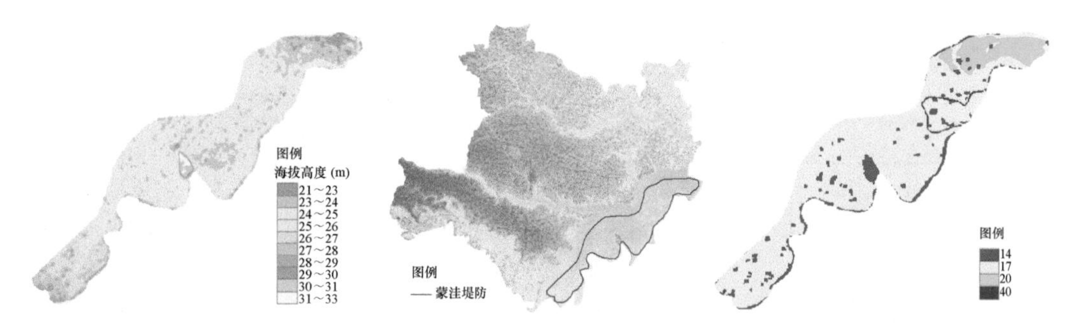

图 3.24　研究区数字地面高程、蓄洪区堤防范围和糙率系数的空间分布

选取 2007 年 7 月 10 日王家坝开闸泄洪过程来进行洪水淹没模拟，水文过程线采用王家坝闸泄洪过程的观测流量数据(图 3.25)，以此为基础来进行洪水演进模拟。

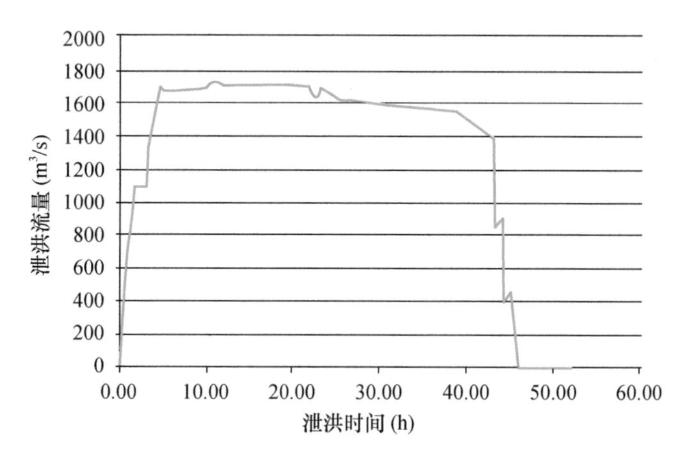

图 3.25　王家坝闸泄洪流量过程线(2007 年 7 月 10 日 12:00 时开始泄洪)

将水文、地理等数据代入 FloodArea 模拟了本次过程，并通过与实际观测相对比，来检验参数应用效果。本研究以 1 h 为时间步长进行洪水演进动态模拟，根据实测的王家坝泄洪闸流量—时间水文过程线，模拟总时长为 50 h，淹没深度的模拟精度控制在 1 cm，不同时相的洪水演进过程如图 3.26 所示。可以看出在模拟结束时，洪水淹没范围已基本覆盖整个蓄洪区。

为了验证模拟效果，采用蒙洼蓄洪区内的曹集水文站同期水位观测结果，来与模拟结果进行比对分析。通过与曹集站实测水深动态变化的对比分析，可以看出模型能够较好地模拟出水深随时间的动态变化，与实测结果较为接近(图 3.27)，表现了较强的动态模拟能力。从不同时相的模拟淹没范围与卫星遥感监测结果的对比来看，FloodArea 模拟的洪水演进的空间分布及其动态变化与实际情况较为一致(图 3.28)。总体上来看,经过参数优化后的 FloodArea 对洪水淹没的时空变化具有较好的模拟效果,能够为风险评估工作提供有效的工具基础和支撑。

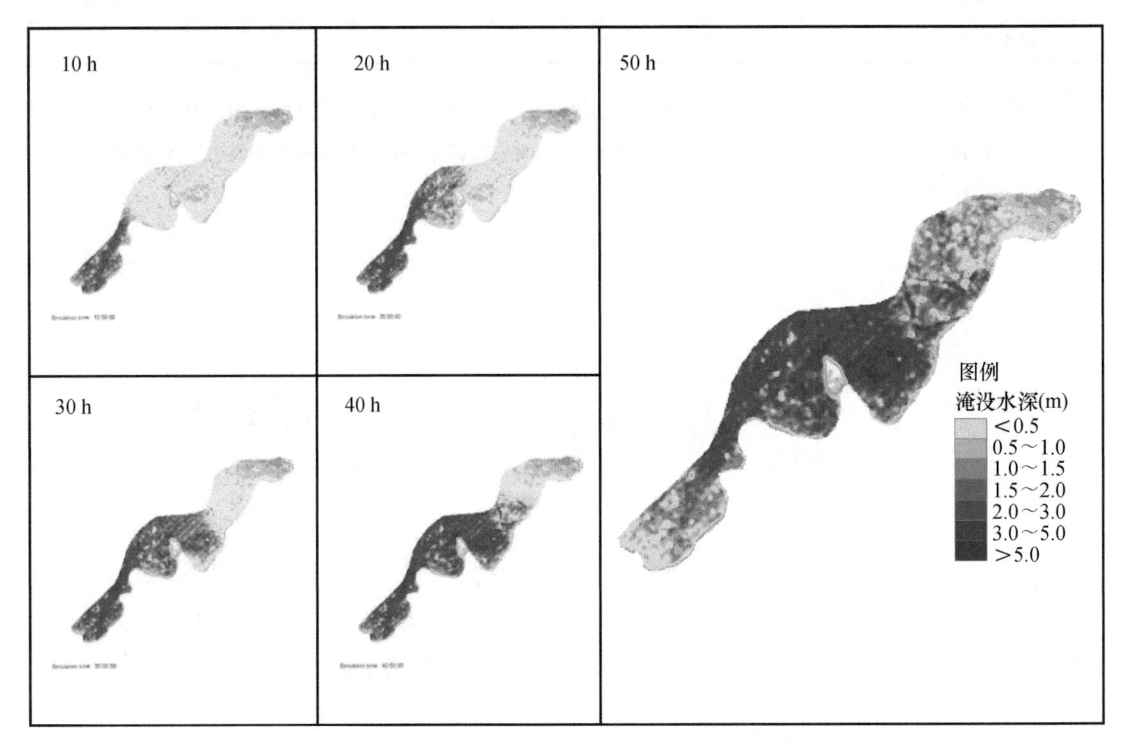

图 3.26 不同时相洪水淹没范围和水深分布模拟结果

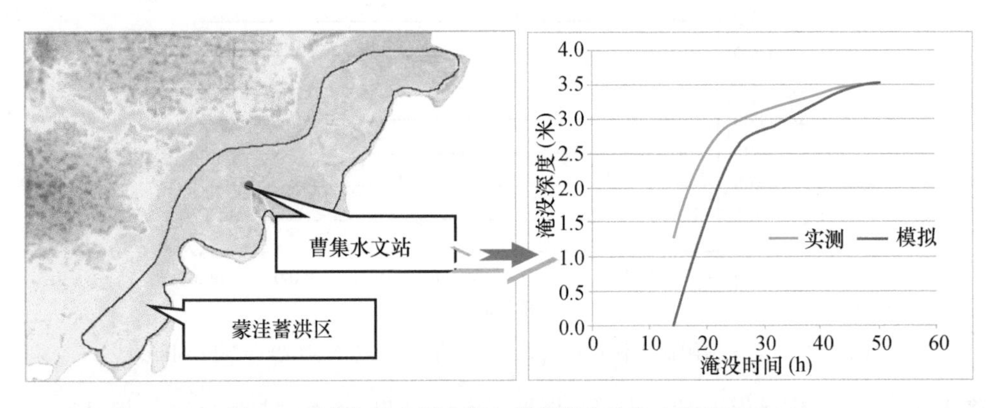

图 3.27 曹集站实测水深与模拟洪水淹没水深的比对

3.1.4.4 淹没模拟算法改进

(1)降水输入方式的改进

在以往暴雨洪水淹没模拟中,多以过程模拟和事后评估为主,降水输入模型时仅体现降水随时间变化,不考虑降水空间分布的动态变化,即在一次过程模拟中,暴雨中心位置常常假定不变(图 3.29)。

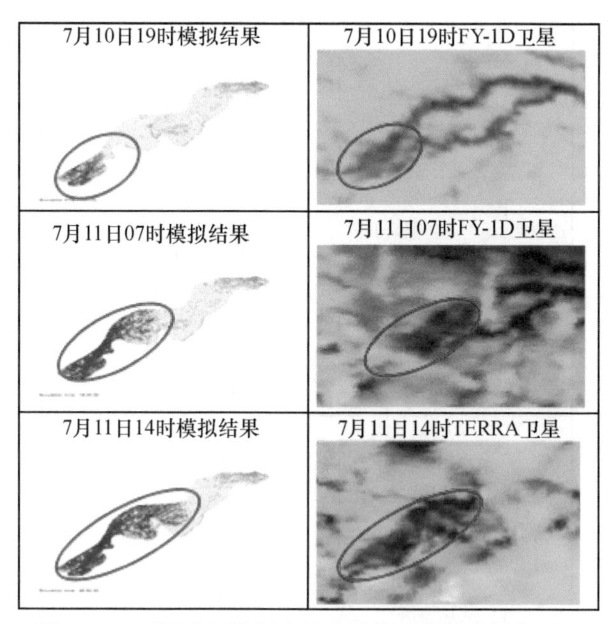

图 3.28 不同时相模拟淹没范围与卫星遥感影像对比

这里选择史河上游2010年7月11日暴雨过程为例研究FloodArea模型在强降水致洪淹没分析中的应用，采用Kriging方法计算了该日逐小时面雨量，经统计24 h累计面雨量超过80 mm，流域出口断面黄泥庄水文站水位上涨接近1 m。基于1∶5万地理信息数据和糙率信息，将降水空间分布和过程雨量(图3.29)代入FloodArea模型进行洪水淹没动态分析，同时为了考察降水输入方式对模拟结果的影响，我们进一步改变了模型输入方式，采用滚动输入将逐小时的降水空间分布代入模型，进行叠加运算。

从图3.30可以看出，在整个过程中降水中心的改变十分明显，即使是比较接近的时刻降水的空间分布仍有较大变化。而如果在模型输入时采用固定的降水空间分布将不可避免地带来较大的偏差，例如在本例中过程累计雨量主要集中在流域的南部，而实际上在过程中降水中心时常在南北摆动。

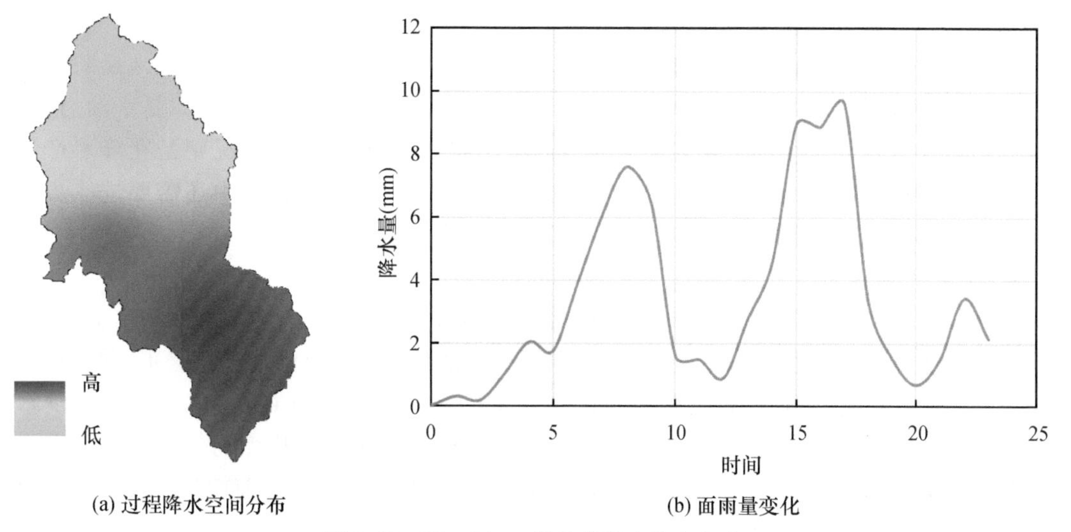

图 3.29 FloodArea默认的降水输入方式

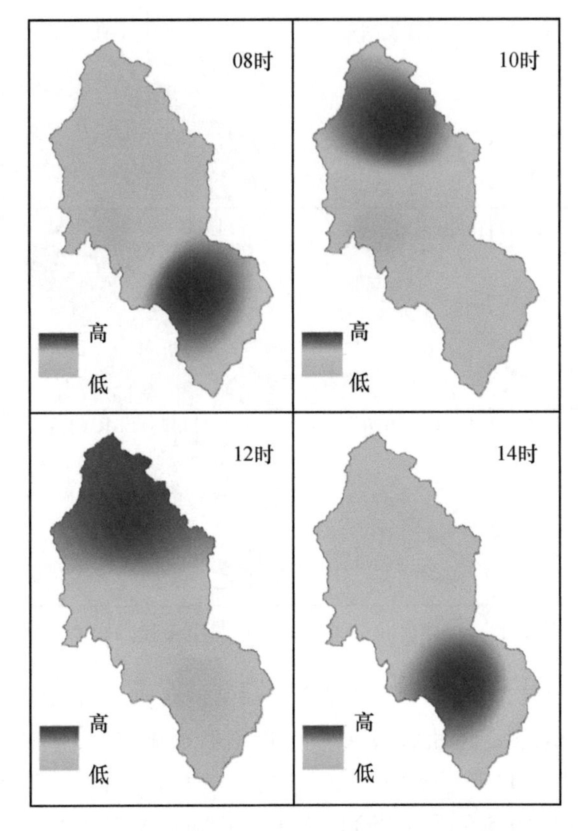

图 3.30 降水空间格局随时间的动态变化

对比两种输入方式的模拟结果(图 3.31),可以看出淹没水深的空间分布具有一定差异,主要表现为相比于默认输入方式,滚动模拟结果流域北部淹没范围更大,而南部相对淹没范围较小,水深较浅。进一步采用黄泥庄水文站的观测数据进行分析(图 3.32),可以看出采用默认的固定降水输入模拟的水深变化略滞后于实测,而滚动模拟结果则与实测较为同步,这可能是由于过程累计降水中心距流域出口断面较远,采用固定的降水空间分布使得汇水时间增长,从而流域出口的水位变化与实际相比存在滞后。

总的来看,FloodArea 模型对水深的动态变化模拟效果较好,能够较为准确地反映水位的涨落情况,但两种输入方式下水深均显著高于实际,这主要是由于 FloodArea 是水动力模型,在模拟过程中假定降水全部转换为径流参与汇流和淹没分析,而实际情况则是在降水产流过程中,有部分降水以下渗等方式损耗,产流量要低于降水量,因此在模拟中还需要进一步考虑产流系数,将降水折算成实际产流量才能与实际情况更为接近。

(2)降水产流改进

通过引入了 SCS 降水产流模型,在输入格网化的前期降水量、土壤和土地利用类型、地形参数等基础上来计算历次降水的产流系数,利用产流系数来对实时降水进行修正,并计算每个格点上实际产生的地表径流量,之后将实际产流量代入到 FloodArea 中运算模拟暴雨洪水的动态演进情况。即以"产流系数"这个关键环节来将 SCS 降水产流模型与 FloodArea 洪水淹没模型相融合,形成分布式的暴雨洪水淹没算法,能够充分反映流域内前期降水和下垫面要素空间变化对暴雨洪水形成及其演进的影响。

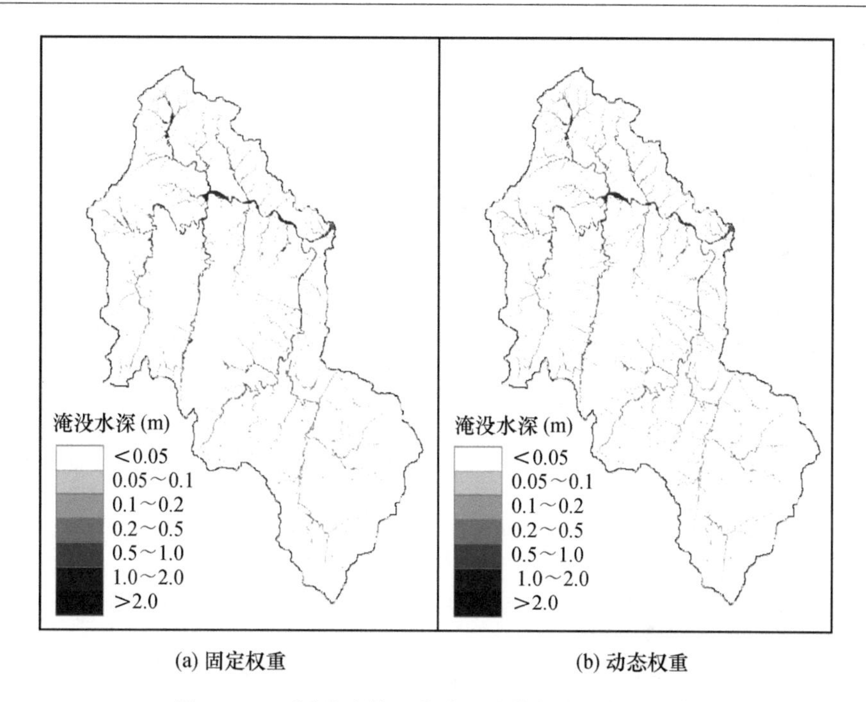

图 3.31 不同降水输入方式下的模拟淹没水深分布

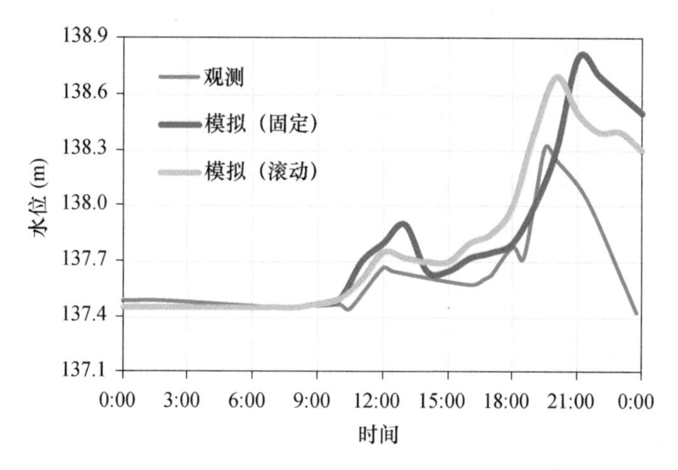

图 3.32 不同降水输入方式下的淹没模拟结果与观测值对比

SCS-CN 模型由于其结构简单、所需参数较少、模拟结果准确度较高，而被广泛应用于场次降雨地表产流及其过程的预测中。国内外一系列分布式-半分布式生态水文模型，如 SWAT，EPIC，CREAMS 等，均采用 SCS-CN 模型预测径流量。该模型的主要参数径流曲线数 *CN* 是反映流域前期土壤湿润程度 (antecedent moisture condition，AMC)、坡度、土壤类型和土地利用现状等综合特性的参数。SCS 模型对 *CN* 的敏感性很高，有研究指出，*CN* 取值±10%的变化可导致计算径流量－45%～＋55%的变化。可见，*CN* 值的确定对降雨径流量的准确预测非常重要。*CN* 值与土壤类型、土地利用类型以及前期土壤湿润程度密切相关。仍以史河流域为例，根据 1∶100 万土壤类型图和 1∶10 万土地利用类型图可知研究区土壤类型以 B 类壤土为主，土地类型主要为林地、草地和农田等，根据研究区土壤类型和土地利用类型数据，可以查表得到中等湿润程度下 *CN* 值分布(图 3.33)，再通过计算研究区前 5 天累计面雨量即可获取土壤湿润程度，从而推算出实时的 CN 系数结果。

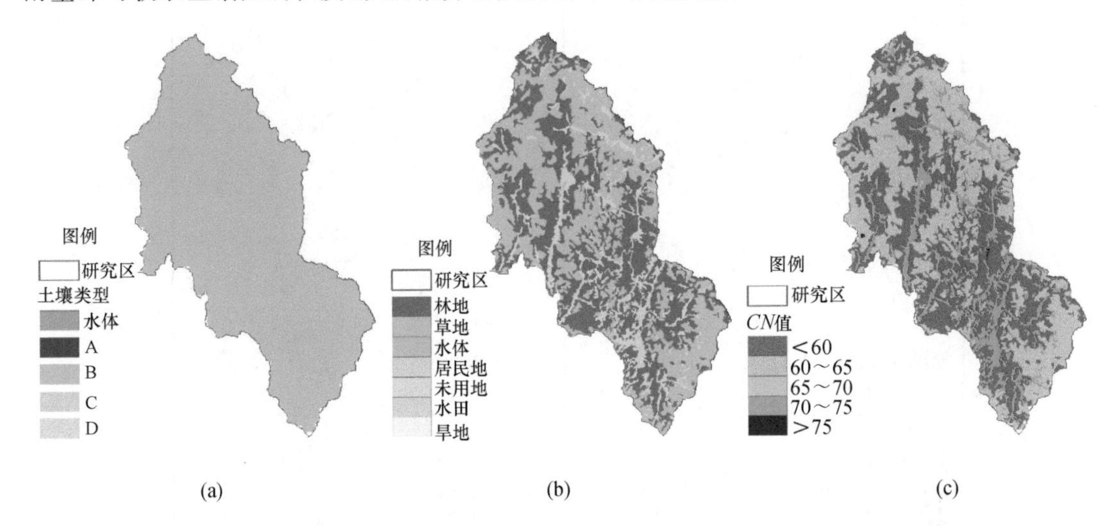

图 3.33　研究区土壤类型(a)、土地利用类型(b)和中等湿润度下的 CN 值(c)分布

由于 SCS 模型构建和参数化过程中主要依托于美国大量缓坡（坡度 5%左右）降雨产流资料发展起来，而研究区地形复杂，海拔起伏大，在实际应用时还应进一步考虑坡度对 CN 系数的影响。根据已有研究结果，采用 Huang 坡度修正公式对 CN 系数进行修正，使之适用于起伏山地的降雨产流模拟。

$$CN_{\mathrm{II}S}=CN_{\mathrm{II}}\cdot\frac{322.79+15.63slp}{slp+323.52} \tag{3.8}$$

式中，CN_{II} 为中等湿润程度下的 CN 系数，slp 为平均坡度(%)，$CN_{\mathrm{II}S}$ 为坡度修正后的 CN 系数。

采用 ALOS 的 30 m 分辨率 DEM 计算了研究区的坡度分布，并采用公式(3.8)对 CN 系数进行了修正，确定了 AMC II 条件下的 CN 值分布结果(图 3.34)，作为 SCS 模型应用的输入参数。

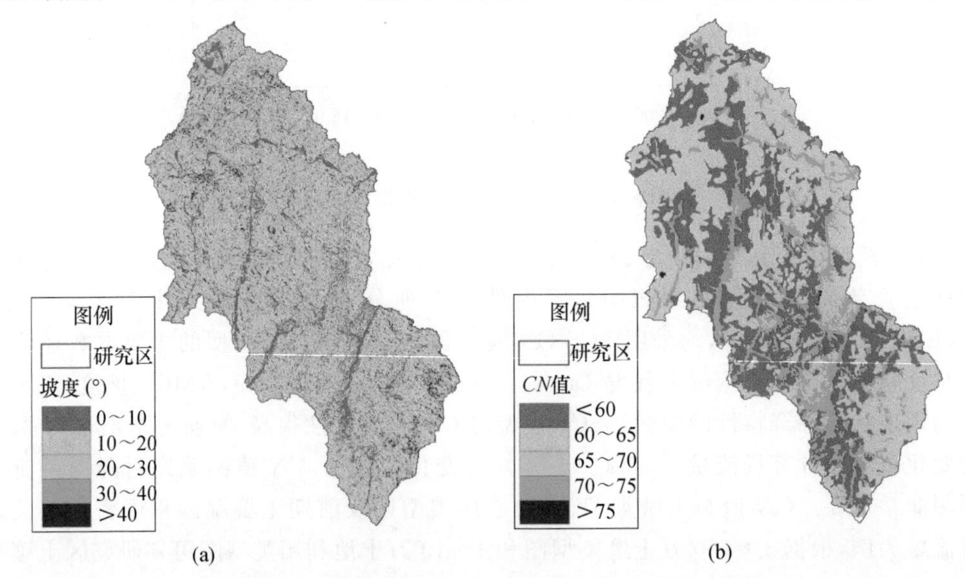

图 3.34　研究区坡度(a)及其修正后的 CN 系数(b)分布

除 CN 系数外，初损率 λ 以往通常取标准值 0.2，但近年来研究发现初损率随不同区域取值变异性也较大，其值变化对模拟效果有较为明显的影响。

选择史河流域 2008 年的多次典型降水过程分析 λ 的取值对模拟结果的影响，并确定优化后的参数值。参数优化的依据为确定系数 R2、相对误差 PBIAS 和效率系数 NSE。从表 3.11 可以看出模拟径流深基本上随着初损率的增加而减少，这也可以用初损率的物理意义来解释，即初损率增大，降水损失量增加，转化为径流的比例相应减少。对比历次过程，模拟径流深基本上是当初损率 λ 为 0.05～0.15 范围内与实测结果较为接近。进一步通过确定系数、相对误差和效率系数来看，当 $\lambda=0.1$ 时 SCS 模型模拟效果表现最佳(图 3.35)，因此选择 0.1 作为研究区的初损率 λ 的优化取值。

表 3.11　2008 年典型洪水过程实测与模拟径流深

洪水过程（月．日）	实测径流深/mm	不同初损率下的模拟径流深/mm							
		0.05	0.10	0.15	0.20	0.25	0.30	0.35	0.40
6.22—6.24	97.0	101.6	96.5	91.8	87.5	83.3	79.3	75.5	71.9
7.02—7.05	41.2	43.9	40.5	37.2	34.2	31.5	29.0	26.8	24.7
7.22—7.25	26.0	28.2	24.3	20.8	17.7	14.9	12.5	10.4	8.6
8.16—8.20	102.8	115.4	104.6	94.7	85.6	77.2	69.6	62.8	56.6
8.29—8.31	95.6	106.3	98.2	90.9	83.7	76.8	70.1	63.6	57.4

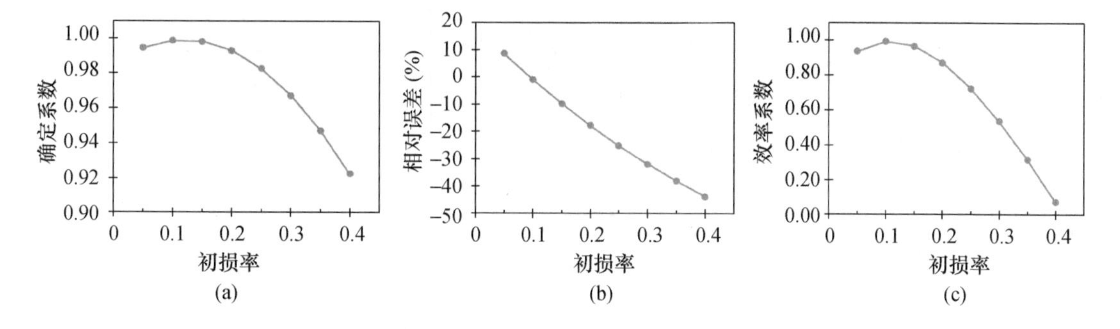

图 3.35　不同初损率模拟结果的确定系数(a)、相对误差(b)和效率系数(c)

基于率定好的模型参数，可以实现降水产流量的实时分布式模拟(图 3.36)。以 2010 年 7 月 11 日降水过程为例，基于模型应用流程，采用率定好的模型参数集，以降雨量作为输入实时模拟了 2010 年多次降水过程的产流量(表 3.12)，模拟与实测的相关系数在 0.9 以上，相对误差约为－15％，模拟值略小于实测。总的来看，率定后的 SCS 模型能够较好的适应研究区，可以实时反映降水产流关系，从而为后续暴雨洪水淹没模拟提供可靠的输入前提。

表 3.12　2010 年典型降水过程的观测与模拟径流深

日期	观测径流深/mm	模拟径流深/mm
6 月 9 日	15.78	13.42
7 月 11 日	25.33	23.27
7 月 12 日	61.71	50.96
7 月 13 日	26.83	27.23
7 月 20 日	23.08	11.45
7 月 21 日	25.12	19.37
9 月 4 日	17.60	15.42

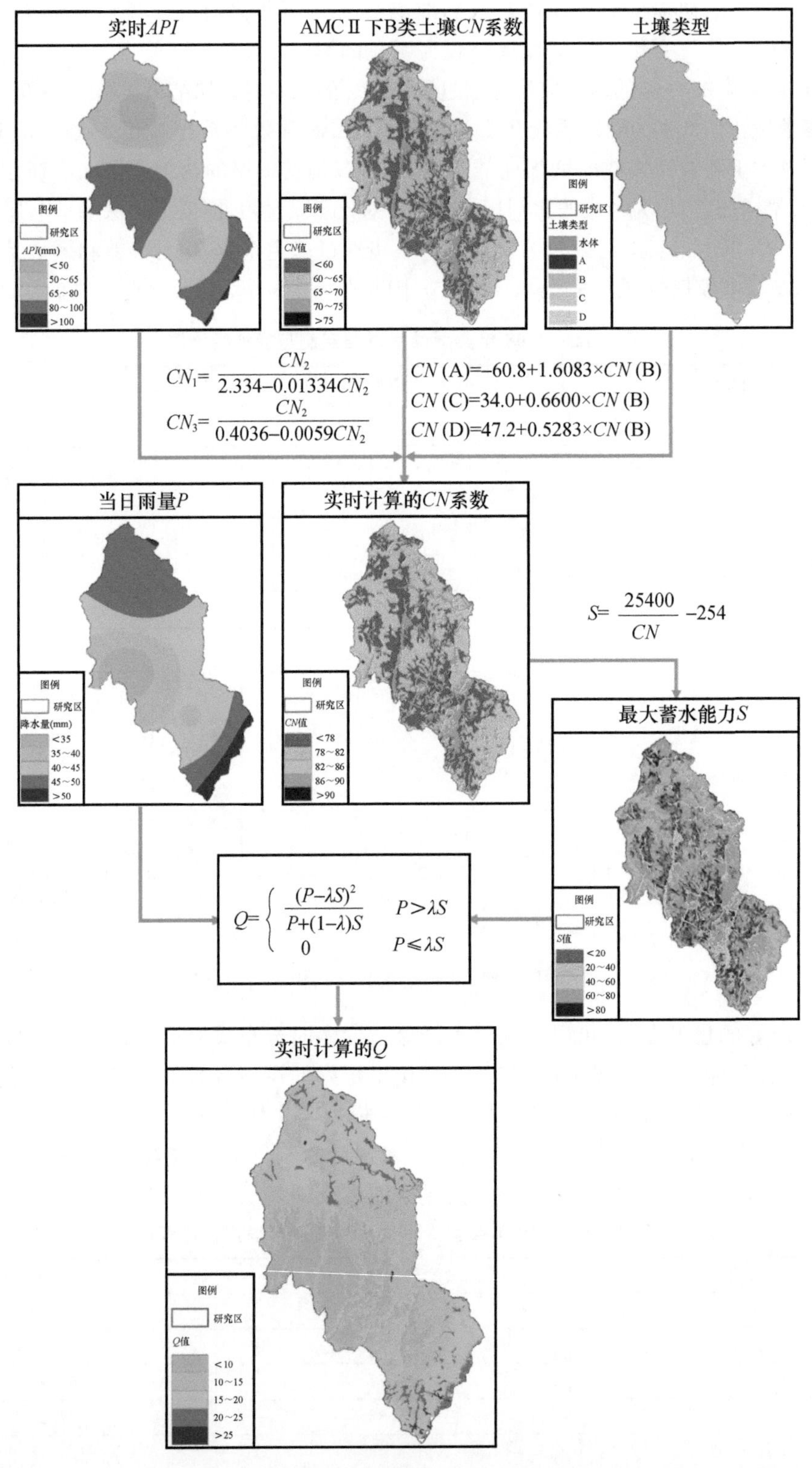

图 3.36　SCS 模型实时应用流程示意图

在率定好参数的基础上，通过融合降水产流模型 SCS 和二维水动力模型 FloodArea，改进淹没模拟算法，使之反映前期降水和下垫面要素空间变化对暴雨洪水形成及其演进的影响；通过优化降水空间插值，开展滚动化叠加运算，改进算法的输入和运行模式，使之体现降水时空变化对暴雨灾害风险分布的影响，并与实时业务更好衔接(图 3.37)。

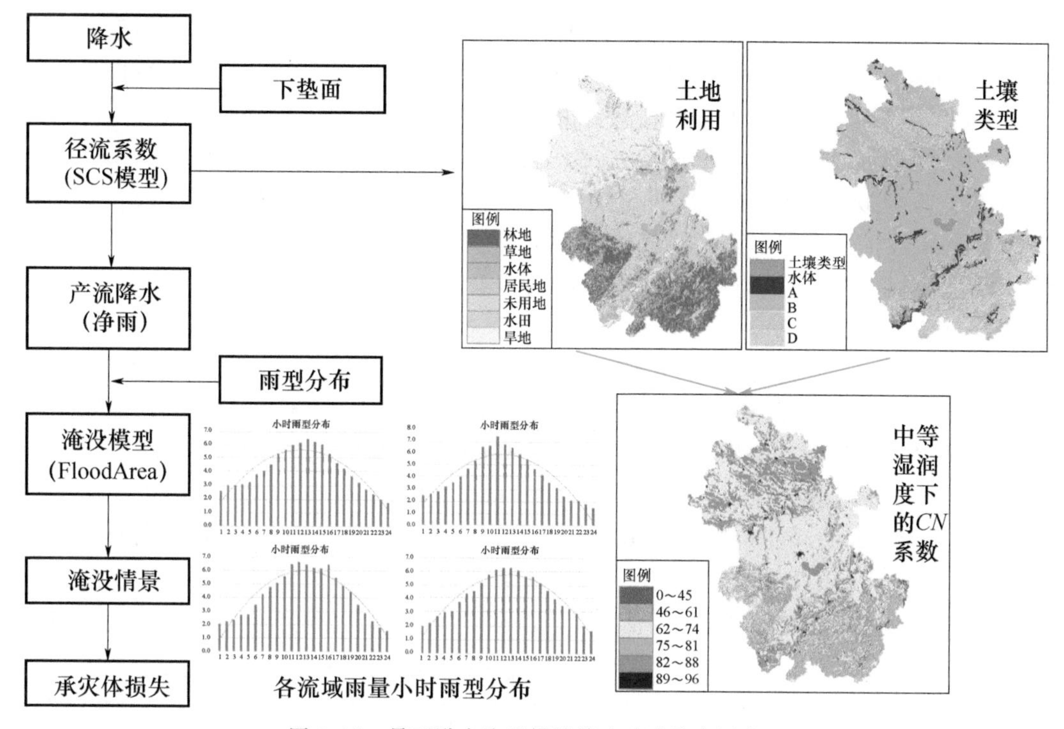

图 3.37　暴雨洪水淹没模拟算法改进及应用流程

为进一步验证改进算法的模拟效果，仍然采用 2010 年 7 月 11 日史河上游的模拟案例，从图 3.38 可以看出，在考虑了降水产流和损耗后，模拟的黄泥庄水深变化与实际更为接近，动态趋势吻合度更好，并且系统偏差也明显缩小，这说明引入 SCS 模型后，对 FloodArea 模型的模拟具有一定的改进作用。

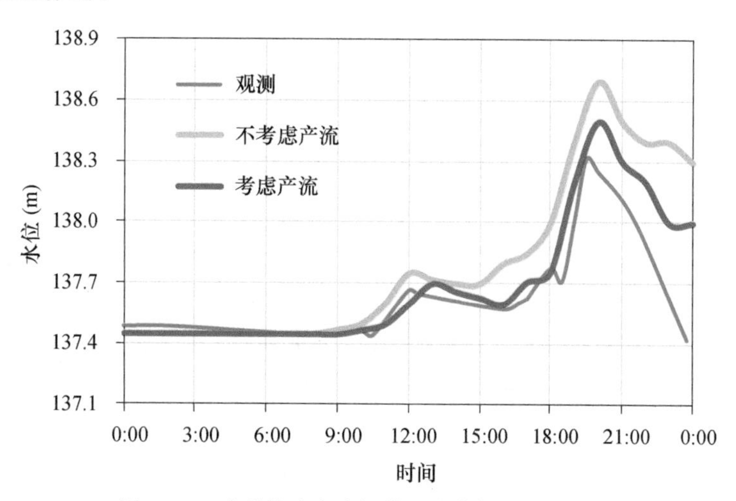

图 3.38　改进算法在史河黄泥庄案例的模拟效果

3.1.5 承灾体暴露量与脆弱性分析

承灾体是灾害风险的承载体，是风险评估的最终对象。通过现场调研，以及与水利、农业、统计等部门的通力合作，可以建立精细化承灾体数据库，囊括诸如人口、经济、建筑物、公路网等社会经济数据等和相关下垫面空间数据如地面高程数据、河网、土地利用数据等，利用多重缓冲区分析和空间叠加等空间分析技术结合统计学方法解决空间尺度不统一和数据融合的问题，建立包含不同类型承灾体的多源信息数据库，为风险评估提供基础数据支撑。

承灾体暴露量的动态识别是以洪水淹没将致灾危险性与承灾体相关联，在统一数据框架下，将动态淹没模拟结果与承灾体数据进行空间叠加，实时提取处于不同淹没等级和历时下的承灾体数量和空间分布情况，实现了暴雨灾害承灾体暴露度的动态识别。采用 FloodArea 模拟结果与承灾体数据进行了空间叠置分析，提取了不同类型承灾体在各等级淹没水深下的暴露量(表 3.13)。

承灾体脆弱性分析主要是基于灾损率进行分析，有研究表明，水灾主要与淹没深度有关，受淹没历时和水流速度等影响相对较小，因此这里主要建立了承灾体灾损率随水深变化的响应曲线，重点评估居民建筑与农业等承灾体的脆弱性，其中居民地和建筑财产的水深-灾损率曲线参考了 Smith *et al*. (1988)和权瑞松等(2014)研究成果，农业的灾损曲线则参考了格默(Gemmer M)等(2006)和苏布达等(2006)研究成果，并在此基础上结合研究区调研结果，进行了本地化拟合修正，形成了研究区承灾体脆弱性曲线。最终根据承灾体暴露量识别结果，结合脆弱性曲线，可得到暴雨洪涝灾损风险评估结果，实现风险的动态评估，为防灾减灾提供科学参考。

表 3.13 2007 年蒙洼蓄洪案例中承灾体暴露量识别结果(模拟泄洪 50 h 情况)

淹没深度(m)	受影响土地面积(hm²)		
	居民地	水田	旱地
<0.5	410	269	1070
0.5～1.0	204	460	1568
1.0～2.0	187	338	4834
2.0～3.0	32	13	5197
3.0～4.0	0	0	556
>4.0	0	0	16

3.1.6 风险评估过程耦合

在上述关键技术研发的基础上，进一步提炼总结形成风险评估技术流程(图 3.39，图 3.40)，主要包括：①基础数据处理：获取面雨量估测或者预报资料，并处理成预设的数据格式，同时对承灾体数据、水利数据等进行更新；②致灾雨量确定：采用水文模型或统计方法建立降水径流关系，并结合防洪标准或灾害个例，确定致灾临界雨量指标；③致灾条件判断：根据面雨量或者水文预报结果，判断是否达到致灾临界气象条件；④淹没风险模拟：在达到致灾临界条件之后，将雨量或者水文预报结果及下垫面信息作为输入，采用洪水淹没模型 FloodArea 并结合降水产流模型 SCS 进行淹没风险模拟，计算得到灾害影响范围及分布；⑤承灾体叠置分析：

将承灾体数据与淹没模拟结果进行空间叠置分析，开展承灾体物理暴露的动态识别，并结合脆弱性曲线分析灾损风险；⑥风险分析：结合以上关键技术和步骤，实时输出灾害风险范围和分布图以及灾损风险定量估计等成果。

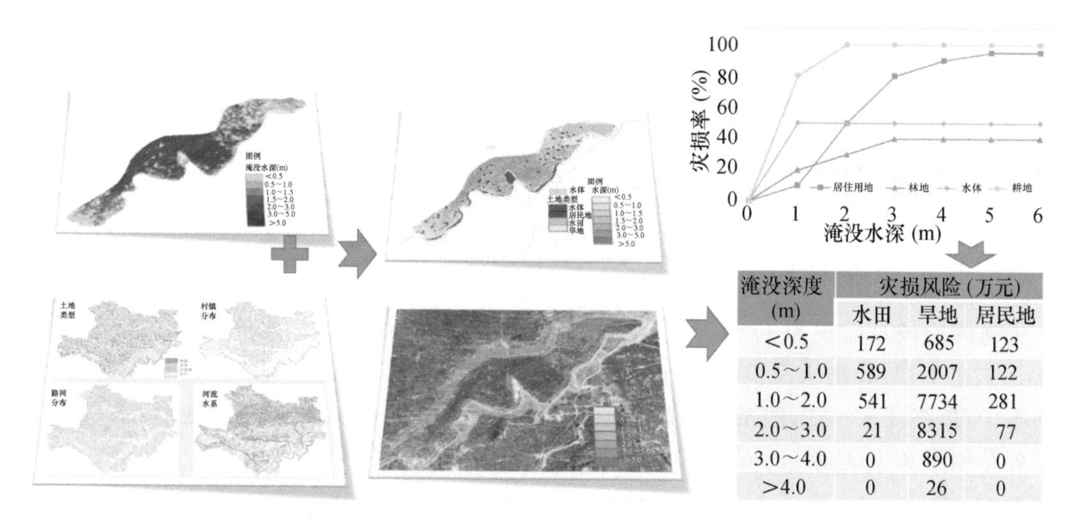

淹没深度 (m)	灾损风险 (万元)		
	水田	旱地	居民地
<0.5	172	685	123
0.5～1.0	589	2007	122
1.0～2.0	541	7734	281
2.0～3.0	21	8315	77
3.0～4.0	0	890	0
>4.0	0	26	0

图 3.39　承灾体脆弱性曲线以及灾损风险评估

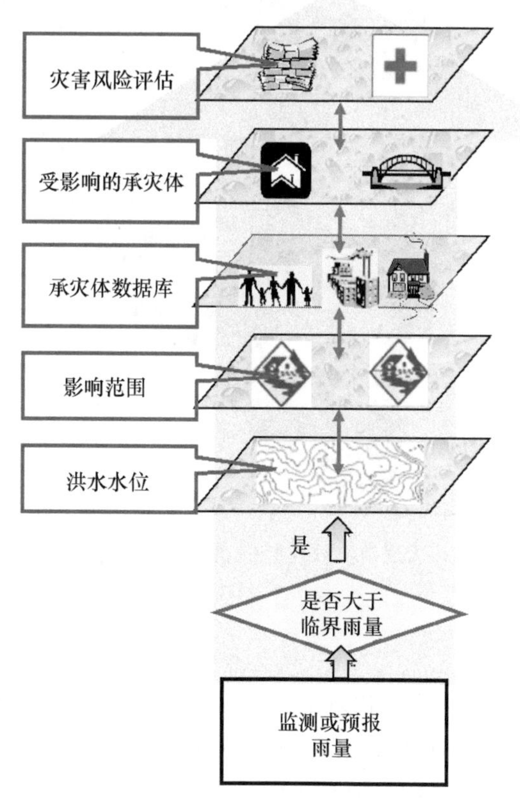

图 3.40　流域暴雨洪涝灾害风险评估流程

3.2　应用案例

为体现代表性，从长江、淮河流域各取一个子流域——大通河流域和淠河流域作为评估对象，阐述流域暴雨洪涝灾害风险评估流程与方法。

3.2.1　大通河流域

3.2.1.1　流域概况

大通河流域总面积为 1229 km²，主要支流有二：一是青通河，集水面积 388 km²，河道长 90 km；二是七星河，集水面积 645 km²，河道长 55 km，青通河与七星河在两河口汇流后，为大通河本干，最终注入长江，两条支流的河道比降均约为 1/1000，大通河流域地形、水系及气象站点分布如图 3.41 所示。

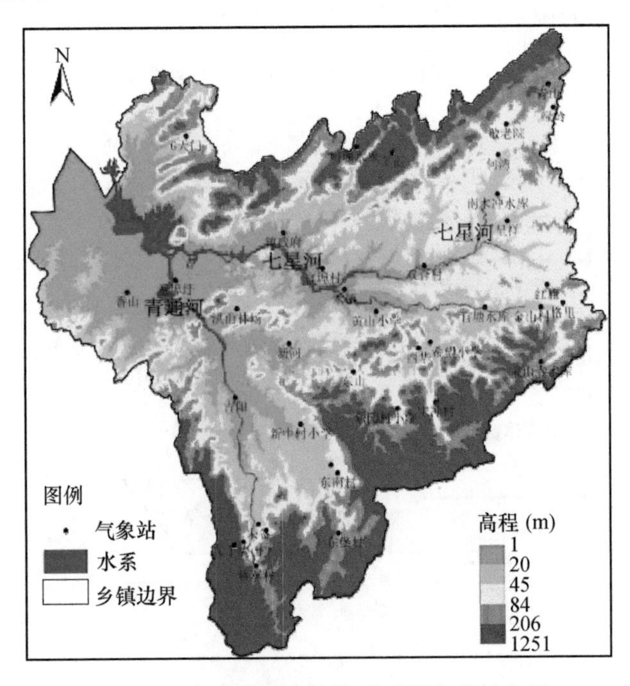

图 3.41　大通河流域地形、水系及气象站点图

3.2.1.2　数据资料

以大通河流域 2013 年 7 月 5—7 日出现的历史罕见强降水过程为例进行应用分析，数据资料包括：2013 年 7 月 5—7 日逐日及过程降水量与降水落区预报、7 月 5 日 20 时至 7 月 6 日 20 时流域内所有国家气象站及区域自动站共 39 个气象站的逐小时雨量资料、大通河流域 STRM30(30×30)DEM 数据、分辨率为 30 m 的土地利用栅格数据、1∶25 万土壤类型栅格数据、灾情调查资料等。

3.2.1.3　应用结果

(1)致灾临界雨量确定

通过查阅水文年鉴,收集了 2007—2009 年的大通河流域青阳(二)站典型洪水过程的逐小时流量与水位观测值,并提取了洪水过程同期的 40 个气象站点小时雨量资料,采用泰森多边形计算了每个雨量站的面积权重,并形成了流域面雨量资料序列。通过分析大通河流域小时水位与前 n 小时的面雨量关系可知(图 3.42),当累计雨量超过 9 h 后,水位与面雨量的相关系数基本稳定。本着预警时间越早越好的原则,取前 9 h 面雨量与水位建立回归方程(图 3.42)。根据典型洪水灾害个例,结合降水-水位关系,确定了大通河流域的致灾临界雨量指标(表 3.14)。

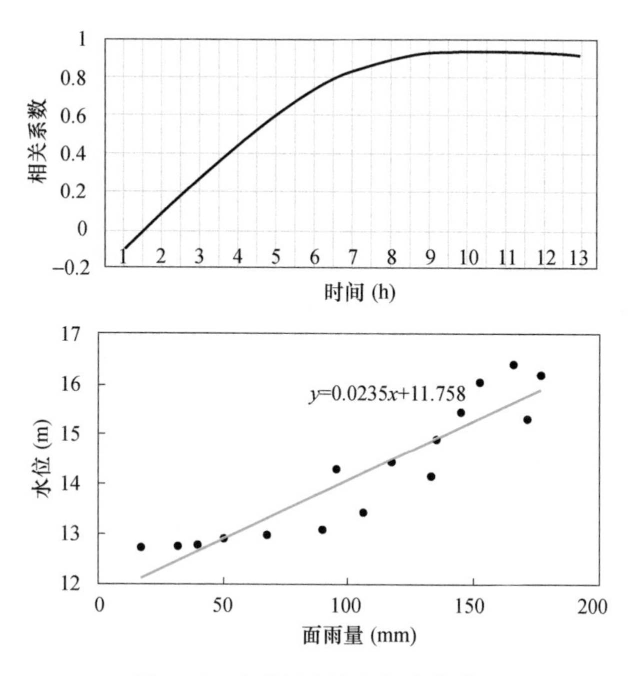

图 3.42　大通河流域降水-水位关系

表 3.14　大通河临界面雨量指标

洪水等级(级)	时效(h)	临界面雨量(mm)	临界水位(m)	基础水位(m)
3	9	85.1	14.5	12.5
2	9	131.9	15.6	12.5
1	9	165.0	16.4	12.5
3	9	63.8	14.5	13.0
2	9	110.6	15.6	13.0
1	9	144.6	16.4	13.0
3	9	42.6	14.5	13.5
2	9	89.3	15.6	13.5
1	9	123.4	16.4	13.5

(2)面雨量监测预报与风险预警

2013 年 7 月 5—7 日,受低涡和低空急流影响,安徽省出现连续性强降水过程,多个流域累计面雨量达 100 mm 以上,最强雨强中心位于大通河流域,流域内青阳站 3 h 和 6 h 降水超历史极值。

2013 年 7 月 5 日上午,短期预报表明,5 日夜间至 8 日江淮中部到江南北部累计降水量为 180～260 mm,局部超过 350 mm,大通河流域处于降水中心地带(图 3.43a)。根据预报结果,课题组密切关注沿江江南一带,开展了大通河流域定量降水估测 QPE(图 3.43b 上)和定量降水预报 QPF(图 3.43b 下)产品的滚动制作,并结合致灾临界雨量指标,实时判断流域的暴雨洪涝等级。当定量降水预报结果超过临界雨量指标时,于 7 月 5 日 12 时及时制作了中小河流洪水预警结果,指出大通河流域暴雨诱发洪水等级较高。

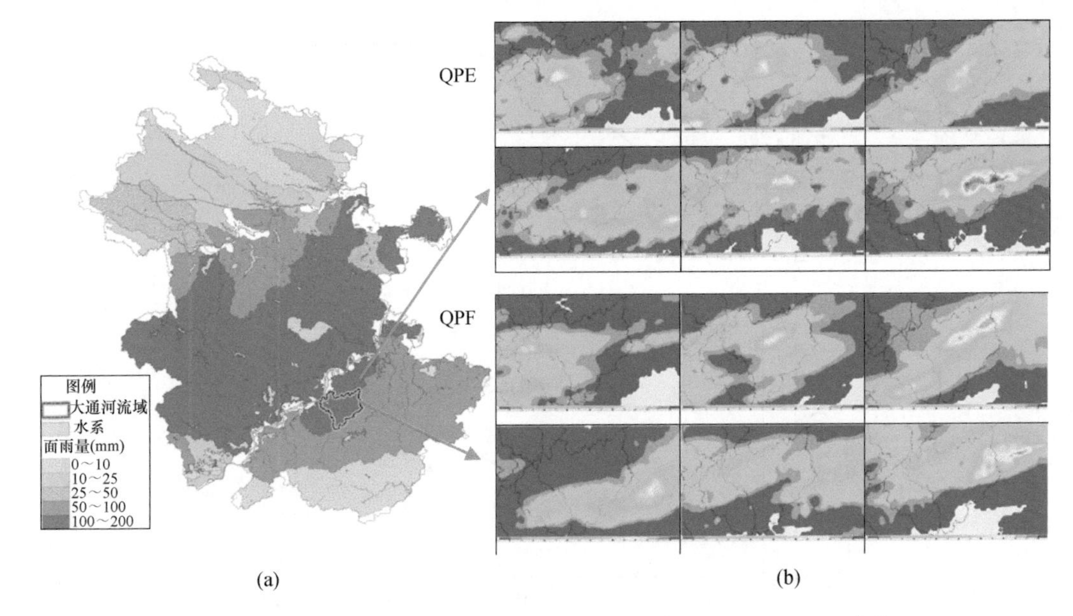

图 3.43 2013 年 7 月 5—7 日大通河面雨量预报以及 QPE、QPF 产品

(3)实时风险评估

基于大通河流域洪水预警等级结果,启动了暴雨洪涝灾害风险评估,将预报雨量和大通河下垫面信息输入淹没模型预估了流域暴雨淹没风险情况(图 3.44),结果表明:大通河流域上游支流的七星河、南河、北河及青通河水位上涨明显,大部地区涨水超过 1 m,其中南河和北河支流水位上涨超过 3 m,竹阳乡、酉华乡和乔木乡的局部地区涨水超过 6 m。流域内木镇、丁桥和新河等地的沿河洼地和圩区受强降水和河水上涨影响,洪水淹没风险较高,将发生较严重的内涝灾害。

(4)风险评估结果检验

为了进一步检验风险评估结果,强降水过程结束后,迅速开展此次强降水过程中大通河流域暴雨洪涝淹没范围和淹没深度的调查。经过实地调查和走访,此次强降水过程中,七星河上游的竹阳乡、乔木乡和酉华乡;七星河中下游的木镇镇、丁桥镇;以及青通河上中游的蓉城镇遭受不同程度的洪水淹没,从淹没范围来看,与 FloodArea 模拟的淹没范围较为吻合。

此外,对淹没较深的木镇镇七星河桥、木镇镇受淹房屋、竹阳乡北河河道、酉华乡石安桥等灾害点进行实际淹没深度测量,具体情况如表 3.15 所示。

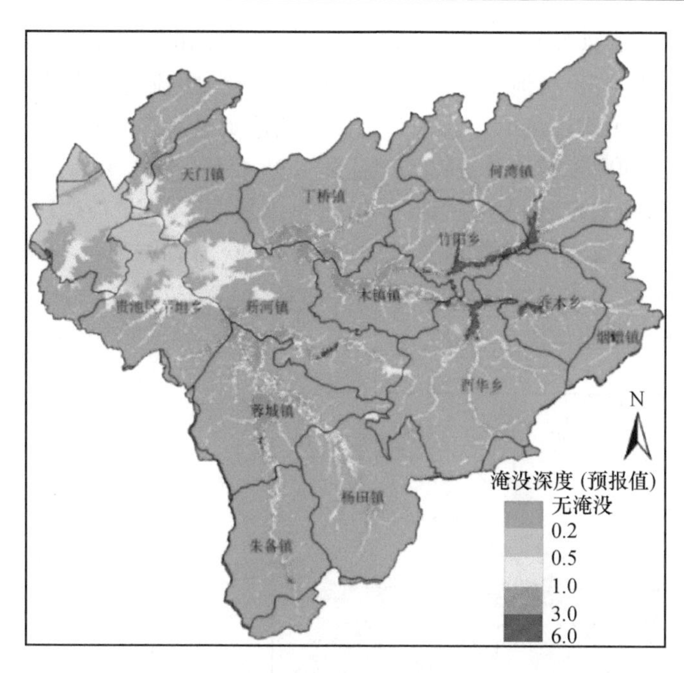

图 3.44　大通河暴雨洪水实时风险评估结果

表 3.15　FloodArea 模拟淹没深度与实际调查淹没深度对比

调查点	经纬度	调查时河水水面高程(m)	淹没最深痕迹高程(m)	实际涨水深度(m)	FloodArea 模拟涨水深度(m)
木镇镇七星河桥	117.942°E 30.72°N	18.0	21.0	3.0	2.9
竹阳乡北河河道	118.011°E 30.735°N	20.5	24.0	3.5	3.7
西华乡石安桥	118.021°E 30.706°N	21.0	24.8	3.8	3.5
木镇镇受淹房屋	117.942°E 30.711°N	/	/	1.2	1.16

由表 3.15 可知，从淹没深度来看，所调查的七星河桥、北河河道、石安桥以及木镇镇受淹房屋等淹没较深的受灾点，其实际涨水深度与模拟涨水深度较为接近。综上所述，针对此次大通河流域的暴雨洪涝过程，FloodArea 模拟的洪水淹没范围和淹没水深与实况均较为吻合。

通过风险预警和评估，课题组与当地气象部门及时联系，通报风险等级与评估结果，当地气象部门通过决策服务材料、电话、手机短信等方式开展预警服务，发布风险评估信息，在当地政府有效组织下，大通河流域的危房户、沿河洼地等高风险地区共计 2576 人得到紧急转移，避免了人员伤亡，风险评估取得显著的防灾减灾效果。该应用案例已在中国气象局《气象灾害风险预警技术指南》中得到了重点推介。

3.2.2　淠河流域

3.2.2.1　流域概况

淠河是淮河南岸的最大支流，发源于大别山北麓，流经岳西、霍山、六安，于寿县正阳关入淮河，河道全长 253 km，总落差 362.1 m，河流平均比降 1.46‰。淠河有东、西两源。东淠河主要支流有黄尾河、头沱河、姚河、仓家河、漫水河、清水河、东流河和东西溪河等，河道纵比降 42.8‰～91.6‰，多年平均流量 7.32 m^3/s，水能理论蕴藏量为 7.6 万 kW。1956 年和 1958 年先后建成佛子岭水库和磨子潭水库，库容分别为 4.96 亿 m^3 和 3.49 亿 m^3。西淠河支流有 7 条，以毛坦河、青龙河和宋家河最为主要，多年平均流量 56.17 m^3/s。1958 年建成响洪甸水库，库容 26.32 亿 m^3。东、西淠河在六安市区两河口汇合后称淠河。本研究选取横排头控制性水文测站以上的流域为研究区，集水面积 4349.12 km^2，海拔高度为 50～1800 m。淠河流域地形、水系及气象站点分布如图 3.45 所示。

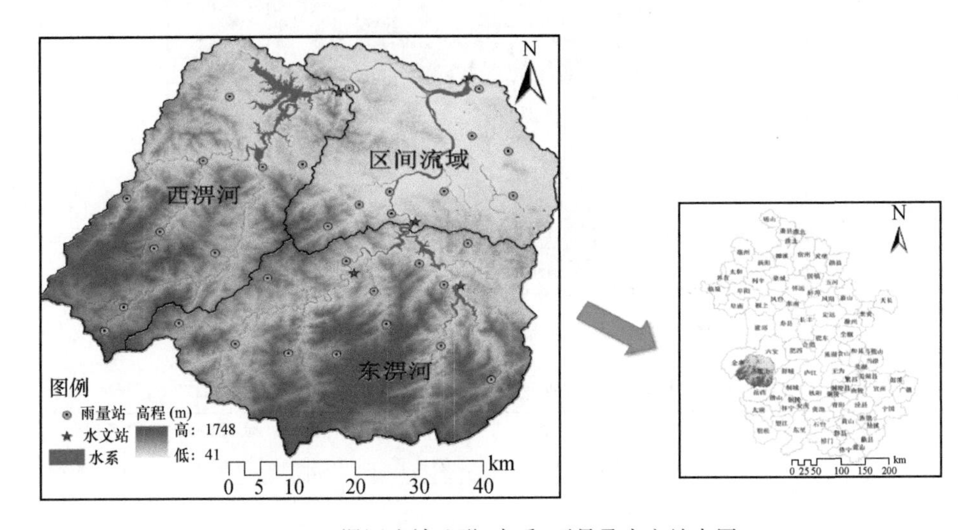

图 3.45 淠河流域地形、水系、雨量及水文站点图

3.2.2.2 数据资料

以淠河流域 2015 年第 13 号台风“苏迪罗”影响期间，出现的强降水过程为例进行应用分析，数据资料包括：2015 年 8 月 8—10 日流域内所有国家气象站及区域自动站共 57 个气象站的逐小时雨量资料、淠河流域 STRM30(30×30)DEM 数据、分辨率为 30 m 的土地利用栅格数据、1∶25 万土壤类型栅格数据、灾情调查资料等。

3.2.2.3 应用结果

(1)致灾临界雨量确定

淠河流域横排头以上集水区分东、西淠河，东淠河有佛子岭、磨子潭及白莲崖三座水库，西淠河有响洪甸水库。水库的调蓄作用改变了大坝上下游水文情势，从而影响致灾临界面雨量值的大小。当水库蓄水时，大坝期阻挡了河道的径流，削弱了下游河道的水位及流量峰值造成径流系数偏低；一旦遇到高强度的降雨水库泄洪时，造成实测径流量远大于预报径流量。考虑水库对径流的影响，以佛子岭和响洪甸水库作为出水口，将淠河流域划分为东淠河、西淠河及水库以下(简称区间流域)三个子流域。

选取 2005 年 8 月 24 日 04 时—9 月 5 日 20 时台风“泰利”影响期间典型洪水过程，分析各子流域洪峰期间水位与对应流域面降水量的定量关系，由图 3.46～3.48 可见：佛子岭、响洪甸及横排头水文站水位与前 12 h 累计面雨量相关系数均超过 0.8(通过 0.01 的显著性检验)。依据各子流域累计 12 h 面雨量与水位的线性关系,最终得到各子流域不同基础水位累计 12 h 致灾临界面雨量。

以小时为步长,基于 Topmodel 模拟洪峰过程累计 12 h 面雨量与径流关系。若模拟流量与给定的临界流量相差较大,重新给定面雨量模拟。利用模型参数自动率定功能,对模型 M、Ln(t_0)、SRmax、SRtint 及 ChVel 等 5 个敏感性参数迭代运算,得到最优参数组合,将最优参数代入运算,佛子岭、响洪甸及横排头模拟结果确定性系数分别达 0.911、0.918 及 0.998,模拟的洪峰流量值及出现时间均与实际较为吻合,表明 Topmodel 在淠河流域的适用性较好(图 3.49)。

为达到最佳模拟效果,结合两种方法的优势,依据统计法计算洪峰过程致灾面雨量时效,然后基于 Topmodel 模拟雨-洪关系,计算致灾面雨量。分别设定佛子岭、响洪甸及横排头站基础水位 115.5 m、126.5 m 及 52.0 m,以达到警戒(汛限)水位、保证水位、堤坝(或历史)最高水位作为不同等级致灾临界水位,从而得到致灾临界(面)雨量(表 3.16)。

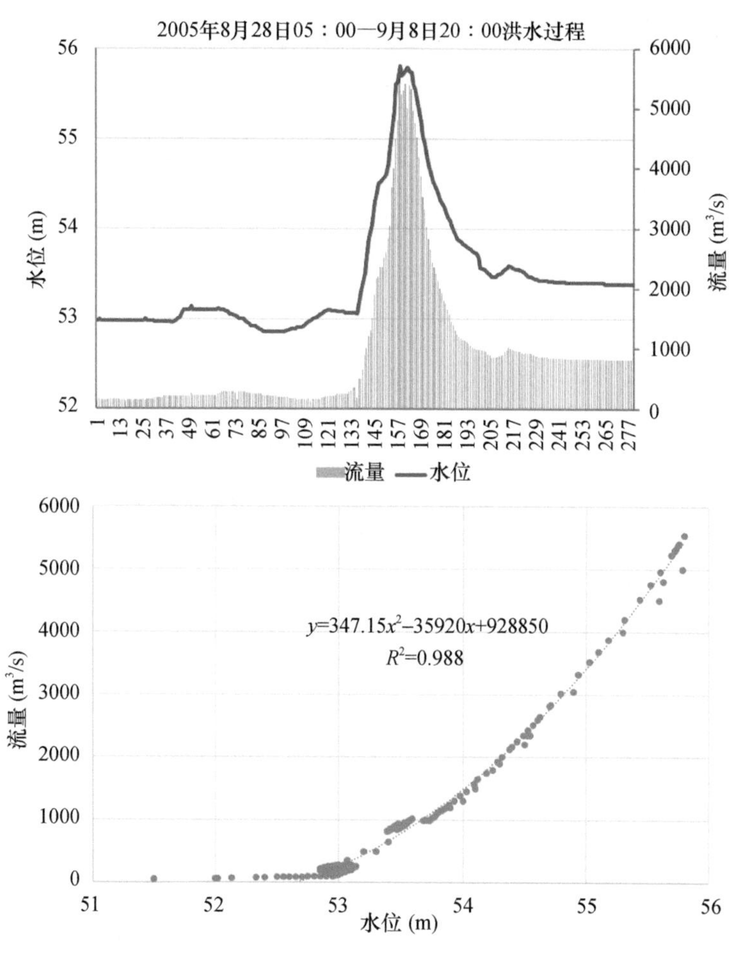

图 3.46　统计法计算东淠河致灾临界(面)雨量

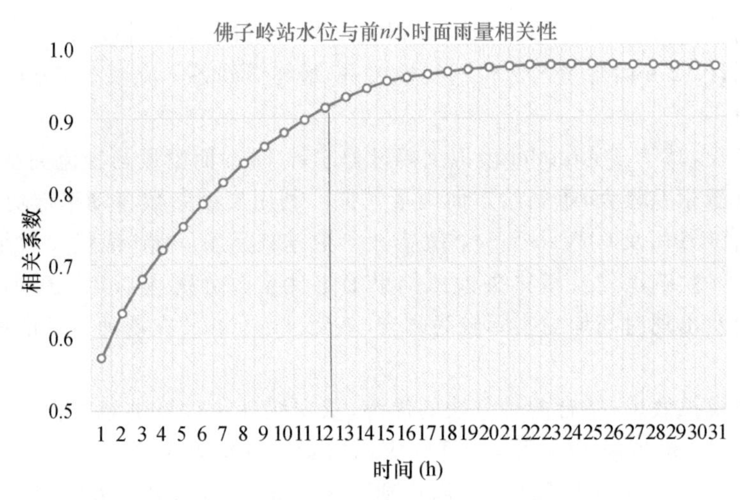

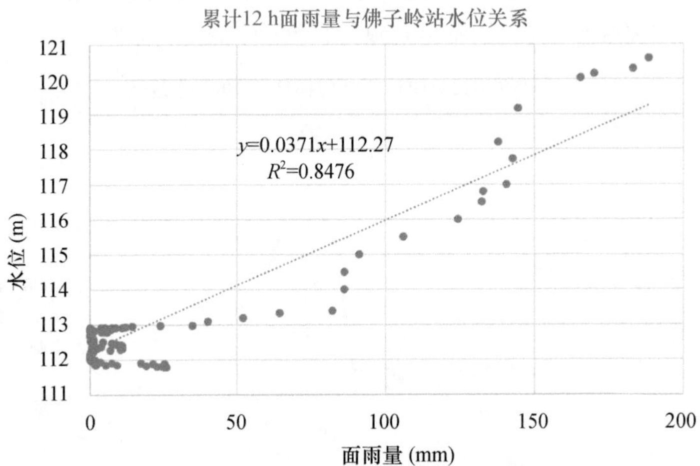

图 3.46(续)　统计法计算东淠河致灾临界(面)雨量

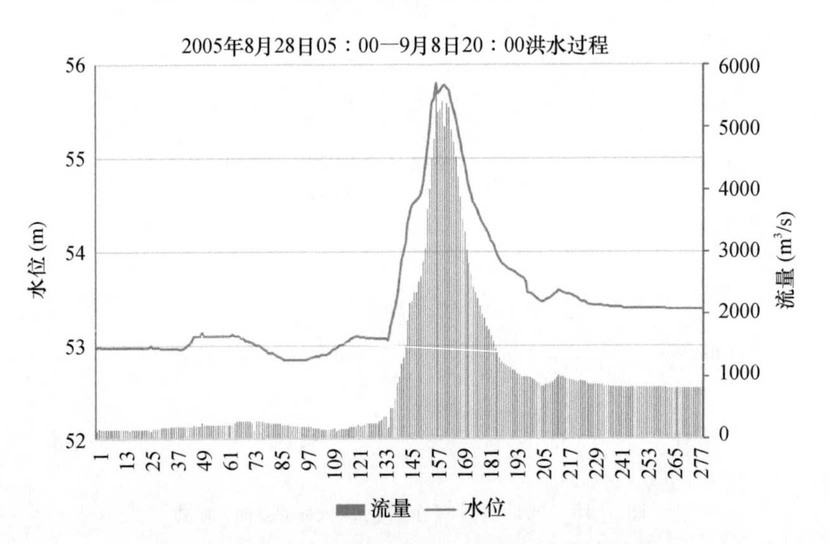

图 3.47　统计法计算西淠河致灾临界(面)雨量

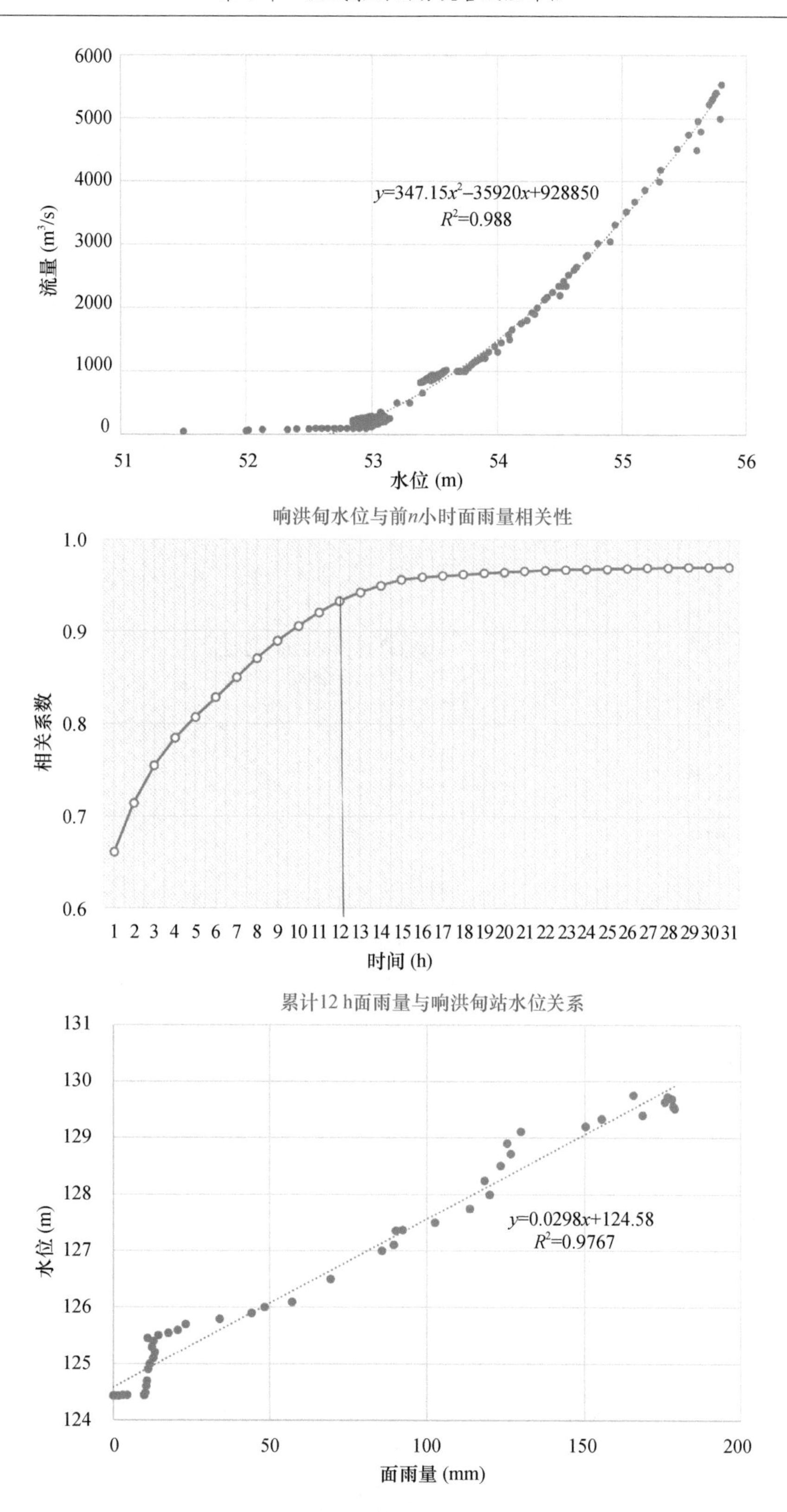

图 3.47(续)　统计法计算西淠河致灾临界(面)雨量

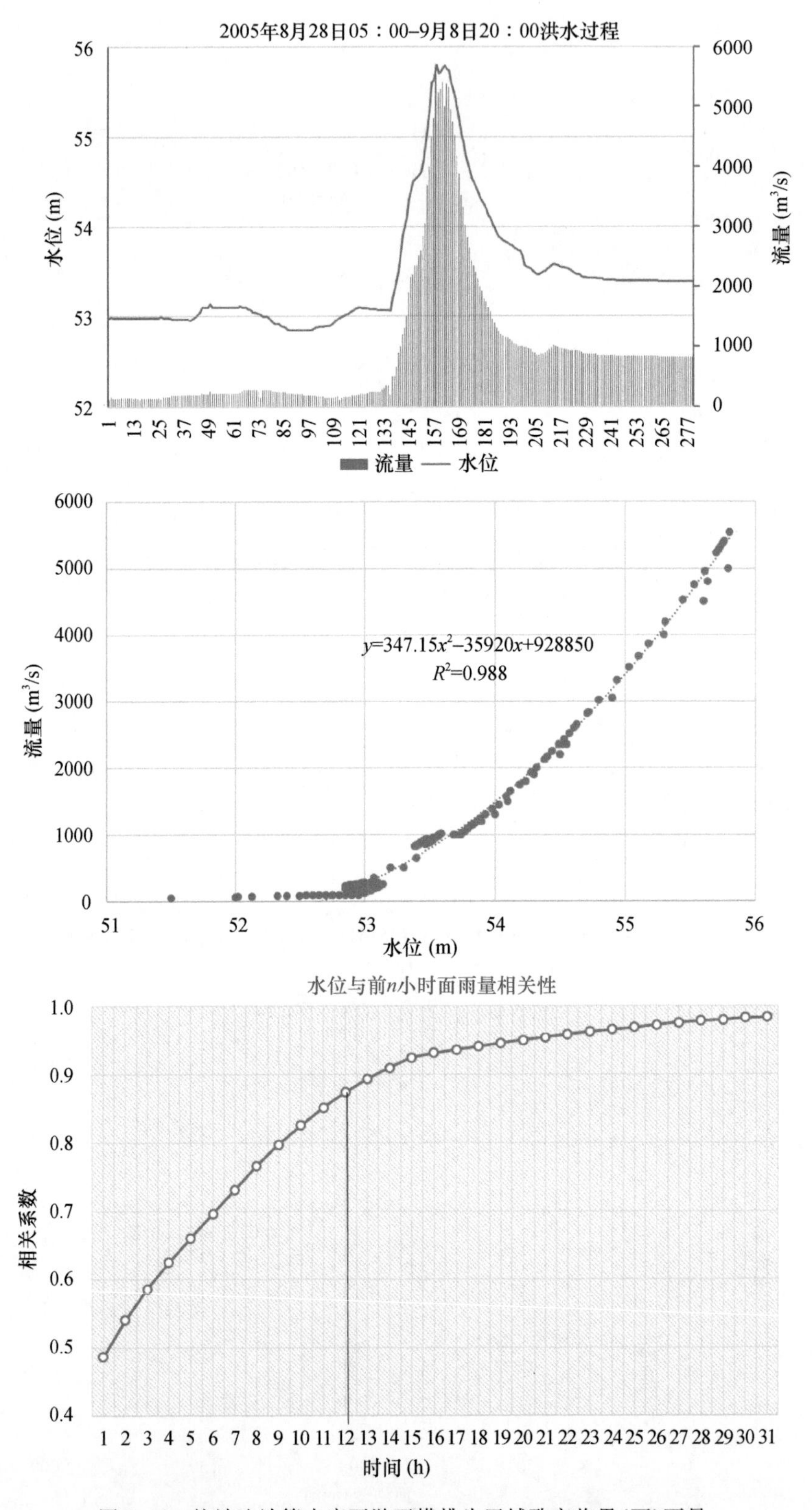

图 3.48　统计法计算水库下游至横排头区域致灾临界(面)雨量

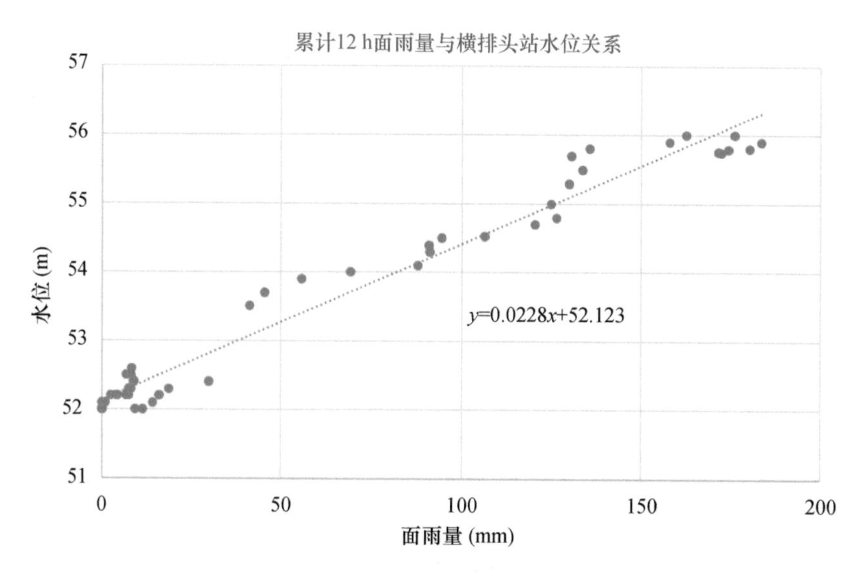

图 3.48(续)　统计法计算水库下游至横排头区域致灾临界(面)雨量

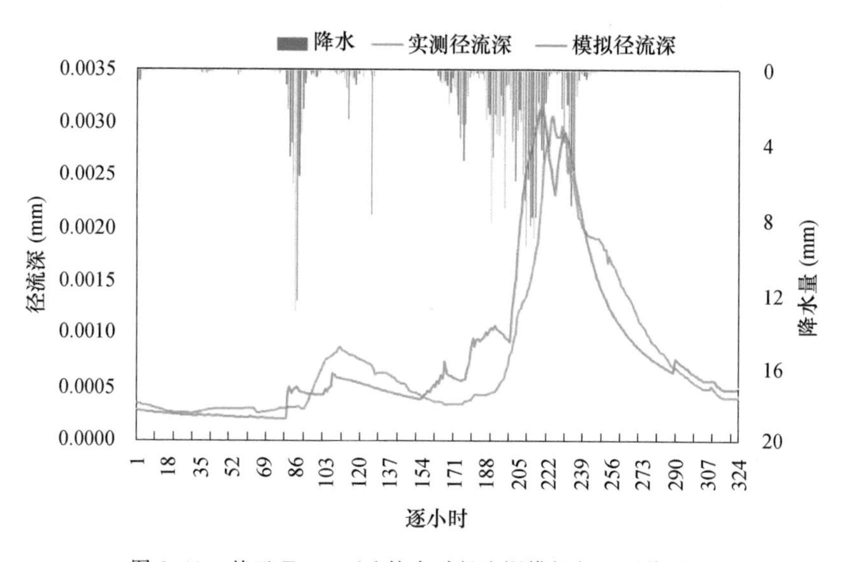

图 3.49　基于 Topmodel 的小时径流深模拟与观测值对比

表 3.16　基于 Topmedel 不同基础水位 12 h 致灾临界面雨量

子流域	基础水位(m)	3 级预警 118 m	2 级预警 120 m	1 级预警 124 m
佛子岭	114.0	82.1	123.2	205.3
	114.5	71.9	112.9	195.1
	115.0	61.6	102.7	184.8
	115.5	51.3	92.4	174.5

续表

子流域	基础水位(m)	3 级预警 128 m	2 级预警 130 m	1 级预警 132 m
响洪甸	125.0	100.7	167.8	234.9
	125.5	83.9	151.0	218.1
	126.0	67.1	134.2	201.3
	126.5	50.3	117.4	184.6
子流域	基础水位(m)	警戒水位 52.75 m	保证水位 56.06 m	堤坝高度 57 m
横排头	50.5	98.7	233.3	243.9
	51.0	76.8	211.4	221.9
	51.5	54.8	189.5	200.0
	52.0	32.9	167.5	178.1

(2)不同重现期(T 年一遇)致洪面雨量

计算三个区间滑动 12 h 累计面雨量，对照各区间 12 h 致灾临界(面)雨量计算结果，结合精细化暴雨洪涝灾害风险普查灾情数据以及 1984—2015 年气象灾害普查数据库，挑选出各区间致洪面雨量历史样本，其中东淠河 53 个，西淠河及区间流域各 60 个(图 3.50)。

采用广义极值分布函数来进行拟合优度检验，参数估计分为形态参数、尺度参数和位置参数，当形态参数 $K=0$，为极值Ⅰ型(耿贝尔分布)；$K<0$，为极值Ⅱ型(弗雷歇分布)；$K>0$，为极值Ⅲ型(威布尔分布)。三个区间致洪面雨量函数拟合结果如图 3.51 所示。

图 3.51 为三个不同区间致洪面雨量历史个例函数拟合图，可见：东淠河、西淠河及区间流域形态参数分别为 −0.7600、−0.6387 及 −0.7247，即各子流域滑动 12 h 致洪面雨量均服从极值Ⅱ型分布，由此计算出各区间不同重现期(T 年一遇)的致洪面雨量(表 3.17)。

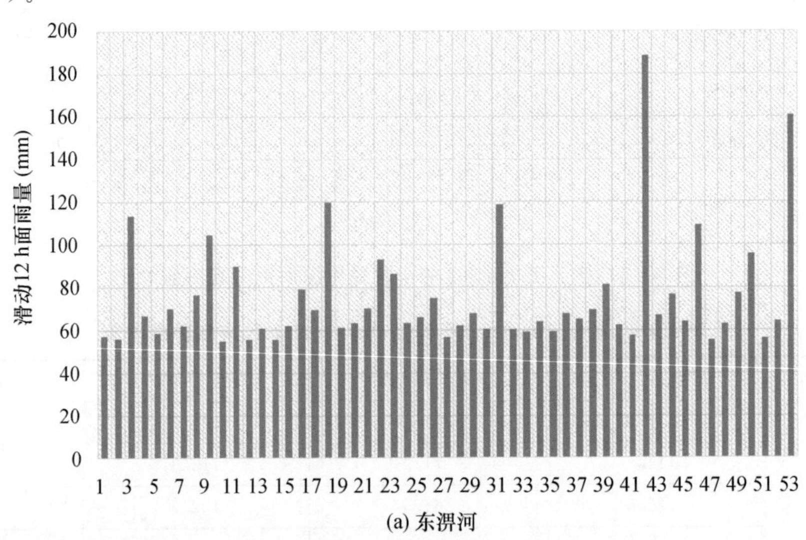

(a) 东淠河

图 3.50　淠河流域各区间致洪面雨量历史个例

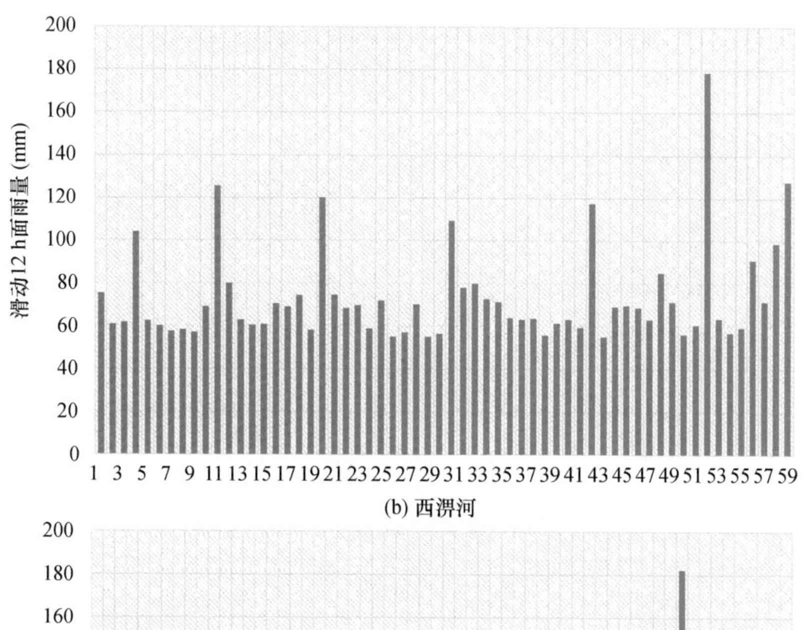

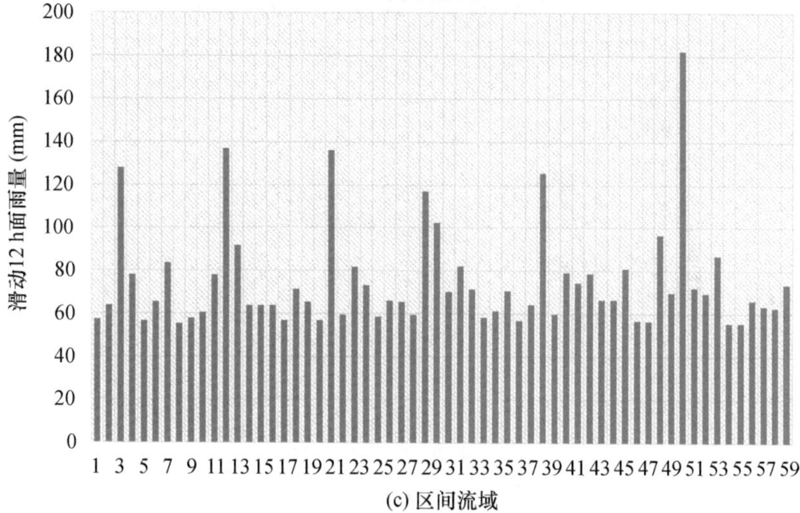

图3.50(续)　渭河流域各区间致洪面雨量历史个例

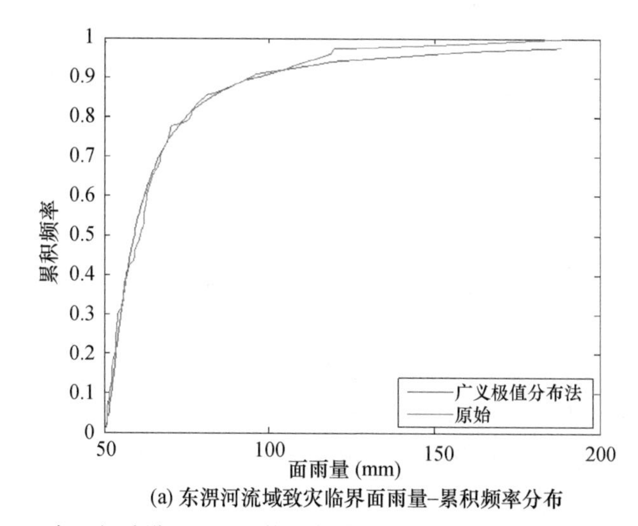

图3.51　各区间致洪面雨量函数拟合图(a:东渭河,b:西渭河,c:区间流域)

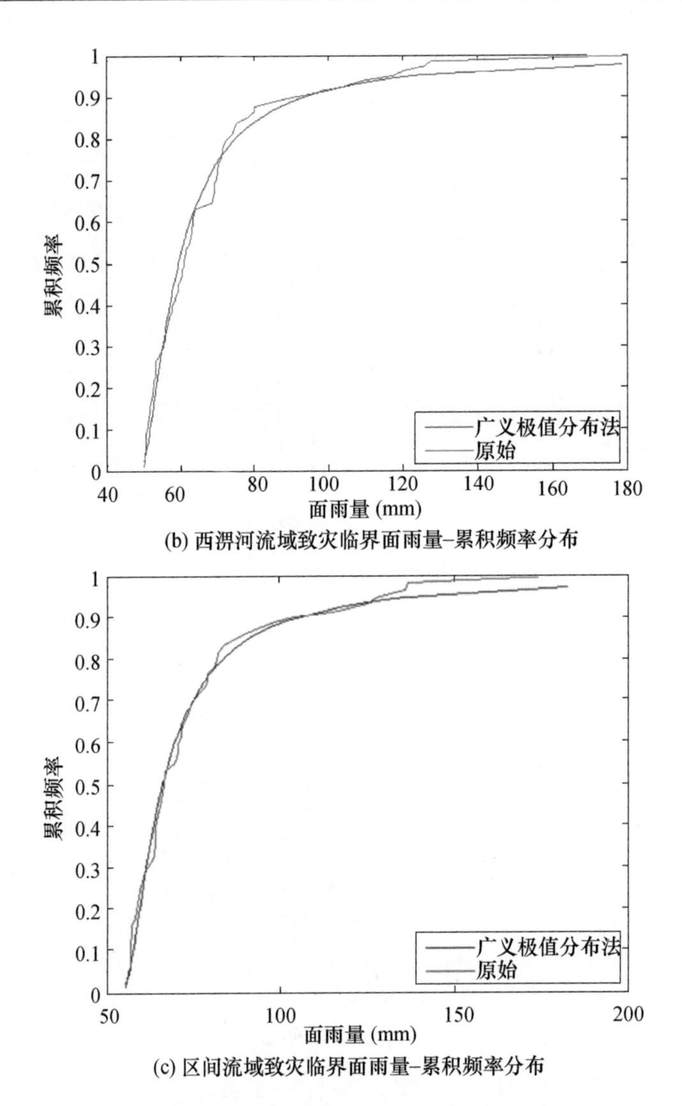

图 3.51(续) 各区间致洪面雨量函数拟合图(a:东淠河,b:西淠河,c:区间流域)

表 3.17 不同重现期(*T* 年一遇)的滑动 12 h 致洪面雨量(mm)

重现期	5 年一遇	10 年一遇	15 年一遇	20 年一遇	30 年一遇	50 年一遇	100 年一遇
东淠河	74.8158	95.91069	114.3323	131.2509	162.2722	217.6526	336.8444
西淠河	74.8312	93.1294	108.0506	121.1779	144.2188	183.0663	206.6133
区间流域	74.8795	94.9441	112.1205	127.6995	155.9032	205.4214	309.6829

(3)实时风险评估

2015 年第 13 号台风“苏迪罗”带来的强降水导致大别山区发生山洪地质灾害,选取台风影响期间最强 12 h(8 月 9 日 20:00 至 10 日 07:00)降水过程,其空间呈流域中北部多,而西部及南部少,东淠河、西淠河及区间流域累计 12 h 面雨量分别为 127.9 mm、127.6 mm 及 177.3 mm(图 3.52)。

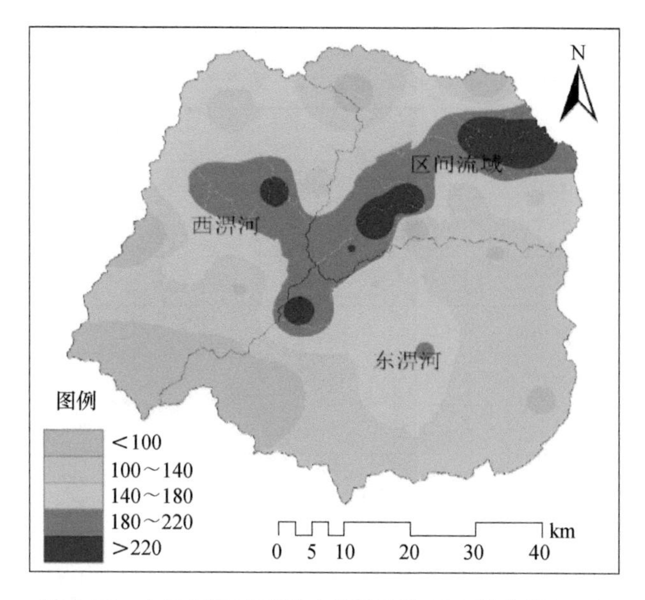

图 3.52 台风"苏迪罗"影响期间最强 12 h 降水量(mm)

利用此次洪峰过程开展淹没模拟(图 3.53),表明:流域内不同淹没深度人口、GDP、耕地及居民点受灾率分别为 20.3%、23.5%、24.2%和 26.5%;以淹没 0.1~0.3 m 受灾影响范围最广。

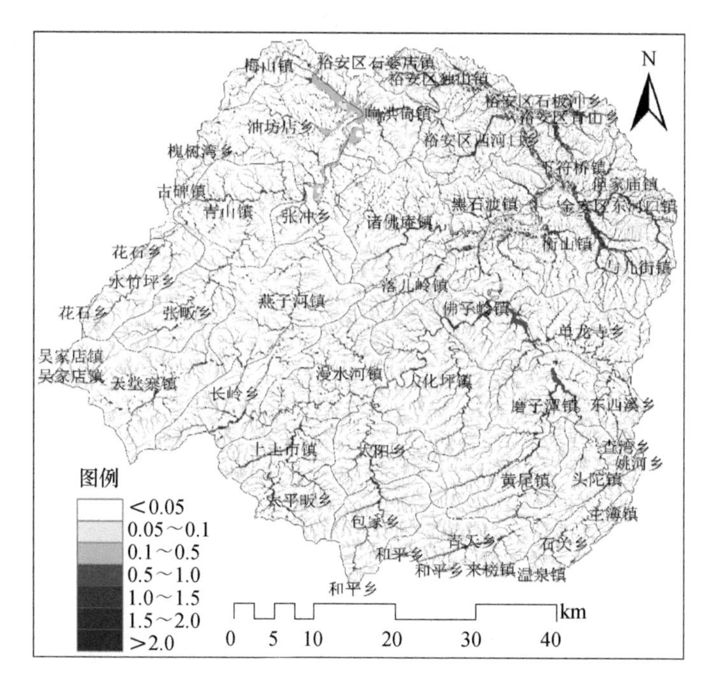

图 3.53 台风"苏迪罗"影响期间最大淹没水深(m)

(4)风险评估结果检验

利用实际调查灾情数据(淹没水深、面积、承灾体损失等)对洪水淹没水深、面积及安徽省民政厅灾情报表对淹没模拟进行检验,实际淹没面积与 FloodArea 模拟的淹没范围较为吻合,受灾人口与模拟结果也较接近(表 3.18)。

表 3.18 台风"苏迪罗"最强 12 h 面雨量承灾体淹没模拟

淹没水深(m)	人口		GDP		耕地		居民点	
	受灾人口(人)	受灾率(%)	经济损失(万元)	受灾率(%)	受淹面积(km^2)	受灾率(%)	受淹面积(km^2)	受灾率(%)
0.1～0.3	32537	7.5	48537	7.8	57.8	9.4	1.80	10.1
0.3～0.5	9997	2.3	13075	2.1	18.5	3.0	0.59	3.3
0.5～1.0	13033	3.0	22488	3.6	20.7	3.4	0.68	3.8
1.0～2.0	17429	4.0	35099	5.6	23.2	3.8	1.02	5.7
2.0～3.0	7944	1.8	15640	2.5	10.9	1.8	0.38	2.1
3.0～4.0	3099	0.7	5914	1.0	5.7	0.9	0.12	0.7
>4.0	4342	1.0	5866	0.9	11.9	1.9	0.15	0.8

从水位变化来看(表 3.19),台风强降水期间,佛子岭、响洪甸及横排头水文站 12 h 后水位涨幅分别为 3.5 m、1.4 m 及 1.07 m,与对应点淹没水深模拟结果基本一致。历次暴雨洪涝灾害灾情统计也表明,东淠河及区间流域受灾程度最重。

表 3.19 FloodArea 模拟淹没深度与实际调查淹没深度对比

水文站	经纬度	基础水位(m)	12 h 后水位(m)	涨幅(m)	模拟水深(m)
佛子岭	116.28°E,31.35°N	116.16	119.66	3.50	3.75
响洪甸	116.15°E,31.56°N	124.20	125.60	1.40	1.29
横排头	116.37°E,31.58°N	53.06	54.13	1.07	1.18

综上所述,针对此次淠河流域的暴雨山洪过程,FloodArea 模拟的洪水淹没范围和淹没水深与实况均较为吻合,暴雨洪涝灾害风险区划及评估结果较为合理。图 3.54 为台风"苏迪罗"灾情实况。

图 3.54　台风"苏迪罗"灾情实况

(2015 年 8 月 9 日台风"苏迪罗"引发的暴雨洪涝及山洪灾害导致霍山县诸佛庵、落儿岭等多个乡镇受灾严重,街道一片狼藉)

第4章　城市内涝灾害风险评估

城市内涝是指由于强降雨或连续性降雨超过城市排水能力致使城市内产生积水灾害的现象。城市内涝是一种常见的城市自然灾害，它不仅危及城市居民的日常生活，还给城市带来巨大的经济财产损失，内涝灾害发生时，城市交通、网络、通信、水、电、气等生命线工程系统受到严重影响甚至瘫痪，其灾害损失已远远大于因建筑物和物资破坏所引起的直接经济损失。近年来，我国城市内涝问题日益突出，且发生的概率也越来越大，已成为全国性的普遍问题，"城市看海"多地重现，北京、上海、天津、武汉、广州、西安等城市陆续发生了严重的城市内涝，特别是2012年北京"7·21"特大暴雨引发的严重城市内涝，给人民的生命财产造成了巨大损失。据统计，2008年至2010年间，全国62%的城市发生过内涝，内涝灾害超过3次以上的城市有137个，城市内涝严重影响着城市的经济社会发展和市民的日常生活，因而开展城市内涝问题研究意义重大。

此外，城市化进程加大了暴雨内涝的风险，人类活动亦加剧了城市内涝灾害的影响。城市化使得城市人口高度集中，不透水的混凝土建筑不断增多，城市绿地面积不断缩减，居民日常生活和工业生产排放大量的废气，导致城市下垫面温度上升，暖空气也随着温度升高而抬升，从而区域性强降雨频发。城市化加剧同时改变了城市下垫面的状况，不透水路面、停车场越来越多，绿地植物和水面等具有调蓄功能的措施越来越少，地表渗透能力大大减弱，当强降雨来临时地表径流汇流时间缩短而且径流量增大，使得城区内涝损失严重。城市暴雨内涝的研究随着城市化进程的不断加快日益受到政府和社会各界的高度关注，已成为水文学、水动力学、市政工程等学科的热点问题。

合肥市为安徽省省会城市，近年来，随着人口的迅速增长、城市规模的不断扩大、经济总量的不断提升，以及城市轨道交通的快速建设等等，城市暴雨内涝问题也日益凸显，不仅对城市居民生命财产安全造成很大威胁，也严重影响了到城市经济的正常发展，因而以合肥市为例，完成城市内涝灾害风险评估。针对城市内涝灾害风险评估，主要步骤如下：建立基于GIS的精细化城市内涝风险数据库、暴雨致灾危险性分析、城市排涝能力估算、城市内涝淹没模拟、精细化承灾体易损性分析、城市内涝风险评估等。

4.1　技术流程

通过部门合作、资料共享、实地调查等多渠道收集资料，并结合精细化的城市内涝灾害风险普查数据库，建立合肥市精细化城市内涝灾害风险数据库；根据暴雨强度公式编制技术指南，运用合肥市分钟雨量资料，采用皮尔逊Ⅲ型、指数分布、耿贝尔分布等统计方法推算合肥市短历时暴雨强度公式，完成暴雨致灾危险性分析；收集整理合肥市排水管网以及泵站排水系统数据，通过估算管网排水能力及泵站排水能力，进而得到合肥市城市排涝能力；引进并率定 FloodArea 水动力模型，将合肥市不同重现期下不同历时降水量、1∶1 万的 DEM、地表粗糙度以及城市排涝能力等数据代入 FloodArea 模型进行模拟，得到不同重现期下不同历时的内涝淹没图；收集整理合肥市各类承灾体数据并分析其物理暴露度，重点分析道路、医院、学校、典型易涝点等重要承灾体信息，结合相关承灾体脆弱性曲线开展内涝风险评估，并根据“合肥市城市内涝预警业务建设”中内涝预警等级划分标准，在 GIS 平台上绘制出满足用户需求的城市内涝灾害风险评估与区划图；运用历史典型内涝过程进行案例分析及评估效果检验。技术流程图如图 4.1 所示。

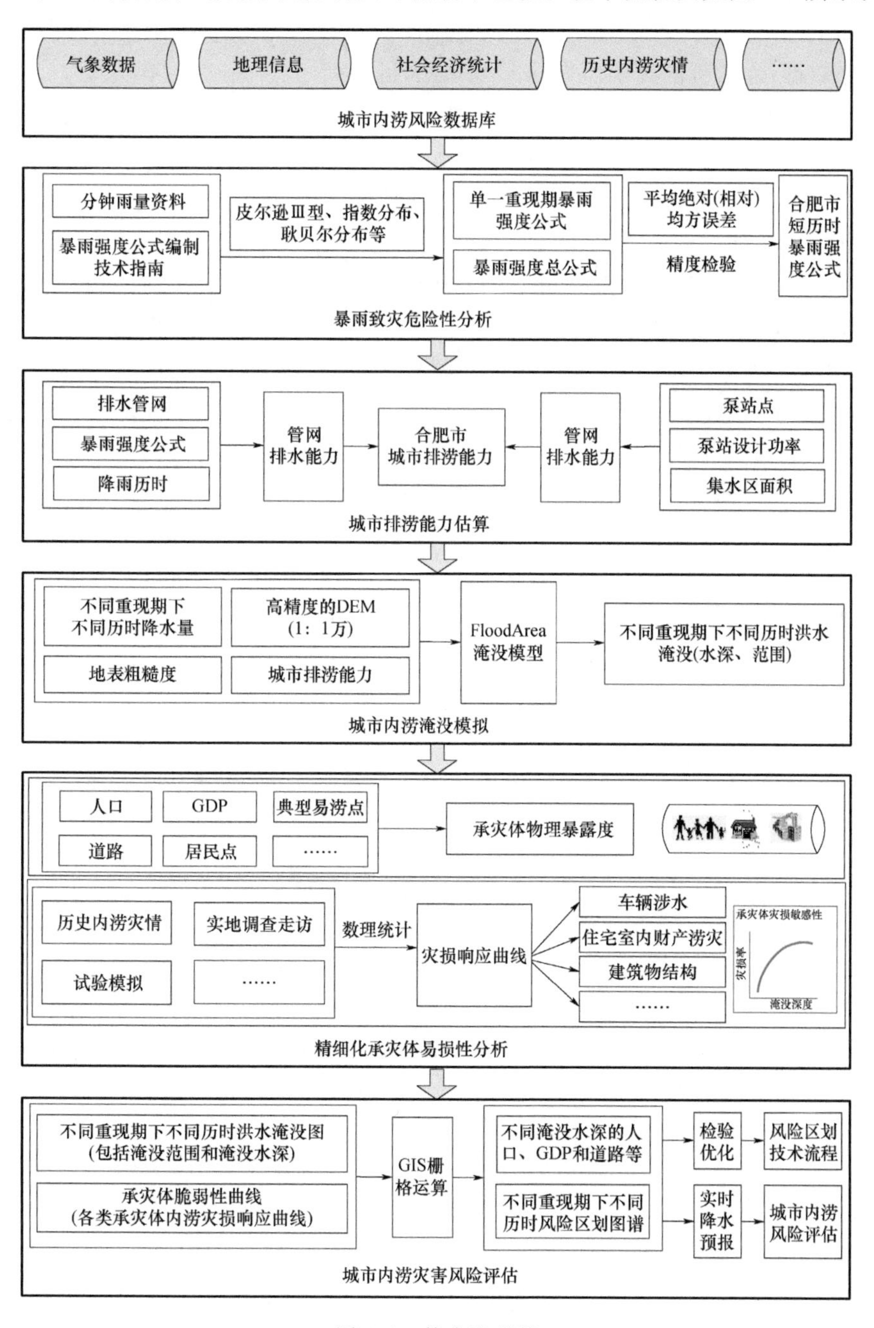

图 4.1　技术流程图

4.2　风险数据库建设

通过多部门合作、资料共享、实地调查等渠道，收集整理与项目相关的各类数据，主要包括气象数据、地理信息数据、社会经济统计数据、历史灾情数据等，具体如下：

（1）气象数据：合肥市范围内所有国家气象站、区域气象站（图 4.2）的基本信息，包括站名、站号、地理坐标等；各气象站建站至 2016 年 12 月逐小时、逐日降水资料。

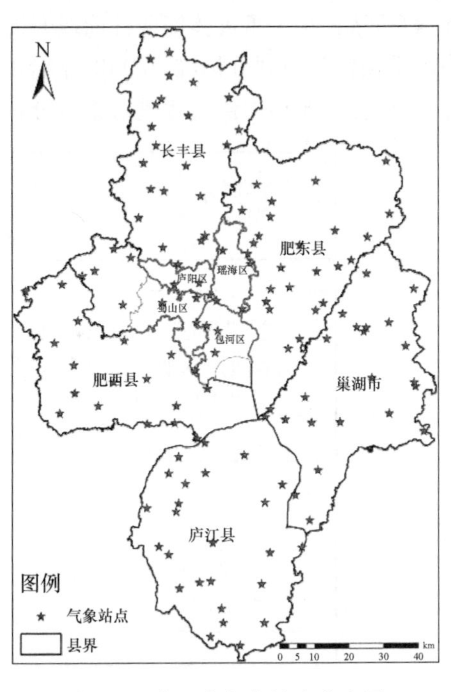

图 4.2　合肥市气象站点分布图

（2）地理信息数据

合肥市行政区划图、水系图、道路、建筑物及居民点分布等；合肥市高程：DEM 为 STRM30（30 m×30 m）以及 1∶10000DEM；合肥市土地利用类型、遥感卫星影像图以及排水管网、泵站数据等。如图 4.3～4.6 所示。

（3）社会经济统计数据

合肥市汛期内涝隐患点分布图，合肥市面积、人口、GDP 等社会经济资料，来源于合肥市统计年鉴。如图 4.7、4.8 所示。

（4）历史内涝灾情数据

合肥市易积水点的调查以及 2012 年 5 月 7—8 日积水内涝应急处置统计情况见表 4.1 和表 4.2。

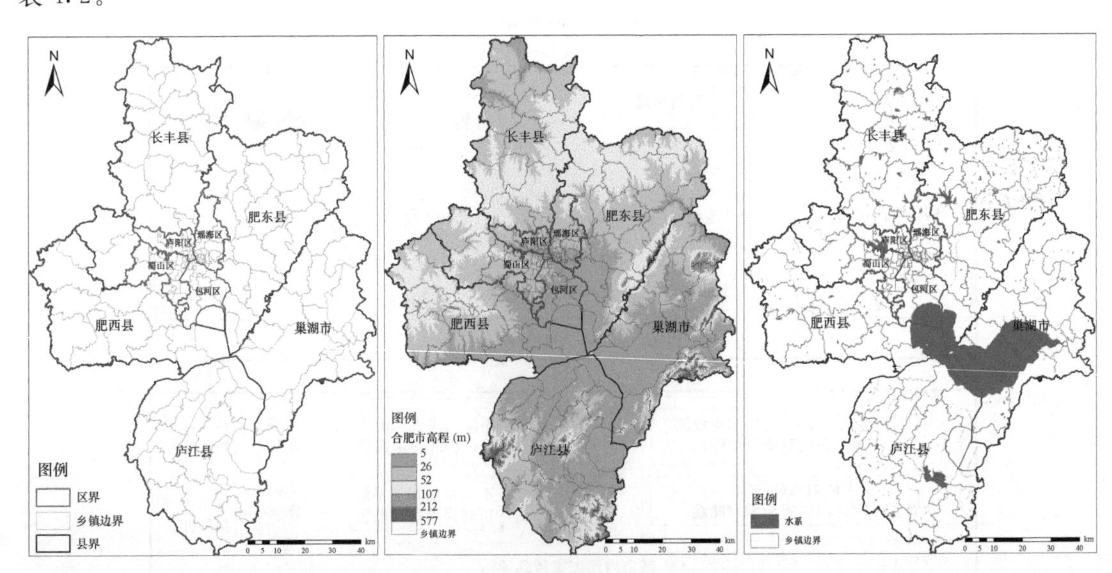

图 4.3　合肥市行政区划、高程及水系图

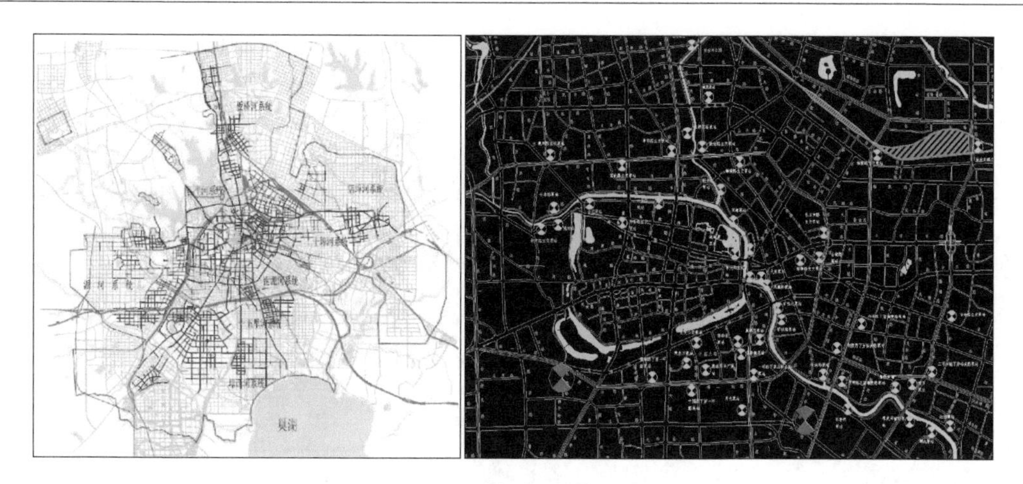

图 4.4　合肥市排水管网及排涝泵站分布图

图 4.5　合肥市城区道路分布图

图 4.6　合肥市遥感卫星影像图

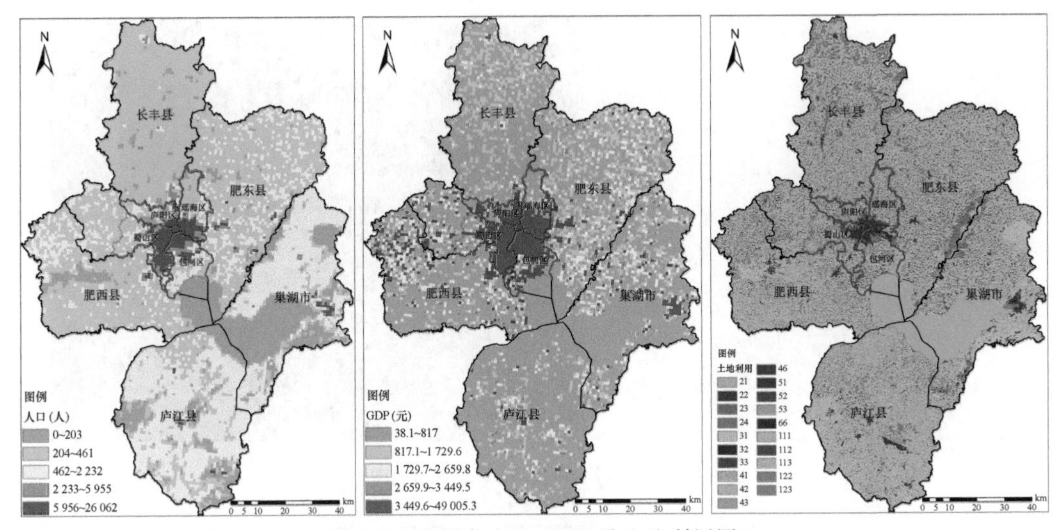

图 4.7　合肥市人口、GDP 及土地利用图

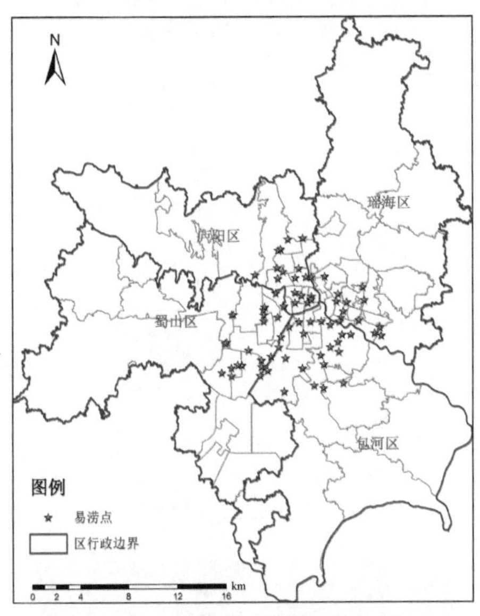

图 4.8　合肥市易涝点分布图

表 4.1　易积水点调查统计表

序号	积水点名称	地点	积水类别(道路积水或小区积水)	积水原因	整改情况	积水点管理单位	备注	辖区
1	含山路	淮河路—中菜市路	道路积水	合流管管径偏小，局部排水不畅	现场物探及地勘工作已完成，正在进行排查，拟于近期拿出整改方案	庐阳区		庐阳区
2	利辛路	利辛路与灵璧路交口 利辛路与涡阳路交口	道路积水	新建利辛路(与灵璧路交口处)排水无出水口；与涡阳路交口南侧，排水不畅，雨天路面积水	按照排水规划利辛路排水接入灵璧路排水最终接入阜阳北路，灵璧路排水工程已完成初步设计，预计当年建设	庐阳区		庐阳区

续表

序号	积水点名称	地点	积水类别(道路积水或小区积水)	积水原因	整改情况	积水点管理单位	备注	辖区
3	界首路	与北一环路交口北侧路面	道路积水	干管排水不畅,雨水口垃圾堵塞	清疏干管、雨水口	庐阳区		庐阳区
4	卫民巷	合肥警备区老宿舍	小区积水	区域内排水设施老化、淤堵及缺乏路面收水井等现象	已招标,准备实施	庐阳区		庐阳区
5	涡阳路出水口	涡阳路与杨塘路	道路积水	出口明渠淤塞	清疏积淤	庐阳区		庐阳区
6	北二环赵山大酒店出水口	赵山大酒店西侧	道路积水	过路箱涵淤积	清疏箱涵	庐阳区		庐阳区
7	繁华大道东段	重庆路—南淝河	道路积水	出水口低于明渠,该路段易积水		工业园区	☆	包河区
8	淝河路周谷堆加油站箱涵及明渠	南淝河—周谷堆路	箱涵、明渠积水	箱涵被建筑物占压,箱涵、明渠积淤		望湖街道	☆	包河区
9	王大郢新村出水口	淝河路—元一柏庄	箱涵积水	箱涵被建筑物占压,箱涵积淤		望湖街道	☆	包河区
10	宁国路排水明渠(莲花夜市)	徽州大道—南二环	明渠积水	明渠内淤积严重,部分路段有建筑占压。		望湖街道	☆	包河区
11	望湖城明渠	望湖城明渠				望湖街道	☆	包河区
12	繁华大道与宁夏路交口	交口箱涵	箱涵积水	繁华大道与宁夏路雨水箱涵未连接		工业园区	☆	包河区
13	杭州路箱涵	杭州路	箱涵积水	箱涵淤积		滨湖功能区	严重堵塞☆☆	滨湖
14	明光路与裕溪路接口	正创茗香苑门口东	道路积水	收水口及明光路雨水主管管道堵塞	安排工程队对此段排水设施清疏	瑶海市政		瑶海区
15	新安江路与楚汉河交口		道路积水	属地平正常地挤压过路箱涵进出口	督促属地计划清疏箱涵上下游明渠	瑶海市政		瑶海区
16	清一冲	长江西路—南淝河		怀宁路过路箱涵淤积严重,上下游明渠底标高高于过路箱涵,影响过水畅通、警官学院段护坡坍塌近20米、城中村段垃圾杂物堵塞明渠				蜀山区
17	清二冲	西二环—长江西路、怀宁路箱涵—过铁路涵段		拆迁后的建筑垃圾堵塞明渠,施工便道占压明渠影响过水畅通				蜀山区
18	大学生公寓、翡翠园、和谐家园	霍山路—清溪路	15～50 cm	雨污分流不彻底,内部排水管网淤积				蜀山区

续表

序号	积水点名称	地点	积水类别(道路积水或小区积水)	积水原因	整改情况	积水点管理单位	备注	辖区
19	自行车厂宿舍	休宁路与合作化路交口西南角	30 cm	明渠淤积，过水不畅				蜀山区
20	方兴大道泵站明渠段	方兴大道泵站明渠段	明渠积水	下游滨湖段排水不畅		公用事业发展公司	☆☆	经开区
21	高炮团	叉西渠起点		山洪泄洪渠道不畅				高新区
22	红枫路		20～50 cm	降雨时，污水冒溢				高新区
23	兴园小区	集贤路西侧		地势低洼，现有排水设施不能满足实际排水需要	正在整改			高新区
24	和庄	长江西路		地势低洼，内部管网雨污错接，淤积				高新区
25	石油库明渠	茗香路—合作化路		垃圾杂物淤积				政务区
26	机械运输公司	祁门路（省检东边）	50cm	地势低洼，厂区内排水无出口				政务区

表 4.2　2012 年 5 月 7—8 日积水内涝应急处置统计报表

序号	积水路点（含小区）	积水深度（cm）	积水面积（m^2）	积水原因	采取措施及积水排除时间	灾害损失情况	所在辖区
1	马鞍山路海顿公馆地下三层人防工程	100		铜陵路高架建设致使排水管路不畅	8 台排水泵正在排水		包河区
2	黄平路	50	300	排水沟渠闸门未全开	通知淝河镇夜 12 时打开闸门，积水已排出		包河区
3	一环路自来水公司宿舍	50	200	地势低洼	通知包公街道现场处置		包河区
4	繁华大道东段	50	400	路面低洼，排水不畅	张生圩泵站排水		包河区
5	史河路中段燕园小区	30	200	在建工程未完工	清除污物 60 min	部分住户进水损失约 1 万元	蜀山区
6	西园路与南一环交口	20	80	污物堵塞进水口	清除污物 20 min	无	蜀山区
7	荷花路	50	100	污物堵塞进水口	清除污物 40 min	2 间门面进水损失约 2 万元	蜀山区
8	肥西路百盛园小区地下车库	70	250	肥西路排水倒灌	水泵排水 3 h	损失正在统计	蜀山区
9	绩溪路电子所小区	40	500	地势低洼安医排水灌入	自然排泄 2 h	无	蜀山区

续表

序号	积水路点（含小区）	积水深度（cm）	积水面积（m^2）	积水原因	采取措施及积水排除时间	灾害损失情况	所在辖区
10	126 宾馆大院	30	100	预留支管堵塞	高压疏通车疏通，院内排水 40 min 排除并恢复正常	无	瑶海区
11	天长路食品公司大院	20	50	排水明沟被下游在建建筑物占用	责令建设单位恢复排水明渠	无	瑶海区
12	站西路与凤阳路交口站牌	20	50	收水井井口过高，收不到水	由管养单位增加收水井	无	瑶海区
13	钟油坊南路东边住宅区	40	300	钟油坊路水倒灌	在小区排水管网处增加闸门	部分住户进水 40 cm	瑶海区
14	天智路与望江西路交口	10	200	望江西路建设遗留问题	安排市政养护单位进行围挡并于 1 h 内处理完毕	无	高新区
15	枫林路与望江西路交口	30	200	城创公司道路施工暂时封闭出水口	安排市政养护单位水泵抽水并于 1 h 内处理完毕	无	高新区
16	红枫路与西二环路交口	37	300	政务区出水不畅	安排市政养护单位水泵抽水并于 1 h 内处理完毕	无	高新区
17	梧桐路"百商现代名苑"小区附近	10	90	刚移交，正在组织维修	安排市政养护单位警示交通并于 1 h 内处理完毕	无	高新区
18	玉兰大道（习友路—梧桐路段）	10	300	习友路下穿桥正在建设	安排市政养护单位警示交通并于 1 h 内处理完毕	无	高新区
19	永和家园 2 栋 1 层	50	整楼 1 层	小区内部排水管网不畅	管委会协调处理中	统计中	高新区
20	望江西路与浮山路交口南	10	50	城创公司道路施工暂时封闭出水口	安排市政养护单位警示交通并于 1 h 内处理完毕	无	高新区
21	合六路（南岗镇政府入口附近）	20	30	地势低于路面标高	安排市政养护单位水泵抽水并于 1 h 内处理完毕	无	高新区
22	蜀南庭院 82 栋	10	50	管径偏小，强降雨排水不及时	安排市政养护单位水泵抽水并于 1 h 内处理完毕	无	高新区
23	翡翠路与芙蓉路交口	20	100	树叶、漂浮物堵塞雨水井口，形成积水	打开井口，清理杂物，加快排水		经开区
24	云谷路与蓬莱路交口	15	200	污水厂不能完全收纳，厂内事故溢流口环保局不许打开	人工现场看护排水		经开区

续表

序号	积水路点（含小区）	积水深度（cm）	积水面积（m^2）	积水原因	采取措施及积水排除时间	灾害损失情况	所在辖区
25	金炉路报业园对面	15	200	道路南侧地块地势较高，地块水径流至金炉路路面	人工现场看护排水		经开区
26	紫云路三联学院门口	20	100	三联学院门口绿化带内污水倒虹吸倒灌	人工现场看护排水		经开区
27	翠微路与松谷路交口	15	70	树叶、漂浮物堵塞雨水井口，形成积水	打开井口，清理杂物，加快排水		经开区
28	合裕路（郎溪路—广德路）	20	100	下游出水不畅	已处理		排管办
29	淝河路（一环路—黄平路）	30	100	管网有淤积、出口不畅	已处理		排管办
30	南淝河支路与当涂路交口	50	200	上游污水过大，雨水排水不畅，五里庙出水口不畅	已处理		排管办
31	当涂路五金机电城	30	200	上游污水过大，雨水排水不畅，五里庙出水口不畅	已处理		排管办
32	包河大道312国道匝道入口处	40	200	雨、污水干管内均被建设黄泥堵塞，排水不畅	正在处理		排管办
33	铜陵路与太湖路交口	20	100	路面泥沙多，冲入收水井内造成堵塞	已处理		排管办
34	徽州大道BRT换乘站入口	10	15	属园林局管理，是广场绿化	已处理		排管办
35	美圣路48中校区大门往南	5	200	校区内部管不通，造成污水大量涌入路面	已处理		排管办
36	宣城路省体育场	25	150	降雨量过大，收水不及	已处理		排管办
37	太湖路与肥西路交口	30	200	收水口堵塞，收水不及	已处理		排管办
38	怀宁路大溪地50中分校	35	200	收水口堵塞，收水不及	已处理		排管办
39	贵池路与青阳路交口	10	300	收水口堵塞，收水不及	已处理		排管办
40	望江西路铁四局	30	150	收水口堵塞，收水不及	已处理		排管办
41	岳西路与十里庙路交口	20	100	管径小，汇水面积大，收水不及	已处理		排管办
42	望江西路下穿铁路立交	30	100	出口不畅	已处理		排管办
43	望江路与石台路交口	20	50	收水口堵塞，收水不及	已处理		排管办
44	宿松路与黄山路交口	5	50	围墙蒲水量大，收水管径小，收水不及	已处理		排管办

续表

序号	积水路点（含小区）	积水深度（cm）	积水面积（m²）	积水原因	采取措施及积水排除时间	灾害损失情况	所在辖区
45	徽州大道与水阳江路交口西侧	10	120	小区内部污水井漫溢，垃圾堵塞收水口，造成收水不及	已处理		排管办
46	宿松路铁路立交	30	100	收水口堵塞，收水不及	已处理		排管办
47	九华山路23号石油大院	10	50	内部管接入我所设施不畅	已处理		排管办
48	史河路燕园	40	300	凤凰城家家景园二期施工时将2 m×2 m的出水口改为600管造成这片区积水			排管办
49	淠河路家家景园	30	200	蜀山区排水整改未完善，垃圾堵塞，收水不及	已处理		排管办
50	青阳路与史河路交口	10	50	化粪池漫溢	已处理		排管办
51	十里店路菜市场	15	50	收水不及	已处理		排管办

4.3　暴雨致灾危险性分析

城市内涝是由强降水引发的，城市暴雨致灾危险性分析也即是对城市暴雨强度进行分析，依据《室外排水设计规范》，推算出单一重现期暴雨强度公式及暴雨强度总公式，进而得出城市暴雨致灾危险性特征。

4.3.1　暴雨强度公式定义

(1)公式的定义

依据《室外排水设计规范》(GB50014—2006,2014版)，暴雨强度公式的定义为：

$$q=\frac{167A_1(1+C\lg P)}{(t+b)^n} \tag{4.1}$$

式中，q为暴雨强度[单位：L/(s·hm²)]，P为重现期（单位：a），取值范围为0.25～100 a；t为降雨历时（单位：min），取值范围为1～120 min。重现期越长、历时越短，暴雨强度就越大，而A_1、b、C、n是与地方暴雨特性有关且需求解的参数：A_1为雨力参数，即重现期为1 a时的1 min设计降雨量（单位：mm）；C为雨力变动参数；b为降雨历时修正参数，即对暴雨强度公式两边求对数后能使曲线化成直线所加的一个时间参数（单位：min）；n为暴雨衰减指数，与重现期有关。

(2)暴雨强度的频率和重现期的计算公式

在暴雨强度频率的计算中，常用频率公式：

$$Pl=\frac{M}{N+1}\times 100\% \tag{4.2}$$

式中 Pl 为频率，N 为样本总数（N＝资料年限长度），M 为样本的序号（样本按从大到小排序）。

暴雨强度重现期 P 是指相等或超过它的暴雨强度出现一次的平均时间，单位用年。由此得出重现期计算公式为：

$$P=\frac{N+1}{M} \tag{4.3}$$

重现期为 1、2、3、5、10、20、50、100 年等 8 个期限，相对应的频率为：100％、50％、33.33％、20％、10％、5％、2％、1％。

为了简便、快速、准确地推算出暴雨强度公式中的参数值，利用暴雨强度计算系统进行计算，可直接进行资料处理、暴雨强度公式拟合、结果输出和精度检验等，具体技术流程详见图 4.9。

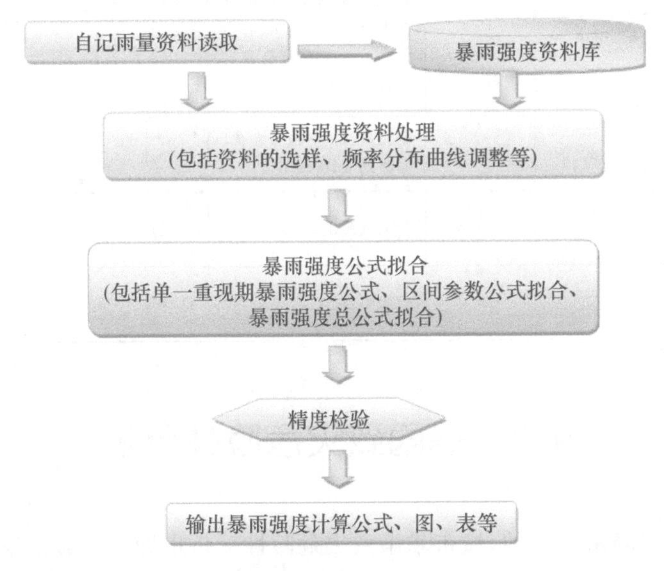

图 4.9　暴雨强度公式拟合技术流程图

使用资料为合肥气象站分钟自记雨量记录，降雨历时按 5、10、15、20、30、45、60、90、120、150、180 min，每年选取每个历时的最大雨量记录，用于“年最大值法”选样计算。

4.3.2　单一重现期暴雨强度公式

暴雨强度公式为已知关系式的超定非线性方程，公式中有 4 个参数，显然常规方法无法求解，因此参数估计方法设计和减少估算误差尤为关键。首先对其进行线性化处理，令 $A=A_1(1+C\lg P)$，即变为：

$$q=\frac{167A}{(t+b)^n} \tag{4.4}$$

式(4.4)即为单一重现期公式，可分别把 1、2、3、5、10、20、50 年和 100 年一遇等 8 个重现期的单一暴雨强度公式推求出来。首先推算这 8 个重现期暴雨强度公式的需求参数 A、b、n。用常规方法无法求解暴雨强度公式，将式(4.4)两边取对数得：

$$\ln q=\ln 167A-n\ln(t+b) \tag{4.5}$$

令 $y=\ln q, b_0=\ln 167A, b_1=-n, x=\ln(t+b)$，那么式(4.5)就变为：

$$y=b_0+b_1 x \tag{4.6}$$

应用数值逼近和最小二乘法，可求出 b_0、b_1，则 A、n 可求。但在具体计算时，由于 b 也是未知数，因此还无法应用最小二乘法求解方程。这时将 b 值在(0，50)范围内取值，步长为 0.001，应用最小二乘法求得 A、n 值。将此 A、n、b 代入公式 $q=\frac{167A}{(t+b)^n}$，计算出暴雨强度 q'，同时算出降雨强度 q' 与计算的暴雨强度 q'' 的平均绝对方差 σ，采用数值逼近法选取 σ 最小的一组 A、b、n 为所求。这样，可将 8 个单一重现期暴雨强度公式逐个推算出来(表 4.3)。

表 4.3　单一重现期暴雨强度公式

重现期 P(年)	公式
1	1941.709/(t+8.360)^0.777
2	2943.208/(t+11.430)^0.774
3	3506.666/(t+12.616)^0.772
5	4203.891/(t+13.915)^0.771
10	5092.331/(t+15.484)^0.777
20	6645.765/(t+18.180)^0.796
30	7535.207/(t+19.193)^0.804
40	8161.123/(t+19.830)^0.809
50	8644.421/(t+20.295)^0.813
60	9038.207/(t+20.663)^0.816
70	9370.537/(t+20.966)^0.818
80	9658.111/(t+21.224)^0.820
90	9911.45/(t+21.449)^0.822
100	10137.902/(t+21.648)^0.823

4.3.3　区间参数公式

由于上面求得的是单一重现期的暴雨强度公式，而两个单一重现期之间的暴雨强度还无法求得，例如重现期为 5 年、10 年的暴雨强度可求得，但重现期为 8 年的暴雨强度则无法计算，通过引入重现期区间参数公式，可以顺利解决这个问题。

经反复推算和筛选，用公式 $y = b_1 + b_2 \ln(P+C)$ 作为区间参数公式来求算区间参数值效果最佳(式中 y 为 A、b、n 参数中的任一个，P 为重现期，C 为常数)。

首先把 1～100 年分为(Ⅰ)：1～10 年和(Ⅱ)：10～100 年两个区间，将 A、b、n 代入公式 $y = b_1 + b_2 \ln(P+C)$ 得：

$$A=A_1+A_2\ln(P+C_A) \tag{4.7}$$

$$b=b_1+b_2\ln(P+C_b) \tag{4.8}$$

$$n=n_1+n_2\ln(P+C_n) \tag{4.9}$$

根据上面三式求得单一重现期 T 下的 A、b、n 值，同理，利用单一重现期暴雨强度公式拟合方法和最小二乘法分别求得未知数 A_1、A_2、C_A、b_1、b_2、C_b 和 n_1、n_2、C_n 的值，算得 Ⅰ、Ⅱ 两个区

间的 A、b、n 值，将它们代入公式 $q=\frac{167A}{(t+b)^n}$，可得 1～100 年的任意一个重现期暴雨强度公式，从而可计算任意重现期的暴雨强度(表 4.4)。

表 4.4　重现期区间公式

重现期 P(年)	区间	参数	公式
1～10	Ⅰ	n	$0.774-0.002\ln(T-0.771)$
		b	$10.896+2.072\ln(T-0.706)$
		A	$12.604+7.925\ln(T-0.116)$
10～100	Ⅱ	n	$0.760+0.014\ln(T-6.737)$
		b	$13.744+1.745\ln(T-7.290)$
		A	$1.941+12.779\ln(T-0.660)$

4.3.4　暴雨强度总公式

将暴雨强度公式 $q=\frac{167A_1(1+C\lg P)}{(t+b)^n}$ 两边取对数得：

$$\ln q=\ln 167A_1+\ln(1+C\lg P)-n\ln(t+b) \tag{4.10}$$

令 $y=\ln q$，$b_0=\ln 167A_1$，$x_1=\ln(1+C\lg P)$，$b_2=-n$，$x_2=\ln(t+b)$，即得

$$y=b_0+x_1+b_2x_2 \tag{4.11}$$

已知 q、P、t 值，应用数值逼近法和最小二乘法求得 b_0、x_1、A_1、n，推算出合肥市暴雨强度总公式：

$$q=\frac{2364.32\times(1+0.895\lg P)}{(t+15.208)^{0.745}} \tag{4.12}$$

式中，q 为暴雨强度[单位：L/(s·hm²)]，P 为重现期(单位：a)，t 为降雨历时(单位：min)。

4.3.5　暴雨强度公式精度检验

为确保计算结果的准确性，对暴雨强度计算结果进行精度检验，计算出重现期 1～10 年的暴雨强度，并将算得的暴雨强度理论值和实测值的平均绝对均方误差和平均相对均方误差，与《室外排水设计规范》(GB50014－2006，2014 版)规定的精度对照。规范规定：平均绝对均方误差不超过 0.05 mm/min，平均相对均方误差不大于 5%。

$$\text{平均绝对均方误差：}X_m=\sqrt{\frac{\sum\left(\frac{R'-R}{t}\right)^2}{N}} \tag{4.13}$$

$$\text{平均相对均方误差：}U_m=\sqrt{\frac{\sum\left(\frac{R'-R}{R}\right)^2}{N}}\times 100\% \tag{4.14}$$

上式中，R' 为暴雨强度公式计算值，即理论降水量，R 为降水强度(P-q-t 三联表对应的 q)，即实际降水量，t 为降水历时，N 为样本数。

利用合肥气象站的雨量资料，采用"年最大值法"选样方法，通过不同的频率分布曲线拟合及暴雨强度公式参数拟合，最终得到了不同暴雨强度公式。

按上述原则，对各公式进行检验，根据检验结果，得出以下结论：采用"年最大值法"对合肥气象站历史雨量资料进行取样，分析发现该样本更符合耿贝尔频率分布曲线。基于该分布曲线拟合后的样本序列，利用最小二乘法拟合出的合肥市暴雨强度区间参数公式，结果精度最高，符合国家标准规定的精度(表 4.5)。

表 4.5　不同方法推算的合肥市暴雨强度公式精度检验表

合肥站			皮尔逊Ⅲ型	指数分布	耿贝尔分布
年最大值法	区间参数公式	平均绝对均方误差	0.222	0.051	0.045
		平均相对均方误差	14.39%	3.72%	2.97%
	总公式	平均绝对均方误差	0.085	0.075	0.073
		平均相对均方误差	7.15%	7.48%	6.04%

4.4　排涝能力估算

合肥市地处江淮分水岭，以分水岭为界，岭南为长江流域，包括巢湖水系和滁河水系，主要有南淝河、派河、丰乐河、杭埠河、滁河等河流。岭北为淮河流域，包括瓦埠湖水系、高塘湖水系和池河水系，主要有东淝河、沛河、池河等河流及瓦埠湖和高塘湖 2 个自然湖泊。

除老城区(5.2 km^2)维持合流排水体制外，合肥市其他城区实行分流制排水体制。雨水分区按照流域分成以下八大雨水系统，即：南淝河、四里河、板桥河、二十埠河、店埠河、十五里河、塘西河、派河系统。已建雨水管道服务面积约 464 km^2。

2007 版雨水规划按照"因地制宜、高低分开"的原则，高排区雨水自流排放，低排区雨水通过泵站提升排放。区分高低排区的原则是参照地面高程及防洪规划确定的洪水位，防洪标准控制在百年一遇。排水体制方面：①老城区维持截流式合流制；②新建区域采用分流制；③已按照分流制建设完成的区域但运行时仍有污染物排放的，或规划按照分流制建设但因管网不完善导致临时有污水排放水体的，可进行截流式分流制改造。雨水排放标准方面：一般地区设计重现期 P=1.5 年，重要地区及立交泵站等取 P=5 年。综合径流系数：合肥市一般地区综合径流系数 Ψ 取为 0.6；老城区径流系数取 0.75；重要地段，如立交泵站及人流密集的广场等径流系数取 0.9。雨水分区按照流域分成以下八大雨水系统，即：南淝河、四里河、板桥河、二十埠河、店埠河、十五里河、塘西河、派河系统(图 4.10)。每个系统进一步划分子分区，并规划了各子分区主要的雨水排口方案。

在估算合肥市排涝能力时，主要考虑管网系统排水和泵排系统排水的综合排涝能力。

4.4.1　雨水管网分布

除老城区(5.2 km^2)维持合流排水体制外，合肥市其他城区实行分流制排水体制。雨水分区按照流域分成以下八大雨水系统，即：南淝河、四里河、板桥河、二十埠河、店埠河、十五里河、塘西河、派河系统。已建雨水管道服务面积约 464 km^2，建成区城市雨水管渠覆盖程度在 90%

以上(表 4.6)。

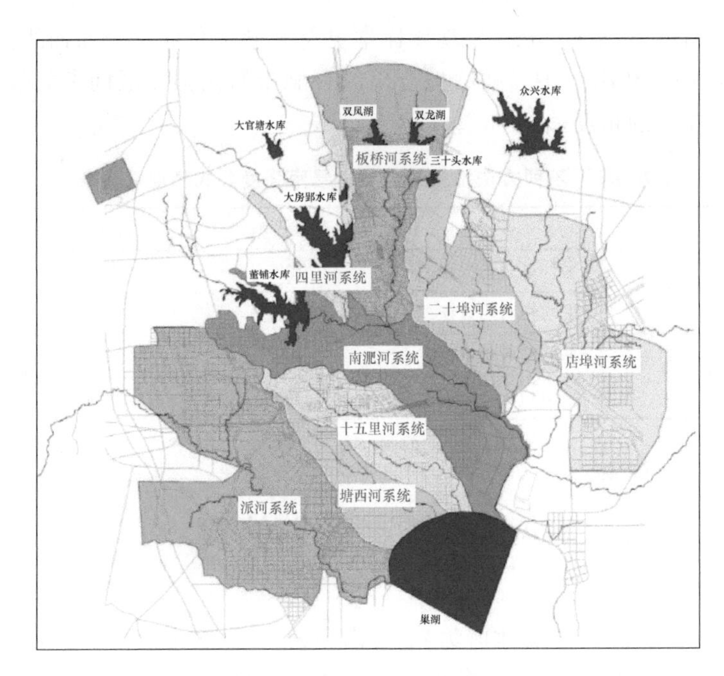

图 4.10 合肥市雨水系统分区图

表 4.6 合肥市已建雨水分区面积统计表

序号	系统名称	规划面积(km^2)	已建排水管道服务面积(km^2)
1	南淝河	182	96.9
2	四里河	29.4	21.4
3	板桥河	155.1	58
4	二十埠河	136.3	50
5	店埠河	201.3	28.5
6	十五里河	97.5	60.9
7	塘西河	67.4	41.3
8	派河	301.5	107
总计		1170.5	464

截至 2012 年底,合肥主城区共有公共排水管道 4417.5 km,其中雨水管道2402.1 km、合流管道 80.94 km、污水管道 1934.48 km;窨井 12.37 万座;雨水口 10.13 万座。合肥市各雨水分区已建管网如表 4.7 所示。雨水管网基本覆盖已建城区,现状管网主要分布于南淝河(当涂路桥上游)、包河工业园区、十五里河上游、塘西河系统上游经开区及滨湖新区建成区、派河系统高新建成区、柏堰园区等(图 4.11)。

表 4.7　合肥市各雨水分区已建管网统计表

流域	管径(mm)	管道长度(km)	箱涵尺寸(mm×mm)	箱涵长度(km)	合计(km)
南淝河	DN300～DN2000	391.69	500×1100～9000×5200	29.42	421.11
十五里河	DN300～DN2400	228.65	1200×1200～7000×2500	9.00	237.65
塘西河	DN300～DN2000	163.72	1100×2100～6500×2500	7.64	171.36
派河	DN300～DN2200	284.03	1900×1450～8500×2400	15.06	299.09
店埠河	DN300～DN2000	75.15	600×700～3200×2860	4.73	79.08
二十埠河	DN300～DN2000	153.53	1500×1200～3000×2000	4.59	158.12
板桥河	DN300～DN2000	205.63	2000×1500～4500×1800	8.32	213.95
四里河流域	DN300～DN1500	13.00	2500×1500～4800×2600	0.09	13.09

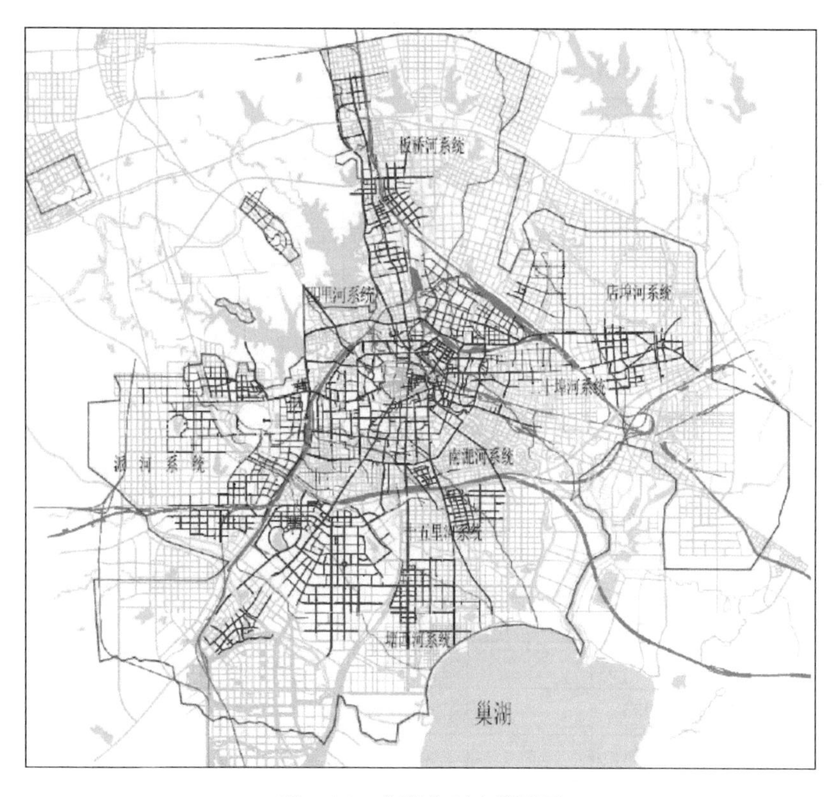

图 4.11　合肥市雨水管网图
(蓝线:管网,灰色:道路,红线:雨水系统分区)

对合肥市主要雨水排口进行统计可知,研究区域内主要雨水排口共计 106 个,总服务面积为 236 km^2。

4.4.2　排涝泵站分布

城市因降雨过多,排水系统运作不及时,管道堵塞,容易造成地面内涝。排水泵站的作用则是搅匀管道中堵塞的废渣淤泥，疏通管道，并提供压能快速将雨水提升排放，防止内涝现象的产生。

截至2012年底，合肥市主城区共有排涝及立交泵站90座，总排水能力270 m^3/s。其中，市管沿河排涝泵站31座，总排涝能力196.3 m^3/s；铁路立交桥、道路下穿桥泵站26座，总排水能力27.28 m^3/s。其排涝区域及分布如下：

① 南淝河干流20座，主要承担老城区和瑶海区及包河区部分区域约40 km^2的排涝任务。

② 板桥河流域4座，主要承担阜阳北路以及板桥河左岸部分地区约10 km^2的排涝任务。

③ 二里河流域7座，主要承担沿线两岸低排区的排涝任务。

④ 铁路立交桥泵站9座，主要承担日常积水和汛期排涝任务。

⑤ 道路下穿桥泵站17座，主要承担日常积水和汛期排涝任务。

其余33座泵站分布在包河区31座、经开区1座、高新区1座。

合肥市主城区市管排涝泵站的名称、建成时间、泵站规模、启排水位、汇水面积等基本信息如表4.8所示。

表4.8　合肥市主城区市管排涝泵站基本信息表

序号	泵站名称	建成时间（年）	泵站规模			启排水位(m)		汇水面积（km^2）
			台数	流量(m^3/s)	总功率(kW)	开泵水位	关泵水位	
1	橡胶坝泵站	2003	4	3.2	370	10.0	9.0	1.21
2	琥珀泵站	2008	4	5.2	640	11.2	8.0	0.98
3	长丰路泵站	2003	4	5.5	590	11.5	10.9	1.00
4	杏花泵站	2009	3	10.68	1200	9.0	6.0	2.90
5	六安路泵站	1993	2	2.6	310	12.0	11.0	1.20
6	双河泵站	1978	5	7.2	575	11.2	10.0	0.90
7	逍遥津泵站	1985	4	4.0	350	11.0	10.5	0.95
8	东大街泵站	2008	4	6.33	490	11.0	10.0	2.10
9	凤凰桥泵站	1985	3	2.0	195	10.5	9.5	0.32
10	矿机南泵站	1985	4	12.0	1000	10.4	9.0	8.13
11	矿机北泵站	2009	4	10.0	840	10.4	9.0	8.13
12	池郢泵站	1985	2	6.0	500	10.0	9.0	0.86
13	唐桥泵站	1985	5	15.0	1250	10.0	9.0	5.10
14	西李郢泵站	2002	6	14.94	1660	8.5	7.5	3.10
15	桥东泵站	1993	2	0.6	60	10.0	9.0	0.022
16	胡浅泵站	2011	4	7.388	460	10.2	8.6	1.50
17	红旗泵站	2011	6	11.52	800	10.0	8.8	1.98
18	枞阳路泵站	2011	6	15.2	1310	9.2	6.8	2.10
19	张生圩泵站	2011	4	8.0	640	9.2	8.2	8.56
20	陆小郢泵站	2012	—	14.5	—	—	—	2.30

续表

序号	泵站名称	建成时间（年）	泵站规模			启排水位(m)		汇水面积(km^2)
			台数	流量(m^3/s)	总功率(kW)	开泵水位	关泵水位	
21	高开泵站	1998	2	0.6	60	11.9	11.2	0.07
22	粮食厅泵站	1998	2	0.44	60	11.9	11.2	0.04
23	五大公司泵站	1998	2	0.96	130	11.0	10.0	0.10
24	体委南泵站	1998	3	3.0	330	11.0	10.0	0.27
25	体委北泵站	1998	3	3.0	330	11.0	10.0	0.21
26	巢湖路泵站	1998	3	2.9	330	10.5	9.5	0.24
27	月光花园泵站	2005	3	1.68	135	13.5	—	—
28	杏林泵站	1996	3	2.6	305	12.6	11.8	0.75
29	板苑泵站	2000	3	7.3	655	11.0	9.0	1.30
30	绿都泵站	1993	5	4.5	525	11.0	10.0	0.76
31	明光路泵站	1985	4	7.48	720	11.2	11.0	0.86

合肥市排涝泵站空间分布如图 4.12 所示。

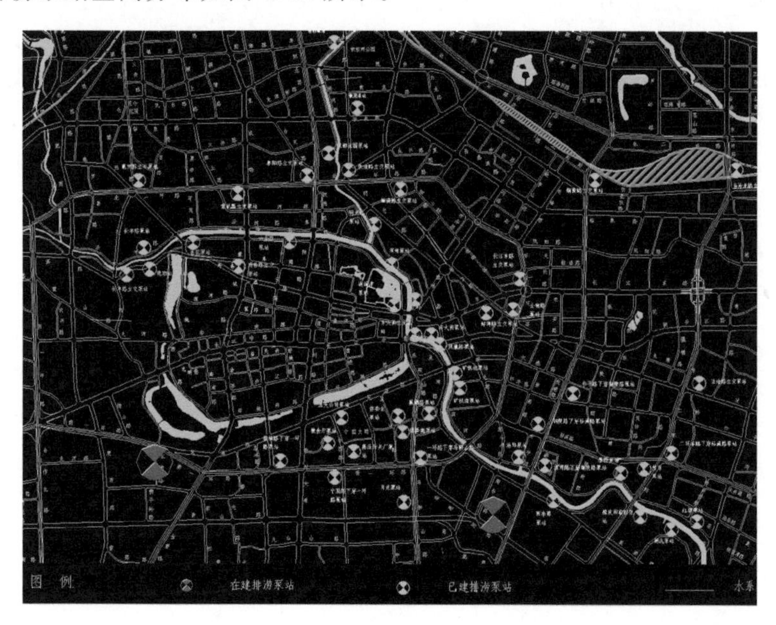

图 4.12　合肥市排涝泵站分布图

4.4.3　排涝能力估算

2013 年 12 月，上海市城市建设设计研究总院编制了《合肥市城市排水（雨水）防涝综合规划》（工程编号：规 13020），该规划对合肥市雨水管道和泵站排涝能力进行了综合评估。将雨水管网数据、排涝泵站数据、降水频率曲线、地面坡度、汇流面积等数据代入计算机水力学模型进行模拟，最终得到合肥市城区管网排水能力评估图如图 4.13 所示。

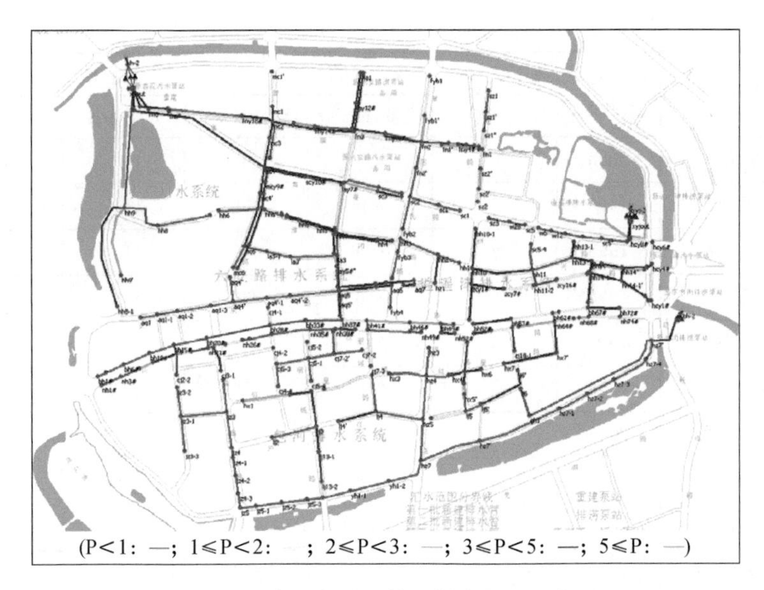

图 4.13　合肥市城区管网排水能力评估图

(彩色线条代表不同的重现期等级)

评估结论如下:合肥市雨水管道设计标准一般在 $P=0.5\sim1.5$ 年,中心城区可应对每小时降雨 30 mm 的短历时强降雨。各雨水分区管渠达标率程度不一。以 2006 版雨水规划确定的老城区 $P=1.0$ 年,其余地区 $P=1.5$ 年的标准,2006 年来新建的排水系统基本能够达标,2006 年以前建设的管网一般能达到 1 年一遇的标准,不能满足 $P=1.5$ 年的标准。

根据其评估结论,结合合肥市暴雨强度公式,推算出合肥市不同重现期下排水管网排水能力如表 4.9 所示。

表 4.9　合肥市不同重现期排水管网排水能力(mm/h)

重现期(年)	1	2	3	5	10
排水量(mm/h)	26.2	38.8	46.1	54.7	63.6

其中 1 年一遇下不同历时(1 h、3 h、6 h、12 h、24 h)的排水能力如表 4.10 所示。

表 4.10　合肥市 1 年一遇下不同历时管网排水能力

历时(h)	1	3	6	12	24
排水量(mm)	13.4	22.4	27.0	28.6	30.8

4.5　内涝淹没模拟

4.5.1　不同重现期降水量分析

在做合肥市内涝淹没模拟时,为了与实时城市内涝风险预警业务衔接,考虑的降水历时分别为 1 h、3 h、6 h、12 h 和 24 h,重现期选取 5 年一遇、10 年一遇、20 年一遇、30 年一遇、50 年一遇、100 年一遇。

前面分析得出的合肥市暴雨强度公式，可直接推算出不同重现期下不同历时的降水量，但该公式为短历时暴雨强度公式，降水历时一般不超过 180 min(3 h)，因而不同重现期下 1 h、3 h 降水历时的降水量采用暴雨强度公式计算而得(表 4.11)。

表 4.11　合肥市不同重现期下 1 h、3 h 降水量(mm)

不同历时(h)	100 年一遇	50 年一遇	30 年一遇	20 年一遇	10 年一遇	5 年一遇
1	97.4	88.0	80.7	74.5	63.7	54.8
3	138.9	125.6	115.3	106.5	91.2	78.2

3 h 以上降水历时(6 h、12 h、24 h)的则采用广义极值法计算其重现期。广义极值分布函数是将 Gumbel、Frechet、Weibull 三种极值分布统一为具有三个参数的分布函数：

$$F_{X(x)} = P(X < x) = \begin{cases} \exp\left\{-\left[1-\zeta\left(\frac{x-\mu}{\sigma}\right)^{1/\zeta}\right]\right\} & \zeta \neq 0 \\ \exp\left[-\exp\left(\frac{x-\mu}{\sigma}\right)\right] & \zeta = 0 \end{cases} \tag{4.15}$$

式中 ζ、μ、σ 分别为形状参数、位置参数和尺度参数。当 $\zeta \to 0$ 时为极值Ⅰ型(Gumbel 分布)；当 $\zeta < 0$ 时为极值Ⅱ型(Frechet 分布)；当 $\zeta > 0$ 时为极值Ⅲ型(Weibull 分布)。

选用合肥市国家站(站号:58321)建站至 2016 年逐小时资料，采用广义极值分布函数进行拟合，计算合肥市不同重现期下 6 h、12 h、24 h 的降水量，广义极值分布函数参数表如表 4.12 所示。

表 4.12　广义极值分布函数参数表

历时(h)	广义极值分布函数参数		
	形状参数	尺度参数	位置参数
6	0.121	17.57	57.30
12	0.019	21.87	70.07
24	0.019	26.59	81.23

根据广义极值分布函数，计算得到合肥市不同重现期下 6 h、12 h、24 h 的降水量如表 4.13 所示。

表 4.13　合肥市不同重现期下 6 h、12 h 及 24 h 降水量(mm)

不同历时(h)	100 年一遇	50 年一遇	30 年一遇	20 年一遇	10 年一遇	5 年一遇
6	165.6	145.0	131.1	120.1	102.8	86.2
12	175.3	158.7	146.8	136.9	120.4	103.4
24	209.0	188.9	174.4	162.5	142.4	121.7

因而得到合肥市不同重现期下(5 年一遇、10 年一遇、20 年一遇、30 年一遇、50 年一遇、100 年一遇)1 h、3 h、6 h、12 h 及 24 h 降水量，其中 1 h、3 h 依据暴雨强度公式计算而得，6 h、12 h 及 24 h 依据广义极值分布函数计算而得(图 4.14)。

合肥市不同重现期下不同历时的降水量汇总如表 4.14 所示。

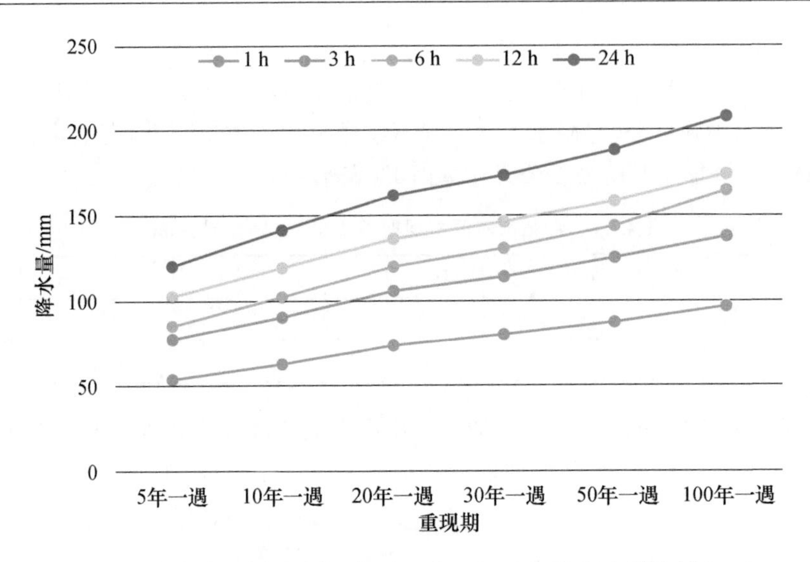

图 4.14　合肥市不同重现期下 1 h、3 h、6 h、12 h 及 24 h 降水量(mm)

表 4.14　合肥市不同重现期下 1 h、3 h、6 h、12 h 及 24 h 降水量汇总表

重现期 历时(h)	100 年一遇	50 年一遇	30 年一遇	20 年一遇	10 年一遇	5 年一遇
1	97.4	88.0	80.7	74.5	63.7	54.8
3	138.9	125.6	115.3	106.5	91.2	78.2
6	165.6	145.0	131.1	120.1	102.8	86.2
12	175.3	158.7	146.8	136.9	120.4	103.4
24	209.0	188.9	174.4	162.5	142.4	121.7

4.5.2　城市内涝淹没模拟

城市内涝淹没模型采用 FloodArea 模型，选用三种淹没情景之一的暴雨模式。将合肥市 1∶1 万 DEM、道路网、建筑物分布(阻水物)、Manning 系数(地面糙率)、模拟时长、最大交换率、不同重现期降水量以及排涝能力估算结果代入 FloodArea 模型进行内涝淹没模拟，得到不同重现期(5 年、10 年、20 年、30 年、50 年、100 年一遇)下不同历时(1、3、6、12 h 和 24 h)的淹没水深图谱，共计 276 幅。如图 4.15 所示。

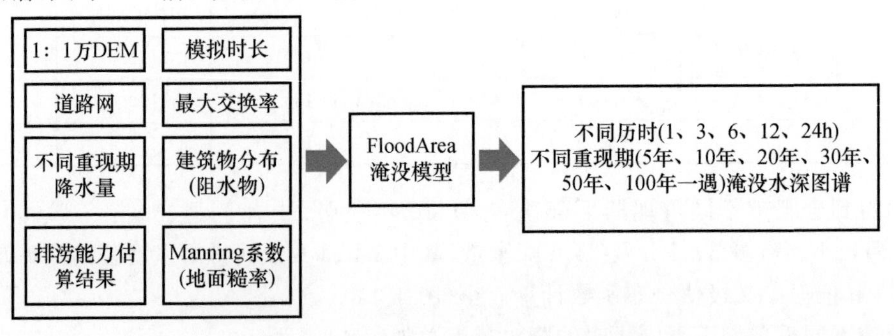

图 4.15　合肥市内涝淹没模拟流程图

如 100 年一遇不同历时(1 h、3 h、6 h、12 h、24 h)的淹没水深图如图 4.16 所示。

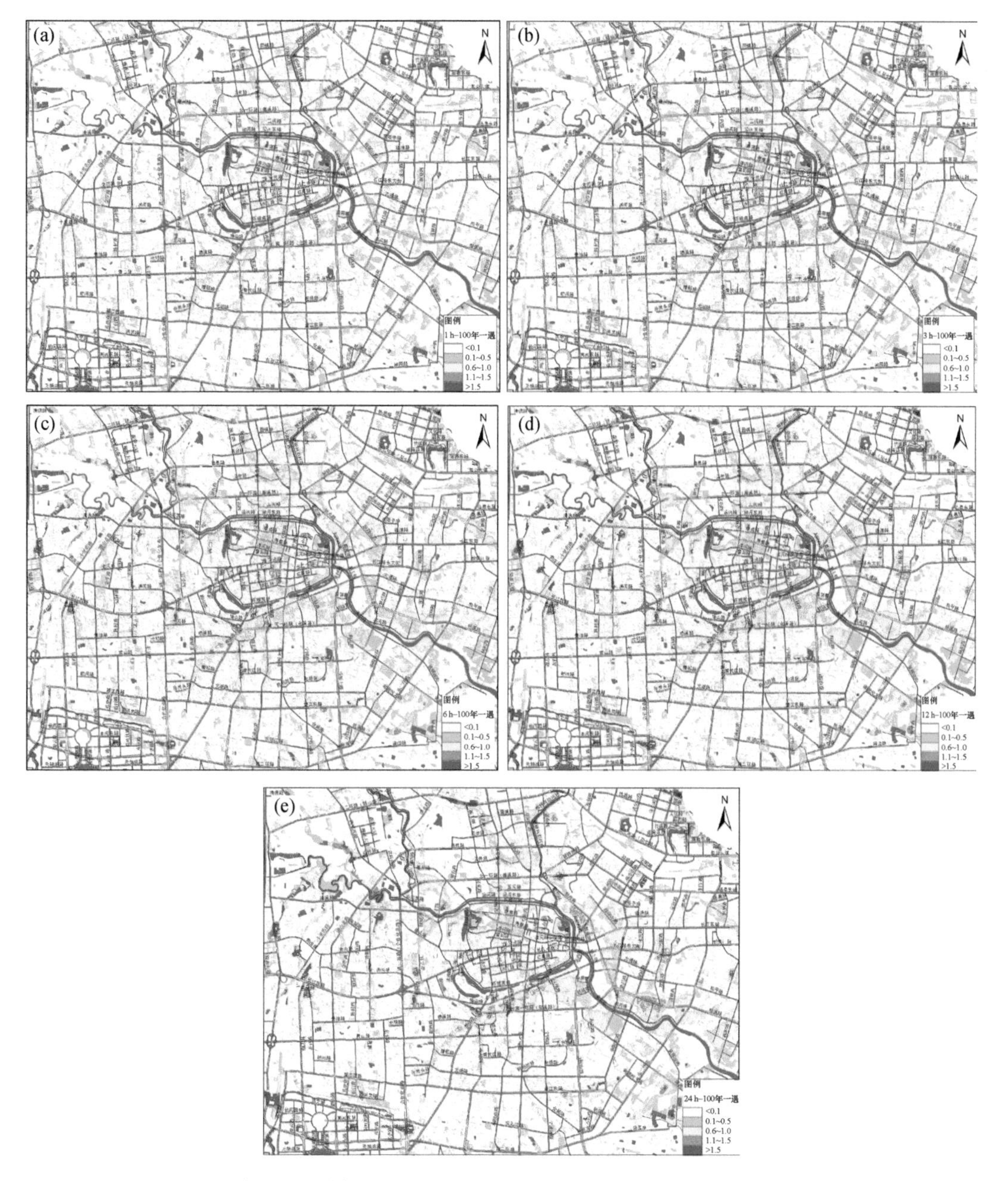

图 4.16　100 年一遇不同历时 1 h(a)、3 h(b)、6 h(c)、12 h(d)、24 h(e)的淹没水深图

4.6　内涝风险评估

4.6.1　淹没风险等级划分

合肥市内涝淹没风险等级划分参考“合肥市城市内涝预警业务建设”中内涝预警等级划分

标准，考虑积水对车辆、行人及住宅的影响，将城市积涝风险等级划分为四个等级：四级（0.15 m，人行道积水，步行困难）；三级（0.25 m，车辆排气管可能进水）；二级（0.65 m，车辆进气口进水熄火）；一级（1 m，楼道进水，交通堵塞）。如表 4.15 所示。

表 4.15　合肥市城市内涝预警等级划分

积涝风险等级划分	四	三	二	一
积水深度(m)	0.15	0.25	0.65	1.0
预报用语	有一定风险	风险较高	风险高	风险很高
产生影响	人行道高度，对路上行人有一定影响	车辆排气口高度，对路上行人影响较大，车辆可缓慢通过	车辆进气口高度，轿车行驶受阻	住宅进水，对交通、市民出行影响大

根据该等级划分标准，得到 6 个重现期（5 年、10 年、20 年、30 年、50 年、100 年一遇）下 5 种历时（1、3、6、12 h 和 24 h）的不同淹没风险等级图，其中 100 年一遇 5 种历时（1 h、3 h、6 h、12 h、24 h）的不同淹没风险等级图如图 4.17 所示。

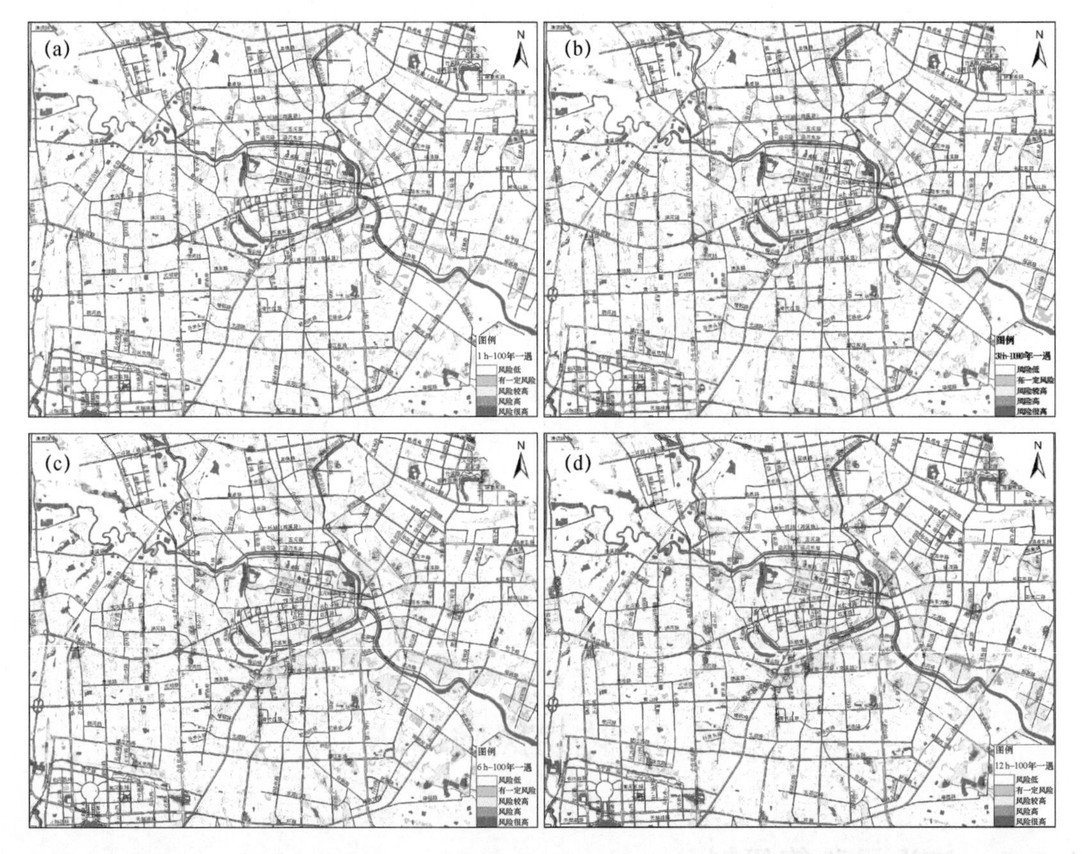

图 4.17　100 年一遇 1 h(a)、3 h(b)、6 h(c)、12 h(d)、24 h(e)不同淹没风险等级图

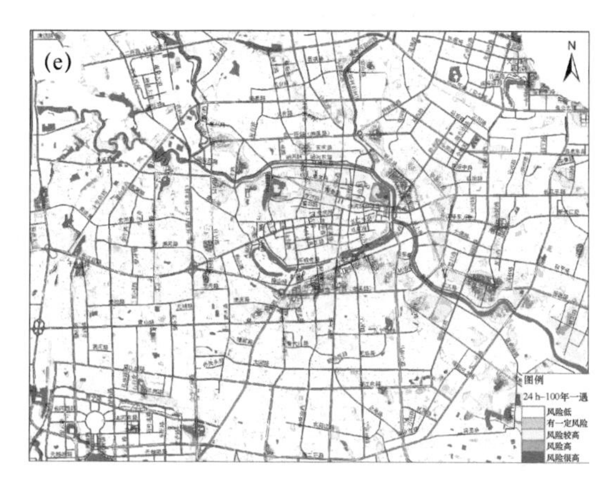

图 4.17(续)　100 年一遇 1 h(a)、3 h(b)、6 h(c)、12 h(d)、24 h(e)不同淹没风险等级图

4.6.2　不同承灾体风险评估

不同重现期(5 年、10 年、20 年、30 年、50 年、100 年一遇)下不同历时(1、3、6、12 h 和 24 h)的淹没水深图,叠加道路、医院、学校、易涝点等重要承灾体信息,进行城市内涝风险评估(图 4.18)。以历时最长、淹没最深、受灾最重的 24 h 100 年一遇降水为例进行分析。

针对 24 h 100 年一遇的降水,提取各医院、学校的淹没水深,水深超过 0.5 m 的医院和学校列表如表 4.16、4.17 所示。

另外,合肥市典型易涝点如表 4.18 所示。

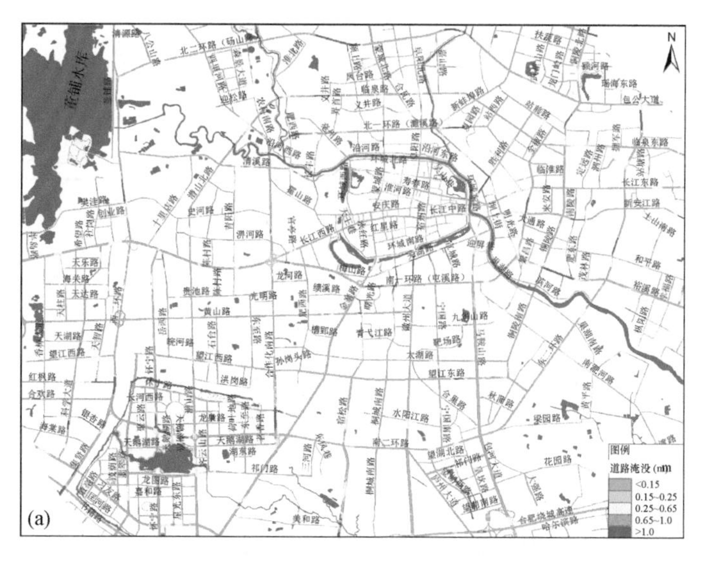

图 4.18　叠加道路(a)、医院(b)、学校(c)、易涝点(d)等重要承灾体风险评估

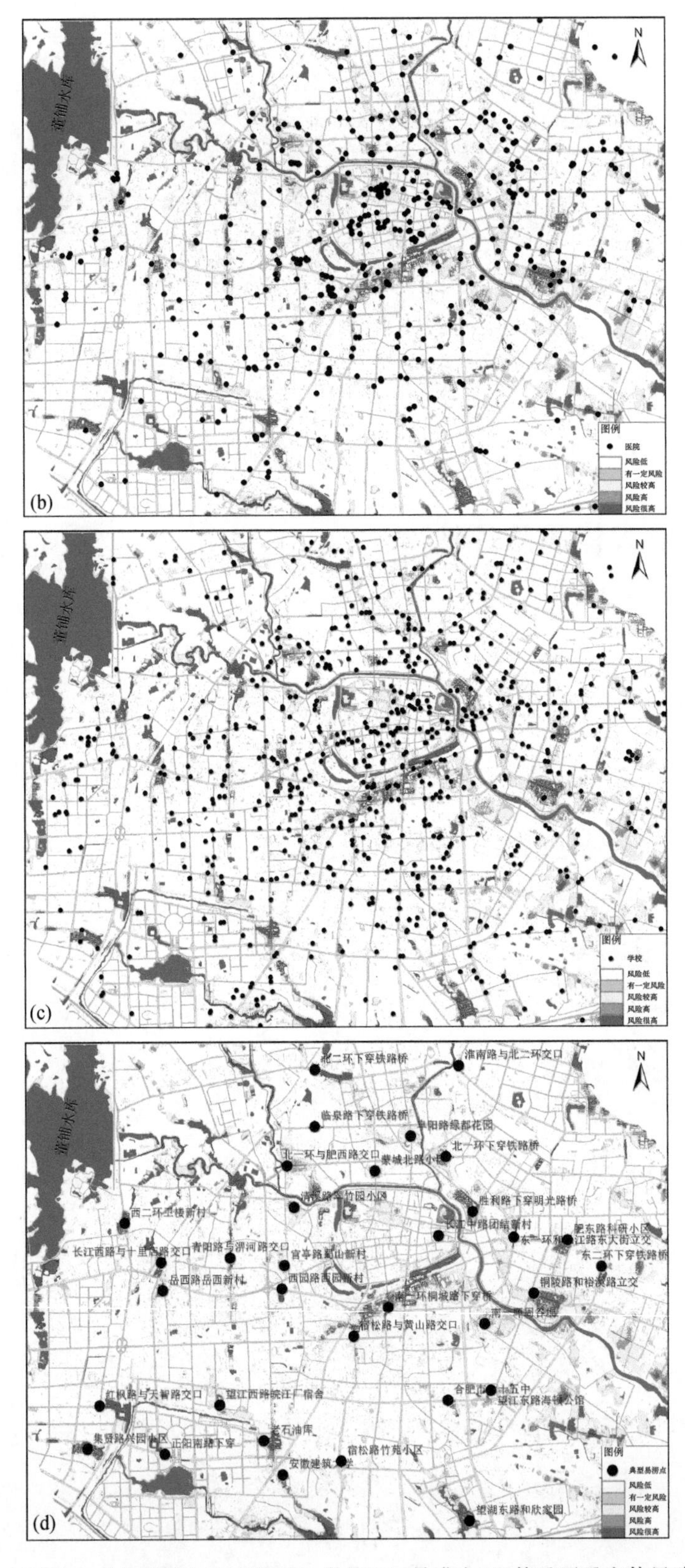

图 4.18(续)　叠加道路(a)、医院(b)、学校(c)、易涝点(d)等重要承灾体风险评估

表 4.16　淹没水深超过 0.5 m 的医院(24 h 100 年一遇降水)

医院名称	淹没水深(m)	医院名称	淹没水深(m)
安徽医科大学第四附属医院	1.760	安徽省立友谊医院康复医学中心	0.856
西园新村街道竹荫里社区卫生站	1.468	安徽省第二建筑工程公司职工医院	0.798
城建医院	1.315	华胜卫生所	0.762
黄守根医师诊所	1.268	双岗街道高河埂社区卫生站	0.723
包河区妇幼保健站	1.144	天红宠物医院	0.706
安徽医科大学第四附属医院一住院部	1.083	丽人女子医院	0.682
光华医院	1.046	佳德口腔	0.603
合肥蜀山区颐和门诊部	1.011	合肥市第一人民医院太湖路门诊部一急诊	0.579
合肥市瑶海区康源门诊部	1.010	合肥市第一人民医院太湖路门诊部	0.579
望湖街道周谷堆社区卫生站	0.912	金宠动物医院	0.569
五里墩街道陈村路社区卫生站	0.909	合肥市第六人民医院南区	0.560
安徽医科大学第二附属医院西门	0.860	三里街街道三里三村社区卫生站	0.536
瑶海区车站街道社区卫生中心	0.856	安徽省立医院知名专家门诊	0.529

表 4.17　淹没水深超过 0.5 m 的学校(24 h 100 年一遇降水)

学校名称	淹没水深(m)	学校名称	淹没水深(m)
合肥市兴园学校	2.082	铂金时代幼儿园	0.657
合肥市第三十五中学	1.471	合肥东南学校	0.647
合肥市第七中学	1.423	合肥公交新安驾校	0.627
合肥市铜陵新村小学	1.379	安徽交通职业技术学院北区	0.615
琥珀小学(西区)翠竹园小学	1.302	金鸟幼儿园	0.611
东方爱婴早期教育中心黄山路店	1.254	安徽省健康教育所	0.600
合肥市第六十五中学	1.238	合肥市财会成人中专学校	0.586
合肥市胜利路小学	1.167	合肥经济管理学校	0.564
合肥市琥珀中学	1.103	合肥市淝河小学	0.556
合肥市第四十八中学	1.012	庐阳中学	0.554
21 世纪外语学校	0.920	合肥金谷职业培训学校	0.539
安徽省武术学校	0.910	安徽中华职业学校	0.539
安徽北苑学校西校区	0.895	致远美术培训学校	0.539
隆岗双语幼儿园	0.866	安徽省经济技术成人中专学校	0.533
合肥市瑶海实验小学	0.826	职工科技职业培训学校	0.526
合肥市隆岗小学	0.784	北苑美食烹饪学校东校区	0.525
合肥市交通人才培训中心	0.742	合肥市委机关幼儿园	0.518
安徽氯碱集团幼儿园	0.691	合肥学院总部	0.514
阳光幼儿园	0.679	安徽医学高等专科学校芜湖路校区	0.513
合肥市第六中学	0.659	合肥博创职业培训学校	0.511

表 4.18　合肥市典型易涝点列表

易涝点名称	所属区域	易涝点名称	所属区域
东一环和长江路东大街立交	瑶海区	西园路西园新村	蜀山区
北一环下穿铁路桥	瑶海区	清溪路翠竹园小区	蜀山区
胜利路下穿明光路桥	瑶海区	临泉路下穿铁路桥	庐阳区
铜陵路和裕溪路立交	瑶海区	北二环下穿铁路桥	庐阳区
肥东路科研小区	瑶海区	蒙城北路小区	庐阳区
东二环下穿铁路桥	瑶海区	北一环与肥西路交口	庐阳区
淮南路与北二环交口	瑶海区	阜阳路绿都花园	庐阳区
正阳南路下穿	蜀山区	长江中路团结新村	庐阳区
红枫路与天智路交口	蜀山区	望湖东路和欣家园	包河区
集贤路兴园小区	蜀山区	宿松路与黄山路交口	包河区
长江西路与十里店路交口	蜀山区	南一环周谷堆市场	包河区
岳西路岳西新村	蜀山区	望江东路海顿公馆	包河区
西二环卫楼新村	蜀山区	宿松路竹苑小区	包河区
老石油库	蜀山区	南一环桐城路下穿桥	包河区
青阳路与淠河路交口	蜀山区	安徽建筑大学	包河区
望江西路皖江厂宿舍	蜀山区	合肥市六十五中	包河区
官亭路蜀山新村	蜀山区		

在不同的行政区内(瑶海区、蜀山区、庐阳区、包河区),针对不同类型的淹没点(公路交口、公路立交、铁路下穿、小区、学校、市场等),选取 9 个典型易涝点进行淹没历时分析,不同易涝点 24 h 淹没曲线如图 4.19 所示。

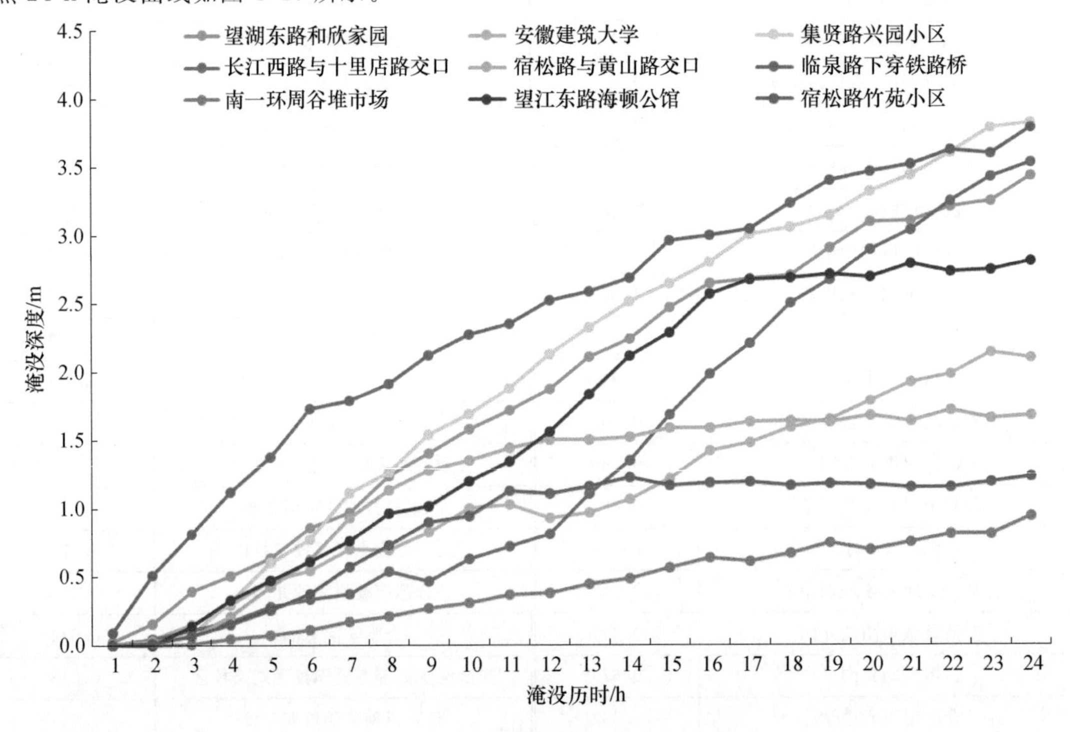

图 4.19　9 个典型易涝点 24 h 淹没曲线图

根据该淹没曲线图可知各典型易涝点 24 h 内不同时刻的淹没水深，此外可以反算出各典型易涝点达到不同预警等级（四级：0.15 m；三级：0.25 m；二级：0.65 m；一级：1.0 m）的淹没深度所需要的时间（表 4.19），可用于合肥市城市内涝预警业务。

表 4.19　各典型易涝点达到不同预警等级淹没水深的时间点

预警等级及淹没水深	四级	三级	二级	一级
	0.15 m	0.25 m	0.65 m	1.0 m
望湖东路和欣家园	1～2 h	2～3 h	5～6 h	7～8 h
安徽建筑大学	2～3 h	3～4 h	6～7 h	9～10 h
集贤路兴园小区	3～4 h	3～4 h	5～6 h	7～8 h
长江西路与十里店路交口	3～4 h	4～5 h	10～11 h	12～13 h
宿松路与黄山路交口	3～4 h	4～5 h	6～7 h	7～8 h
临泉路下穿铁路桥	1～2 h	1～2 h	2～3 h	3～4 h
南一环周谷堆市场	6～7 h	8～9 h	17～18 h	24 h
望江东路海顿公馆	3～4 h	3～4 h	6～7 h	8～9 h
宿松路竹苑小区	3～4 h	4～5 h	7～8 h	10～11 h

进一步结合尹占娥等（2010）根据上海市暴雨洪涝淹没损失数据库建立的城市内涝灾害脆弱性曲线：

$$
\begin{aligned}
r_b &= 0.0027 d_s^{0.7998} \\
r_c &= 0.0038 d_s^{1.1542}
\end{aligned}
\tag{4.16}
$$

式中，r_b、r_c 分别是建筑物和室内财产的因灾损失率（损失占总价的比例）；d_s 是积水淹没深度（即积水没过建筑物第一层地面的高度）。图 4.20、4.21 分别是合肥市 24 h 100 年一遇降水情景下建筑物损失率、室内财产损失率分布图。

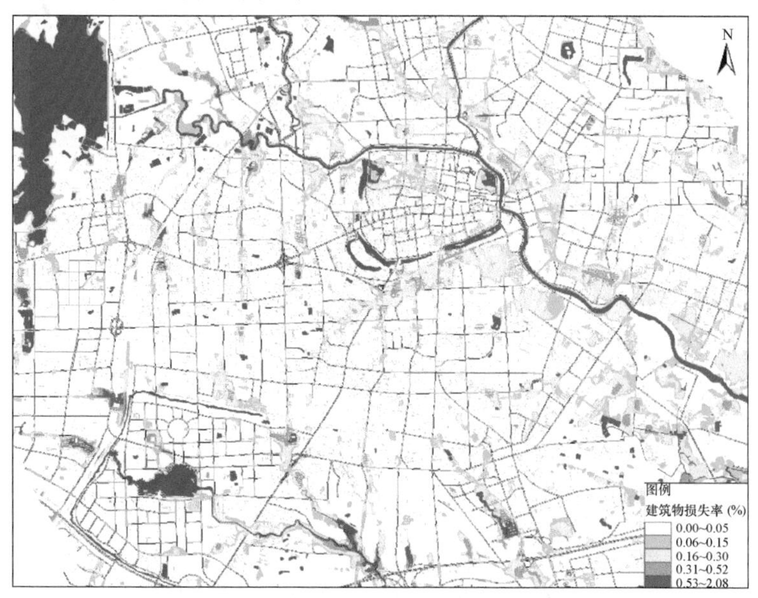

图 4.20　合肥市 24 h 100 年一遇降水情景下建筑物损失率分布图

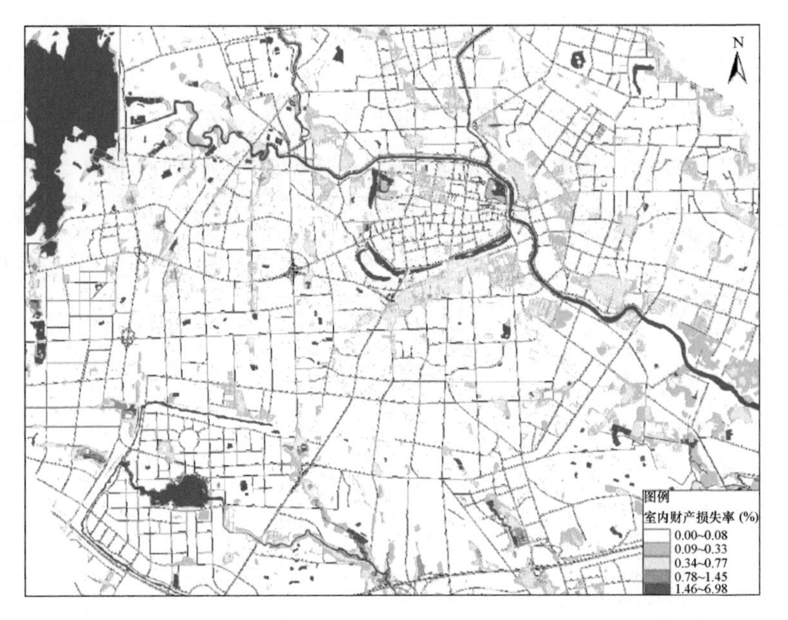

图 4.21　合肥市 24 h 100 年一遇降水情景下室内财产损失率分布图

对于道路积水，需重点考虑积水深度对车辆的影响，根据车辆零部件占整车价值比，结合不同积水深度下车辆部件的损失程度，运用线性拟合得到车辆对于积水的脆弱性函数式：

$$y=-62.445x^2+134.28x-17.08 \tag{4.17}$$

式中，y 为车辆损失率，x 为淹没水深，代入合肥市 24 h 100 年一遇降水淹没水深结果，得到相应的道路车辆损失率分布图，由图 4.22 可以看出，部分道路（橙色区域）车辆损失率超过 30%，局部道路（红色区域）车辆损失率超过 50%。

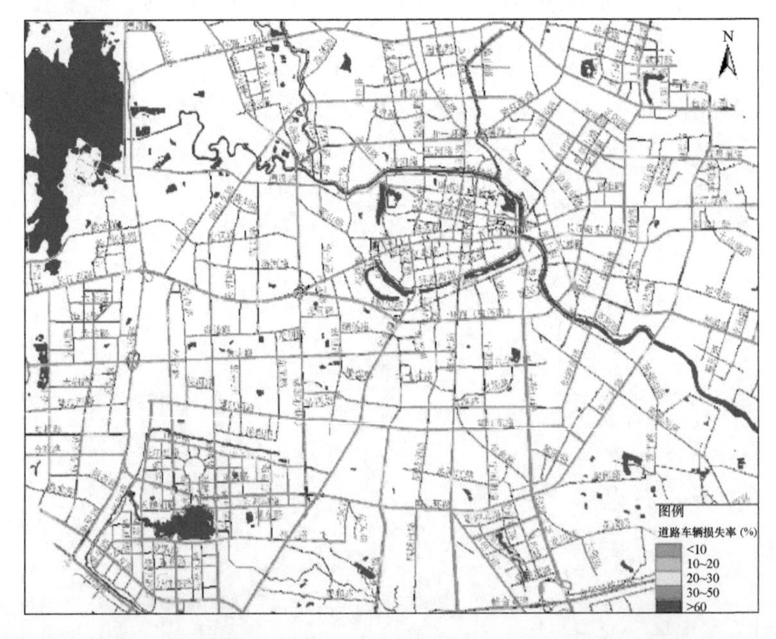

图 4.22　合肥市 24 h 100 年一遇降水情景下车辆损失率图

4.6.3 应用案例

2000 年以来，合肥市发生多次强降水过程并引发城市内涝，其中最为典型的 5 次强降水过程的降水时间、历时、降水量及重现期如表 4.20 所示。

表 4.20　2000 年以来合肥市最为典型的 5 次强降水过程

降水时间	降水历时(h)	降水量(mm)	重现期
2003 年 7 月 9 日 20 时—7 月 10 日 19 时	24	124.1	5～10 年一遇
2005 年 7 月 6 日 08—13 时	6	120.2	20 年一遇
2008 年 6 月 21 日 20 时—22 日 07 时	12	127.9	10～20 年一遇
2010 年 7 月 12 日 09—20 时	12	130.2	约 20 年一遇
2016 年 7 月 1 日 00—23 时	24	132.5	5～10 年一遇

以时间较近、降水量较大且灾情较重的 2010 年 7 月 12 日 09—20 时强降水过程为例，进行案例分析，12 h(09—20 时)降水总量达 130.2 mm，约为 20 年一遇，各小时降水量如图 4.23 所示。

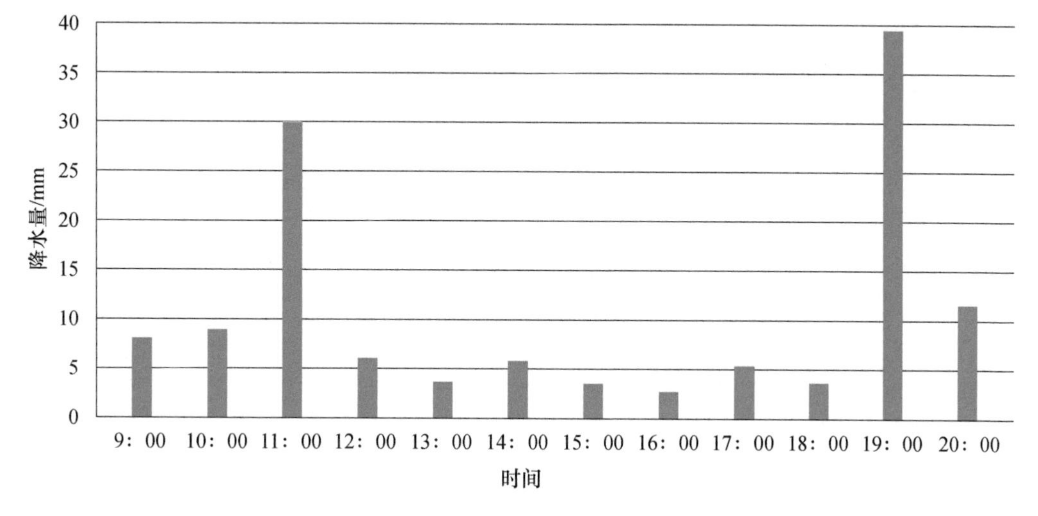

图 4.23　合肥市 2010 年 7 月 12 日 09—20 时各小时降水量

将各小时(09—20 时)降水量以及 DEM、道路网、建筑物分布(阻水物)、Manning 系数(地面糙率)等代入 FloodArea 模型进行淹没模拟，得到本次强降水过程的淹没分布图，再与合肥市应急办灾情调查统计数据进行对比验证，其中灾情调查数据中有 8 个调查点淹没较深、受灾较重，分别为：①樊洼路与十里店路交口；②亳州路(原自行车二厂宿舍)；③望湖南路；④十五里河 312 国道沿河路；⑤机场路(312 国道南侧)；⑥合作化路与东流路交口；⑦六安路(寿春路-淮河路段)；⑧天河路。将此 8 个调查点与模拟的淹没分布图进行叠加。由图 4.24 可以看出，8 个调查点在模拟的淹没图中均出现不同程度的淹没，两者吻合度较高。

进一步提取 8 个调查点的模拟淹没深度，并与调查得到的积水深度进行对比，由表 4.21 可知，模拟淹没水深与实际调查的积水深度较为接近，表明城市内涝淹没模拟结果可靠度高、模拟效果较好，可用于城市内涝实时风险评估与预警业务。

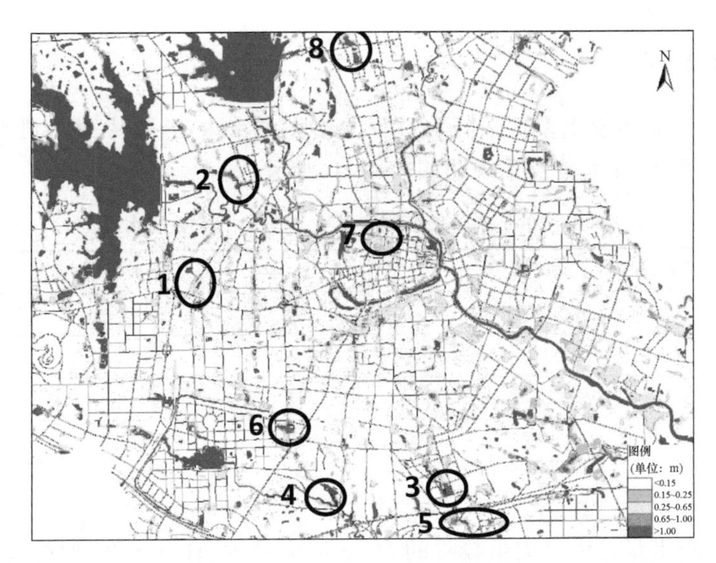

图 4.24　2010 年 7 月 12 日模拟淹没与灾情调查点叠加图

表 4.21　2010 年 7 月 12 日合肥市 8 个内涝积水点的调查和模拟积水深度

调查点编号	调查点名称	调查的积水深度(cm)	模拟的积水深度(cm)
1	樊洼路与十里店路交口	40～80	50～100
2	亳州路(原自行车二厂宿舍)	20～30	20～40
3	望湖南路	100	90～120
4	十五里河 312 国道沿河路	100	90～100
5	机场路(312 国道南侧)	100	90～110
6	合作化路与东流路交口	100	100～120
7	六安路(寿春路—淮河路段)	60	50～70
8	天河路	50	40～80

众所周知，城市内涝灾害的形成机理较为复杂，影响因素众多，风险评估及预警的成败取决于多方面的因素，一方面，FloodArea 模型自身的区域适应性、代入到淹没模型的 DEM、道路网、建筑物分布、Manning 系数等相关参数对城市下垫面刻画的精度和准确性以及城市排涝能力估算结果等因素都影响着风险评估结果的可靠性；另一方面，降水的强度及落区预报(QPF)的准确与否，是风险评估及预警是否成功的关键所在，决定着风险评估及预警的成败。在城市内涝风险评估及预警业务中，需综合考虑各方面因素的影响，加强效果检验，优化模型参数，提高内涝风险评估及预警的精度和准确性，为面向实时气象防灾减灾业务提供决策依据。

第 5 章　干旱灾害风险评估

5.1　技术流程

5.1.1　技术路线

干旱对安徽的影响主要体现在农业方面，尤以合肥以北地区的冬小麦为甚，是冬小麦生育期主要气象灾害。基于自然灾害风险系统理论，以干旱持续期内单位时段旱灾风险的累加反映其累积效应，从干旱致灾因子危险性及承灾体脆弱性角度，建立旱灾风险识别指数(Piers Blaikei *et al.*，1994；康西言 等，2012；姚玉璧 等，2013)。通过冬小麦干旱期望减产率与干旱指数(包括水分亏缺率 $CWDIa$、累积湿润度指数 Ma、综合气象干旱指数 CI、降水距平百分率 Pa 及土壤相对湿度 Rsm)的相关性，选择相关系数最高的指标，作为致灾因子危险性指数，构建期望减产率与干旱指标的定量关系模型。在此基础上，根据冬小麦期望减产程度划分干旱强度等级，结合承灾体的脆弱度构建风险评价指标，完成干旱风险评估。如图 5.1 所示。

5.1.2　风险数据库建设

气象资料：选取合肥以北 36 个市县 1960—2012 年气象观测资料以及 12 个农气站冬小麦生育期资料。气象观测资料包括各气象站建站至今的逐日气温、降水量、日照时数、平均风速、相对湿度、土壤墒情等资料；冬小麦发育期和产量资料取自 1980—2012 年农业气象观测资料。资料来源于安徽省气象信息中心。

农业统计资料：1960—2012 年合肥以北分县逐年冬小麦播种面积和产量等数据，取自历年安徽省统计年鉴、农业统计报表。

干旱灾情资料：来自安徽省民政厅救灾办历年气象灾情数据、气象灾害普查数据库中的灾情记录，以及《中国气象灾害大典・安徽卷》等记录的冬小麦干旱灾情资料。

5.1.3　致灾因子识别

(1)干旱指标选取

采用水分亏缺率($CWDIa$)、累积湿润度指数(Ma)、综合气象干旱指数(CI)、降水距平百分率(Pa)及土壤相对湿度(Rsm)5 种干旱指标(Allen R G *et al.*，1998；许莹 等，2011；马晓群 等，2008；张强 等，2008)，计算冬小麦生育期历年干旱指数序列；在此基础上，根据冬小麦不同

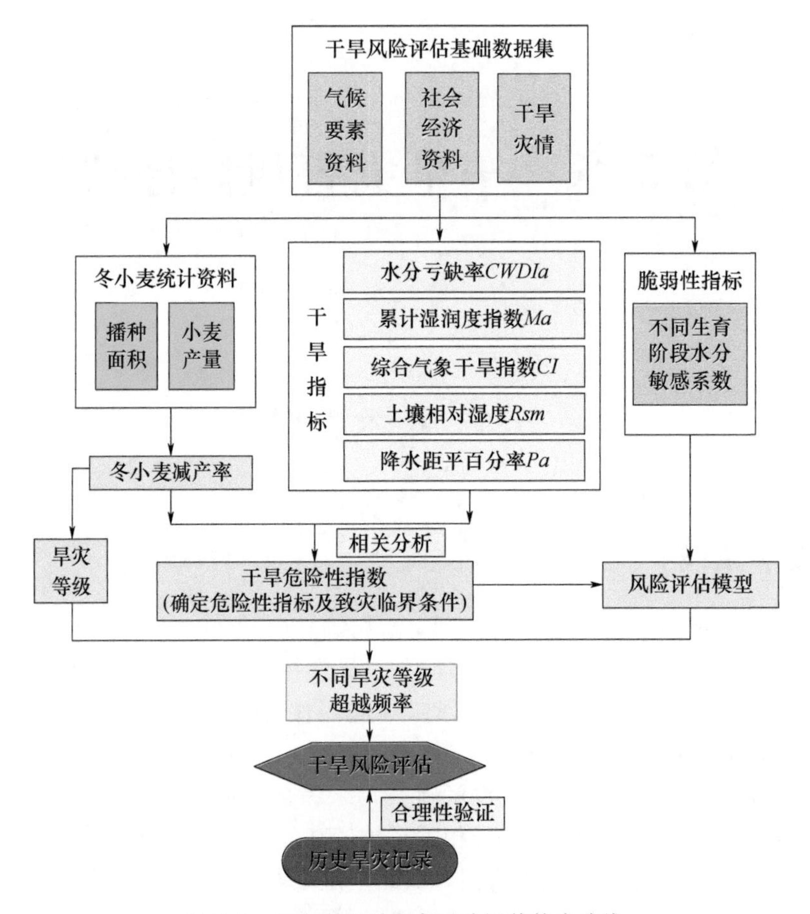

图 5.1　冬小麦干旱灾害风险评估技术路线

生育期干旱指标与其对应期望减产率序列相关程度，选取相关程度最高的指标，作为干旱灾害致灾因子。

(2)期望减产率计算

挑选某地区 1961—2012 年冬小麦生育期基本无灾年(或产量最大年)，对应的冬小麦产量可被看作是相应年份的最大值，以此为基准点，用拉格朗日插值方法可以得到其他年份期望产量 $Y_m(x)$（宫德吉 等，1994）。

$$Y_m(x) = \sum_{i=1}^{n} Y_i \prod_{j=1,j\neq i}^{n} \frac{x-x_j}{x_i-x_j} \tag{5.1}$$

式中，$Y_m(x)$ 为期望产量，$x_1,x_2,\cdots,x_n$ 为基本无灾年，$Y_1,Y_2,\cdots,Y_n$ 为相应年份的期望产量；$\prod_{j=1,j\neq i}^{n}$ 表示乘积遍取 j 从 1 到 n 的全部值，但除去 $j=i$。在此基础上，计算冬小麦期望减产率(ΔR_i)：

$$\Delta R_i = \frac{Y_i - Y_i(x)}{Y_i(x)} \times 100\% \tag{5.2}$$

(3)致灾因子识别

利用《中国气象灾害大典·安徽卷》《安徽省气象志》以及民政部门灾情资料，挑选出冬小麦全生育期干旱较为典型的8个年度，分别为1961/1962年、1965/1966年、1976/1977年、1981/1982年、1995/1996年、1998/1999年、2008/2009年及2010/2011年，计算上述年度冬小麦期望减产率与5种干旱指数的相关系数(表5.1)，表明：5种指数中以水分亏缺率(*CWDIa*)与冬小麦期望减产率相关系数最大，并且不同年度的相关系数相对稳定；其次为综合气象干旱指数(*CI*)、降水距平百分率(*Pa*)及累积湿润度指数(*Ma*)，但这3种指数与冬小麦期望减产率的相关系数波动大；土壤相对湿度(*Rsm*)观测资料年限短，并且与冬小麦期望减产率的相关系数低。综合来看，*CWDIa* 指数能较好地反映干旱对冬小麦产量的影响。

表5.1　不同干旱指数与冬小麦期望减产率相关系数

年份	*CWDIa*	*CI*	*Pa*	*Ma*	*Rsm* *
1962	0.40	0.50	0.44	0.25	
1966	0.64	0.58	0.51	0.13	
1977	0.43	0.44	0.42	0.18	
1982	0.22	0.70	0.50	0.51	
1996	0.35	0.19	0.29	0.22	
1999	0.32	0.17	0.13	0.41	0.16
2009	0.52	0.48	0.62	0.37	0.31
2011	0.30	0.10	0.39	0.29	0.27

* *Rsm* 从1996年开始有较为完整序列的观测资料。

综合来看，*CWDIa* 在安徽省冬麦区干旱监测最具代表性，故选取 *CWDIa* 作为致灾因子，开展冬小麦干旱灾害风险评估。

计算冬小麦6个不同生育期 *CWDIa* 干旱日数序列，综合加权构建冬小麦全生育期干旱综合指数(*CWDIa*)：

$$CWDIa = \sum_{i=1}^{6} CWDIa_i \cdot w_i \tag{5.3}$$

式中，*CWDIa* 为全生育期干旱综合指数，$CWDIa_i$ 为第 i 生育期干旱综合指数的标准化值；w_i 为第 i 生育期该指数的权重，由冬小麦不同生育期水分敏感系数决定。

作物水分敏感系数是衡量作物对干旱胁迫敏感程度指标，冬小麦水分敏感系数(表5.2)参见江淮区域前期研究成果(刘聪 等，1999)：冬小麦孕穗—扬花对水分亏缺最为敏感；其次为返青—拔节期；越冬期以及乳熟—成熟期对水分不敏感，该生长阶段需水量较少，耐旱能力较强。

表5.2　冬小麦不同生育期水分敏感系数

生长期	播种—出苗	分蘖期	越冬期	返青—拔节	孕穗—扬花	乳熟—成熟
月/旬	10/中—11/上	11/中—12/中	12下/—1/下	2/上—3/下	4/上—5/上	5/中—6/上
w_i	0.342	0.275	0.092	0.543	0.934	−0.065

5.1.4　致灾阈值确定及风险评估

全生育期：综合考虑冬小麦干旱年及期望减产率，剔除不符合干旱减产的年度。用冬小麦

期望减产率与 *CWDIa* 指数相关程度的高低，结合干旱年代表性，挑选 1961/1962 年、1965/1966 年、1976/1977 年、1995/1996 年、2008/2009 年等冬小麦干旱代表年，分析期望减产率与 *CWDIa* 干旱指数定量关系(图 5.2)。

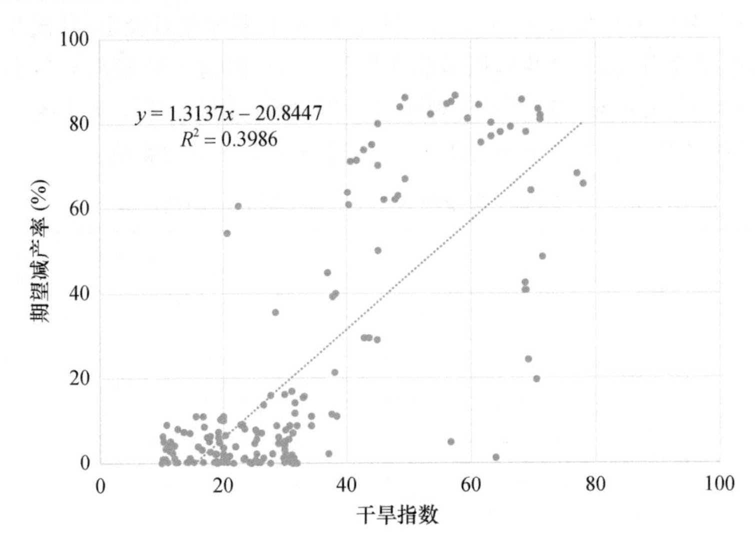

图 5.2　冬小麦期望减产率与干旱指数散点图

由图 5.2 可见，*CWDIa* 干旱指数与冬小麦期望减产率呈极显著的线性关系(P=0.001)，据此构建冬小麦全生育期干旱风险评估模型(即期望减产率与干旱指数的关系模型)：

$$y=1.3137x-20.8447 \quad n=182, r=0.6313 \tag{5.4}$$

式中 y 为期望减产率(%)，x 为 *CWDIa* 干旱指数。

对期望减产率序列从小到大排列，采用百分位数法，按照期望减产率(%)≤10%为轻旱，10%～40%、40%～70%、>70%分别为中旱、重旱、特旱，确定干旱致灾阈值(表 5.3)(颜亮东等，2013；赵辉 等，2011)，实现冬小麦干旱风险评估。

表 5.3　冬小麦全生育期干旱致灾阈值及风险等级表

指标	等级			
	轻旱	中旱	重旱	特旱
期望减产率 Y_m(%)	$Y_m<10$	$10\leqslant Y_m<40$	$40\leqslant Y_m<70$	$Y_m\geqslant 70$
CWDIa 指数(X_m)	$X_m<23.5$	$23.5\leqslant X_m<46.3$	$46.3\leqslant X_m<69.2$	$X_m\geqslant 69.2$

不同生育期：不同生育期期望减产贡献率取决于水分敏感系数，据此来划分各生育期干旱期望减产程度。由于乳熟—成熟期小麦对水分不敏感，该生育期需水量较少，耐旱能力较强，且该生育期较短，即使发生干旱一般也不会对冬小麦造成实际危害，基本无干旱风险，因此对冬小麦乳熟—成熟期干旱风险不予考虑。表 5.4 为不同生育期干旱风险等级划分。

表 5.4　冬小麦不同生育期干旱风险等级划分

生育期	轻度减产	中度减产	较重减产	重度减产
播种—出苗期	$Y_m<1.612$	$1.612\leqslant Y_m<6.450$	$6.450\leqslant Y_m<11.287$	$Y_m\geqslant 11.287$
分蘖期	$Y_m<1.297$	$1.297\leqslant Y_m<5.186$	$5.186\leqslant Y_m<9.076$	$Y_m\geqslant 9.076$

续表

生育期	轻度减产	中度减产	较重减产	重度减产
越冬期	$Y_m<0.434$	$0.434\leqslant Y_m<1.735$	$1.735\leqslant Y_m<3.036$	$Y_m\geqslant 3.036$
返青—拔节期	$Y_m<2.560$	$2.560\leqslant Y_m<10.240$	$10.240\leqslant Y_m<17.921$	$Y_m\geqslant 17.921$
孕穗—扬花期	$Y_m<4.404$	$4.404\leqslant Y_m<17.614$	$17.614\leqslant Y_m<30.825$	$Y_m\geqslant 30.825$

利用冬小麦不同生育期期望减产率与相应 *CWDIa* 干旱指数相关程度的高低，结合干旱年代表性（表 5.5），分析期望减产率与 *CWDIa* 干旱指数的定量关系。

表 5.5　冬小麦不同生育期干旱代表年选取

生育期	干旱代表年
播种—出苗期	1961、1965、1976、1993、1989
分蘖期	1968、1970、1974、1976、1999
越冬期	1970、1971、1976、1983、2012
返青—拔节期	1966、1977、1983、1996、1999
孕穗—扬花期	1966、1970、1975、1981、2009

基于上述代表年，分析合肥以北 36 个市县冬小麦不同生育期期望减产率与 *CWDIa* 干旱指数的定量关系，构建不同生育期干旱风险评估模型（即期望减产率与干旱指数的关系模型）：

播种—出苗期：$y=0.529x-2.77$　　$n=182, r=0.5395$　　(5.5)

分　蘖　期：$y=0.3833x-0.1627$　　$n=182, r=0.5292$　　(5.6)

越　冬　期：$y=0.1904x-0.889$　　$n=182, r=0.3743$　　(5.7)

返青—拔节期：$y=0.6205x-12.462$　　$n=182, r=0.4838$　　(5.8)

孕穗—扬花期：$y=1.4639x-3.394$　　$n=182, r=0.4930$　　(5.9)

式中 y 为不同生育期期望减产率（%），x 为对应的生育期 *CWDIa* 干旱指数。

根据上述模型，反推不同生育期干旱风险等级阈值，结果如表 5.6 所示。

表 5.6　冬小麦不同生育期干旱致灾阈值 X_m 表

生育期	轻旱	中旱	重旱	特旱
播种－出苗期	$X_m<8.284$	$8.284\leqslant X_m<17.428$	$17.428\leqslant X_m<26.572$	$X_m\geqslant 26.572$
分蘖期	$X_m<3.807$	$3.807\leqslant X_m<13.955$	$13.955\leqslant X_m<24.104$	$X_m\geqslant 24.104$
越冬期	$X_m<6.946$	$6.946\leqslant X_m<13.781$	$13.781\leqslant X_m<20.615$	$X_m\geqslant 20.615$
返青－拔节期	$X_m<24.208$	$24.208\leqslant X_m<36.584$	$36.584\leqslant X_m<48.961$	$X_m\geqslant 48.961$
孕穗－扬花期	$X_m<5.326$	$5.326\leqslant X_m<14.351$	$14.351\leqslant X_m<23.375$	$X_m\geqslant 23.375$

5.1.5　不同等级致灾阈值超越频率的空间分布

根据表 5.3 及表 5.6 计算 1961—2012 年冬麦区不同等级致灾阈值的超越频率，得到其空间分布。

(1)全生育期

冬小麦全生育期不同致灾等级出现频率空间差异显著（图 5.3）：轻旱等级以淮北东北部

及江淮之间西南部出现频率较高，而沿淮一带频率较低；中旱等级以冬麦区中东部出现频率较高，而北部及西南部较低；重旱等级以淮北西部频率最高，而冬麦区南部频率较低；特旱等级以淮北东北部及西北部频率较高，而江淮之间西南部较低。

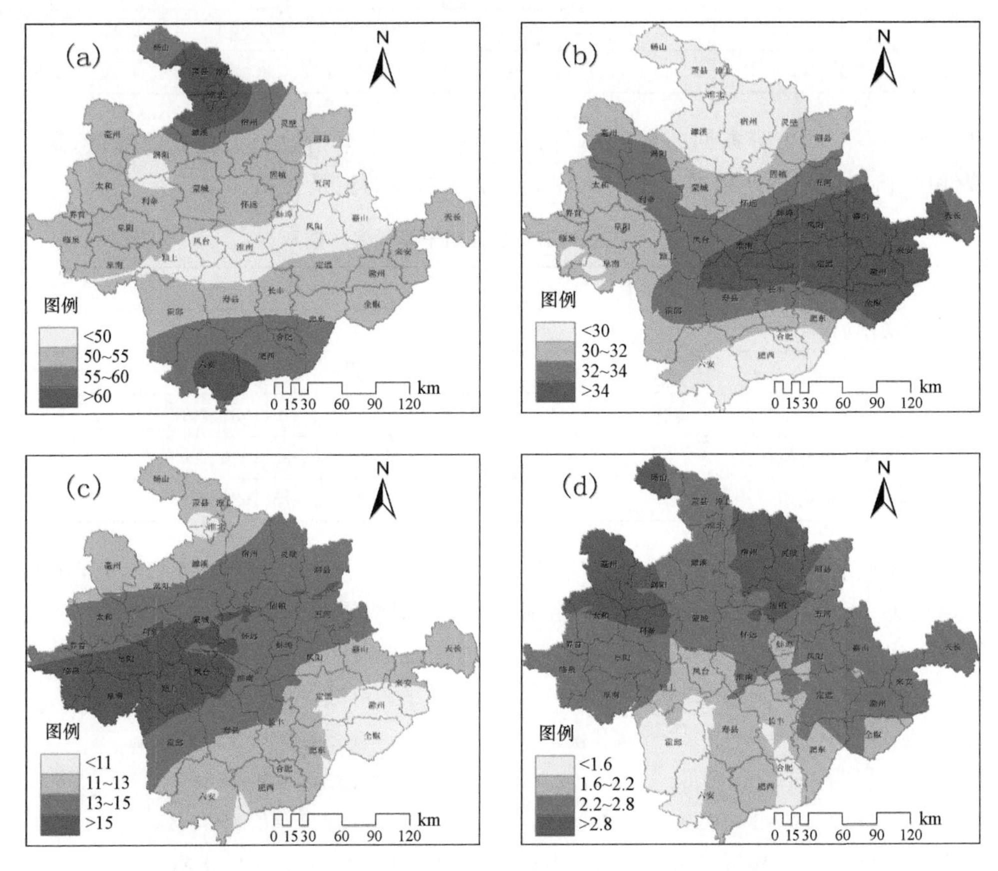

图 5.3 安徽省冬麦区全生育期不同致灾等级超越频率(%)

(a)轻旱,(b)中旱,(c)重旱,(d)特旱

(2)不同生育期

不同生育期干旱致灾等级出现频率空间差异显著(图 5.4)。

播种—出苗期：轻旱等级以冬麦区东南部出现频率高，而淮北东北部及西南部频率低；中旱等级以冬麦区西部及南部出现频率高，而北部频率较低；重旱等级冬麦区东部出现频率高，而冬麦区西部频率低；特旱等级以淮北北部出现频率高，而江淮之间东南部频率低。

分蘖期：轻旱等级以冬麦区西部出现频率高，而冬麦区东南部频率低；中旱等级以冬麦区西南部出现频率高，而西部频率低；重旱等级冬麦区西部出现频率高，而冬麦区南部频率低；特旱等级冬麦区西南部出现频率高，而冬麦区北部频率低。

越冬期：轻旱等级以冬麦区北部出现频率高，而冬麦区中部频率低；中旱等级以冬麦区中东部出现频率高，而冬麦区西北部及南部频率低；重旱等级冬麦区北部及东南部出现频率高，而冬麦区西部频率低；特旱等级冬麦区北部出现频率高，而冬麦区南部频率低。

返青—拔节期：轻旱等级以冬麦区南部出现频率高，而冬麦区西北部频率低；中旱等级以冬麦区中西部出现频率高，而冬麦区南部频率低；重旱等级冬麦区西部出现频率高，而冬麦区东南部频率低；特旱等级冬麦区北部出现频率高，而冬麦区南部频率低。

孕穗—扬花期：轻旱等级冬麦区南部及北部出现频率高，而冬麦区中部频率低；中旱等级冬麦区西部出现频率高，而冬麦区北部频率低；重旱等级冬麦区北部出现频率高，而冬麦区东部频率低；特旱等级冬麦区东部出现频率高，而冬麦区西南部频率低。

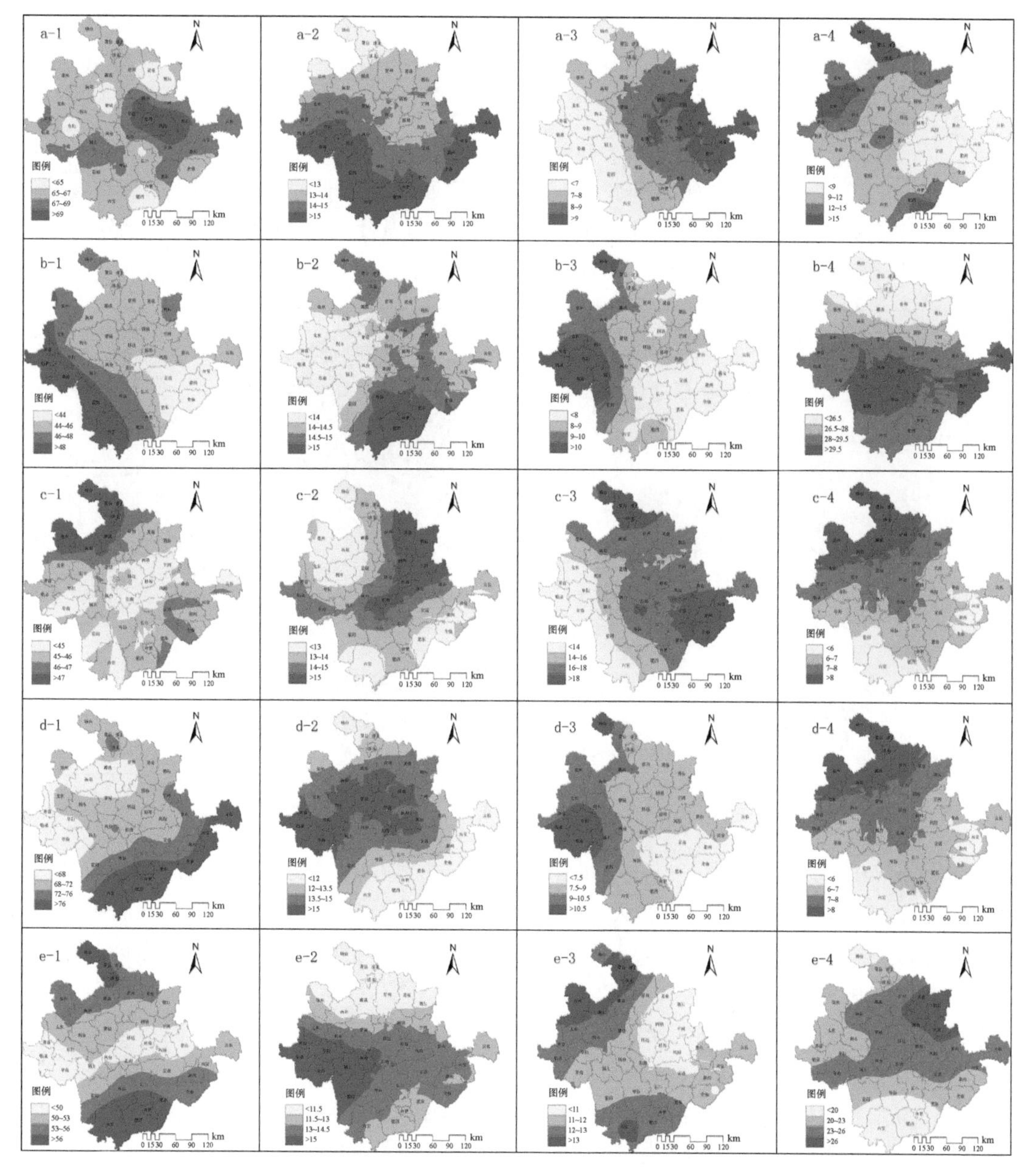

图 5.4　安徽省冬麦区各生育期不同致灾等级超越频率(%)(1)轻旱，(2)中旱，(3)重旱，(4)特旱

(a)播种—出苗期，(b)分蘖期，(c)越冬期，(d)返青—拔节期，(e)孕穗—扬花期

5.2　应用案例

根据《中国气象灾害大典·安徽卷》中的历史灾情记录，在 1999/2000 年冬小麦生育期内，安徽省冬麦区发生较为严重的干旱。本案例以该年为例，对冬小麦干旱灾害风险评估结果进行验证。

5.2.1　干旱情况

1999/2000 年冬小麦全生育期降水量 412 mm，接近常年同期，但降水空间分布不均：淮北大部 129～250 mm，其他地区 250～576 mm(图 5.5a)；与常年同期相比，冬麦区大部降水量偏少，其中淮北北部偏少 3～6 成(图 5.5b)。

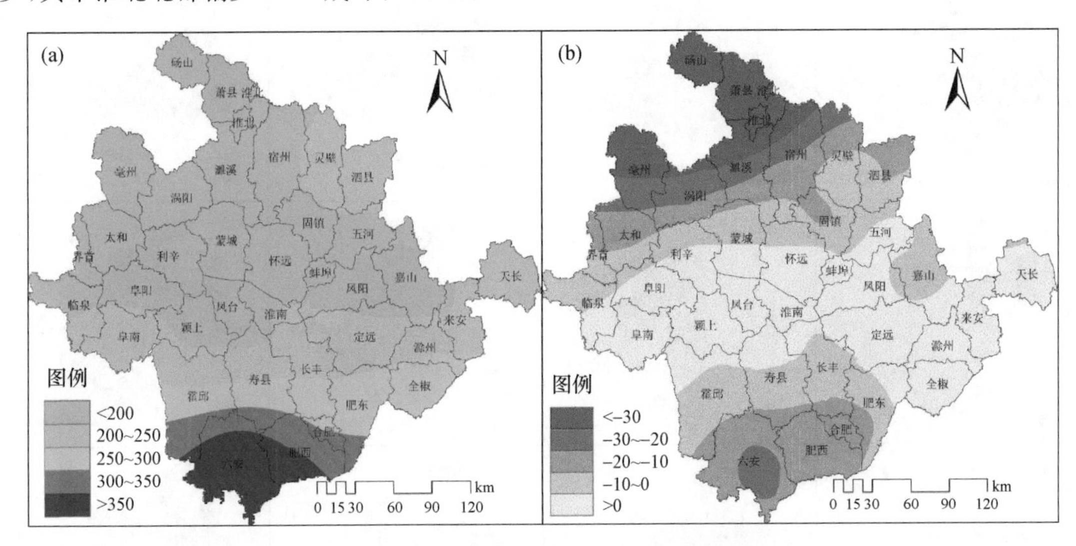

图 5.5　1999/2000 年冬小麦全生育期降水量(a,mm)及其距平百分率(b,%)

选取 *CWDIa* 作为冬小麦干旱监测指标，计算 1999/2000 年冬小麦全生育期干旱日数，结果表明：冬麦区平均干旱日数为 102 天，较常年同期偏多 34 天。干旱日数空间呈北多南少分布，淮北北部 110～123 天，其他地区 85～110 天(图 5.6a)；与常年同期相比，冬麦区各地干旱日数均偏多，其中淮北北部偏多 50～57 天(图 5.6b)。

受降水偏少影响，冬麦区发生严重干旱，特别是 5 月出现干热风，冬小麦减产较重。根据《中国气象灾害大典·安徽卷》中的历史灾情记录，全省在地作物严重受旱 53.3 万 hm^2，小麦减产 2～3 成。另根据安徽省农业委员会统计显示，该年安徽省冬麦区冬小麦平均单产为 3486.7 kg/hm^2，减产率在 17%左右。

5.2.2　风险评估结果验证

(1)全生育期

基于冬小麦干旱灾害风险评估模型[式(5.4)]，计算 1999/2000 年冬小麦全生育期期望减

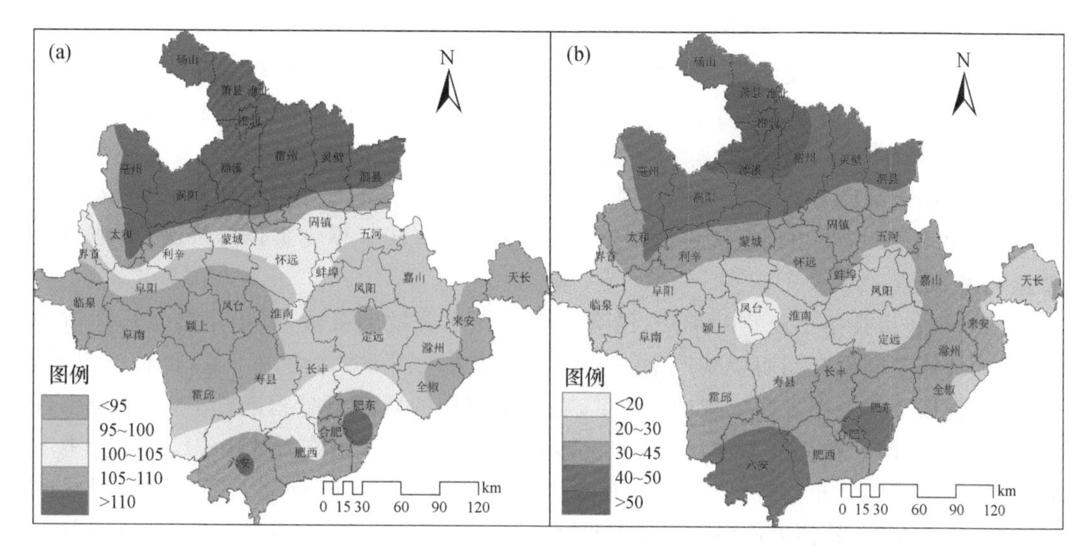

图 5.6　1999/2000 年冬小麦全生育期干旱日数(a,天)及其距平(b,天)

产率,结果见图 5.7a。由图可见,江淮之间东部干旱为中等风险等级,期望减产率在 14%~40%;其他大部分地区达到较高风险等级,期望减产率在 40%~53%。

基于该年各市县冬小麦实际单产,利用拉格朗日插值方法[式(5.1)]计算全生育期期望减产率[式(5.2)],结果见图 5.7b。由图可见,基于实际产量的冬小麦期望减产率高低与图 5.7a(干旱风险)总体对应较好,其中江淮之间东部期望减产率在 10%~20%,其他大部分地区期望减产率在 20%~30%。全生育期普遍处于中度减产,减产程度较干旱风险偏轻。减产程度较干旱风险偏轻,可能与冬小麦农业生产工作中,采取及时浇灌、科学施肥等田间管理措施从而降低灾害影响有关。

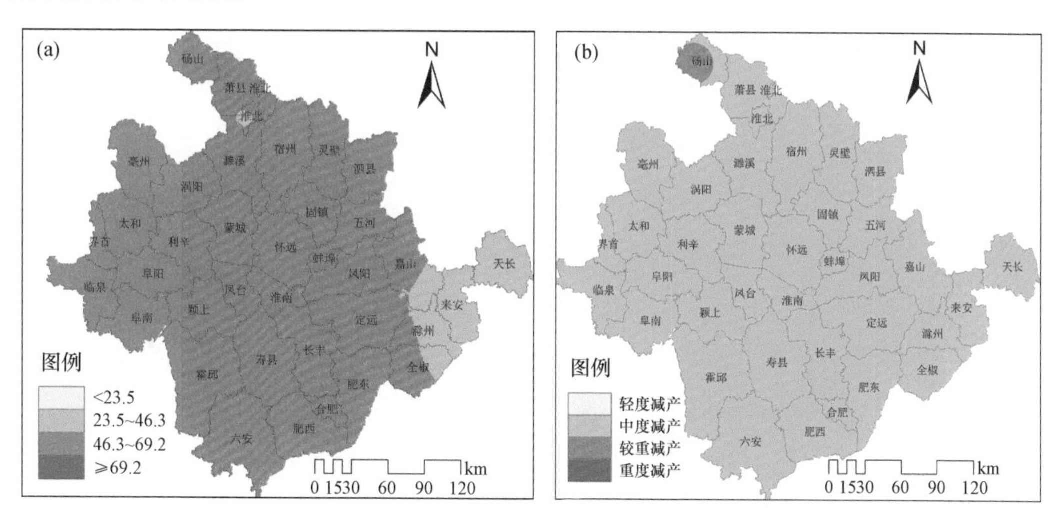

图 5.7　1999/2000 年冬小麦全生育期干旱风险(a)及其期望减产率 (b,%)

(2)不同生育期:

采用与全生育期相同的方法计算不同生育期干旱风险(图 5.8),可见:①播种—出苗期:合肥以北冬麦区基本无干旱风险,相应无减产发生;②分蘖期:干旱风险等级呈北高南低分布,淮北北部干旱风险等级高，期望减产率超过 9%；沿淮及江淮之间中北部干旱风险等级低，期望减产率低于 1.3%；③越冬期：冬小麦对水分总体不敏感，即使发生较强干旱，其影响也较小，1999/2000 年该生育期沿淮至江淮西部干旱风险为中等，期望减产率低于 0.5～1.7%；江淮中北部干旱风险等级高，期望减产率超过 3%；④返青一拔节期：合肥以北冬麦区干旱风险总体均较低，期望减产率低于 2.5%；⑤孕穗一扬花期：该生育期冬小麦需水量较大，对干旱也最为敏感，1999/2000 年出现全区域性严重干旱，整个冬麦区干旱灾害风险等级高，期望减产率普遍超过 30%。

基于该年各市县冬小麦实际单产，结合各生育期水分敏感系数，利用拉格朗日插值方法[式(5.1)]计算不同生育期期望减产率[式(5.2)]，结果见图 5.9。由图可见，播种一出苗期、分蘖期、返青拔节期冬小麦期望减产率较低，对全生育期的减产贡献程度较小，与相应生育期干旱风险等级空间分布基本一致。越冬期冬麦区期望减产率普遍在 0.4%～1.7%，为中度减产，与干旱风险空间分布形势相近，减产程度偏轻。孕穗一扬花期淮北北部超过期望减产率 17.6%，为较重减产，其他大部地区期望减产率 4.4%～17.6%，为中度减产，与干旱风险空间分布形势也相近，但减产程度明显偏轻。孕穗一扬花期是冬小麦产量形成的关键阶段，一般都采取及时浇灌、科学追加等田间管理措施，增加冬小麦抵御灾害的能力，从而有效减低风险。故造成实际减产程度较干旱风险偏轻。

总体来看，不同生育期期望减产率空间分布与干旱风险也基本对应，表明基于 *CWDIa* 的干旱风险评估方法适用于冬小麦，可为干旱决策气象服务提供支持。

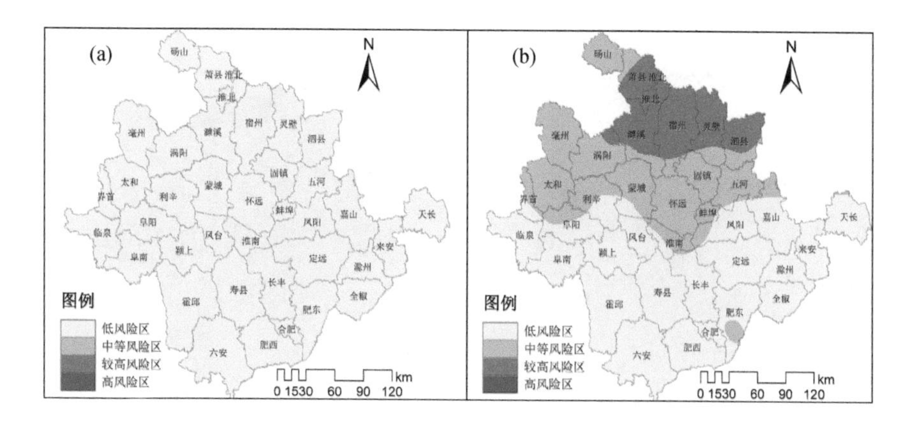

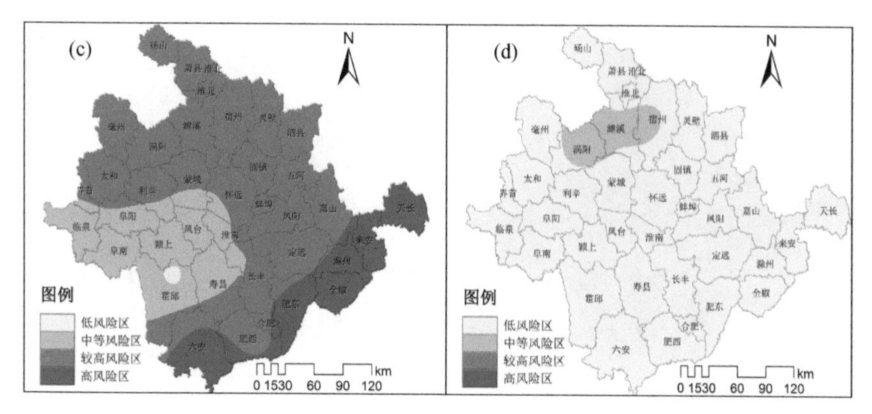

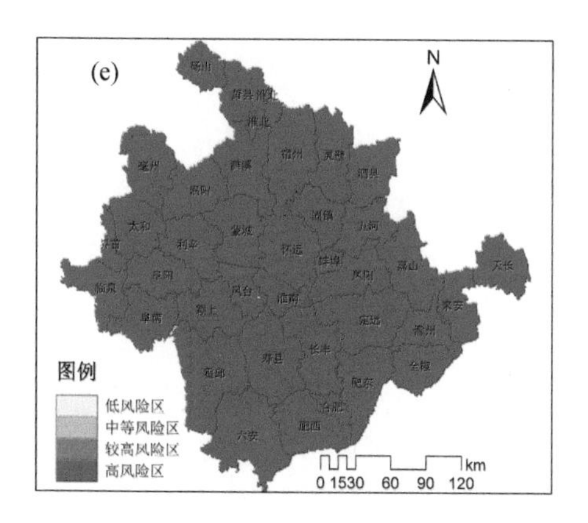

图 5.8　1999/2000 年冬小麦不同生育期干旱风险评估

(a)播种—出苗期,(b)分蘖期,(c)越冬期,(d)返青—拔节期,(e)孕穗—扬花期

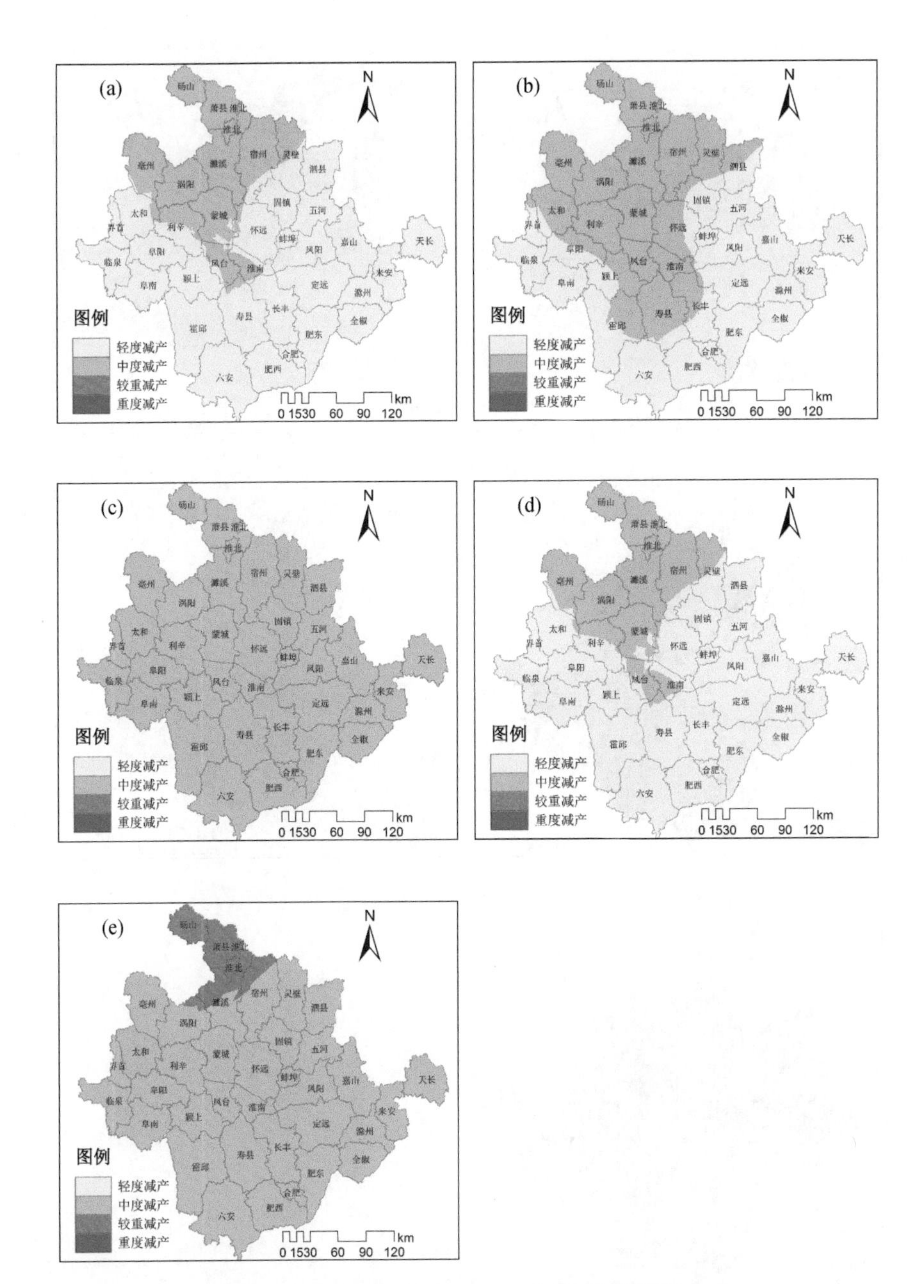

图 5.9　1999/2000 年冬小麦不同生育期期望减产率

(a)播种—出苗期，(b)分蘖期，(c)越冬期，(d)返青—拔节期，(e)孕穗—扬花期

第 6 章 连阴雨灾害风险评估

6.1 技术流程

连阴雨对安徽的影响主要体现在农业方面，尤以淮河以南冬小麦受害严重，近些年淮河以南连阴雨多发，造成冬小麦减产严重。本研究在构建连阴雨灾害风险评估数据库的基础上，从连阴雨致灾角度，确定冬小麦生长关键期内的连阴雨灾害评估指标，并结合相关文献，建立连阴雨灾害风险评估模型。在此基础上，采用百分位数法，划分连阴雨强度等级的致灾阈值，开展连阴雨风险评估。

6.1.1 技术路线

淮河以南冬小麦连阴雨灾害风险评估技术路线如图 6.1 所示。

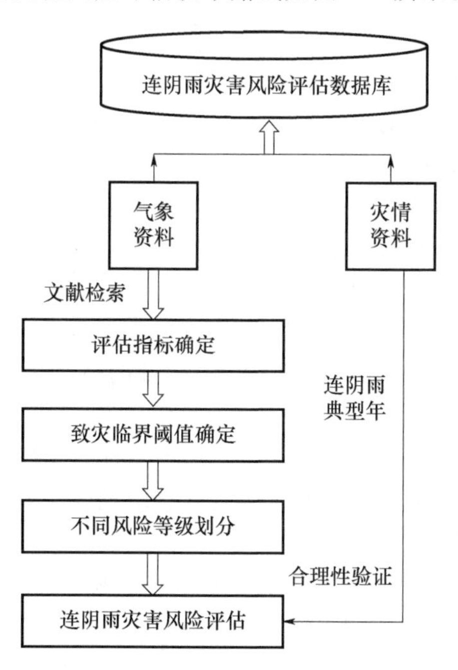

图 6.1 淮河以南冬小麦连阴雨灾害风险评估技术路线

6.1.2 风险数据库建设

气象观测资料：淮河以南 50 个气象台站 1960 年 10 月—2017 年 5 月降水量、日照时数等气象观测资料取自安徽省气象信息中心的整编资料。

冬小麦生产资料：淮河以南 50 个县市 1960—2016 年冬小麦生育资料取自安徽省气象信息中心的农业气象观测数据；1961—2016 年冬小麦产量资料取自安徽省统计局《安徽省统计年鉴》。

民政灾情资料：淮河以南 50 个县市历年冬小麦关键生育时段连阴雨等灾情记录取自《中国气象灾害大典·安徽卷》及安徽省气象灾情普查系统等。

6.1.3　致灾因子识别

图 6.2 是根据淮河以南 1961－2017 年历次连阴雨过程，统计得到的近 57 年来逐日阴雨日数的发生频次，图中纵坐标为国家级气象台站站号，横坐标为日期，从 1 月 1 日—12 月 31 日。由图可知，空间上，阴雨日数自北向南逐渐增多，特别是沿江江南地区，尤以宣城和黄山等地为甚。时间上，上半年阴雨日数明显多于下半年，1 月下旬起阴雨日数逐渐增多，7 月中旬后阴雨日数明显偏少，其中 6 中下旬阴雨日数最多，这段时间阴雨天气不利于冬小麦的收获晾晒，易导致冬小麦霉变。2 月中旬至 3 月中旬是全年阴雨日数次多时段，此时冬小麦处于分蘖和拔节期是需水关键期，充足的水分对冬小麦生长发育有利。3 月下旬至 5 月中旬阴雨天气的频次也相对较高，特别沿江江南地区，此时正值冬小麦孕穗、抽穗、灌浆成熟阶段，是产量形成的关键时期，这段时期遭受渍涝，不利于最终的产量的形成(盛绍学 等，2003；马晓群 等，2003)。此外，在冬小麦播种期，六安、安庆、池州及宣城等地易出现连阴雨天气，此时持续阴雨天气，易导致烂种、烂根等现象。

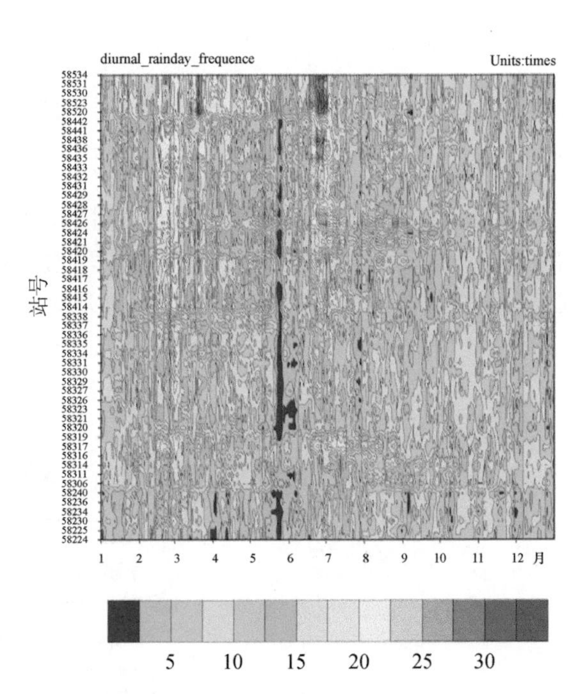

图 6.2　淮河以南各站点阴雨日数逐日演变(1961－2017 年)

连阴雨灾害主要是由气温、降雨、日照因子综合影响导致的结果(盛绍学 等，2010；李德 等，2015)。因此，本书选择连阴雨过程期间的过程总雨量(R)、总日照时数(S)和连阴雨日数(D)作为致灾的 3 个关键因子。

参考盛绍学等(2010)的方法，考虑降水量、降水日数和日照时数综合作用，构建连阴雨指数模型 Q_W 来反映小麦连阴雨程度，具体公式如下：

$$Q_W = a_1 \frac{R}{R_{\max}} + a_2 \frac{D}{D_{\max}} - a_3 \frac{S}{S_{\max}} \tag{6.1}$$

式中，R、D、S 分别为连阴雨过程降水量、降水日数和日照时数，$R_{\max}$、$D_{\max}$、$S_{\max}$ 分别为序列内旬降水量、降水日数和日照时数的最大值。a_1、a_2 和 a_3 为表征降水量、雨日和日照时数对形成涝渍灾害贡献的经验系数。经历史灾情反演与模拟计算，淮河以南分别取 1.0、1.0 和 0.5。

6.1.4　致灾阈值确定及风险评估

将连阴雨指数 Q_W 从小到大排列，采用百分位数法，分别取60%、80%、90%百分位，将不同生育关键期内的连阴雨灾害风险划分为轻度、中度、重度及特重4个等级，并确定各风险等级对应的 Q_W 值(表6.1～6.4)。

表6.1　淮河以南冬小麦播种期连阴雨风险阈值表

百分位(P,%)	连阴雨指数(Q_W)	等级
$P\leqslant60$	$Q_W\leqslant0.85$	轻度
$60<P\leqslant80$	$0.85<Q_W\leqslant1.0$	中度
$80<P\leqslant90$	$1.0<Q_W\leqslant1.15$	重度
$P>90$	$1.15<Q_W$	特重

表6.2　淮河以南冬小麦抽穗杨花期连阴雨风险阈值表

百分位(P,%)	连阴雨指数(Q_W)	等级
$P\leqslant60$	$Q_W\leqslant0.82$	轻度
$60<P\leqslant80$	$0.82<Q_W\leqslant0.89$	中度
$80<P\leqslant90$	$0.89<Q_W\leqslant0.95$	重度
$P>90$	$0.95<Q_W$	特重

表6.3　淮河以南冬小麦灌浆乳熟期连阴雨风险阈值表

百分位(P,%)	连阴雨指数(Q_W)	等级
$P\leqslant60$	$Q_W\leqslant0.82$	轻度
$60<P\leqslant80$	$0.82<Q_W\leqslant0.88$	中度
$80<P\leqslant90$	$0.88<Q_W\leqslant0.94$	重度
$P>90$	$0.94<Q_W$	特重

表6.4　淮河以南冬小麦成熟收获期连阴雨风险阈值表

百分位(P,%)	连阴雨指数(Q_W)	等级
$P\leqslant60$	$Q_W\leqslant0.80$	轻度
$60<P\leqslant80$	$0.80<Q_W\leqslant0.86$	中度
$80<P\leqslant90$	$0.86<Q_W\leqslant0.91$	重度
$P>90$	$0.91<Q_W$	特重

6.1.5　不同风险等级超越频率的空间分布

(1)播种期

根据表6.1确定的 Q_W 阈值，计算淮河以南各台站不同风险等级的超越频次(图6.3)。

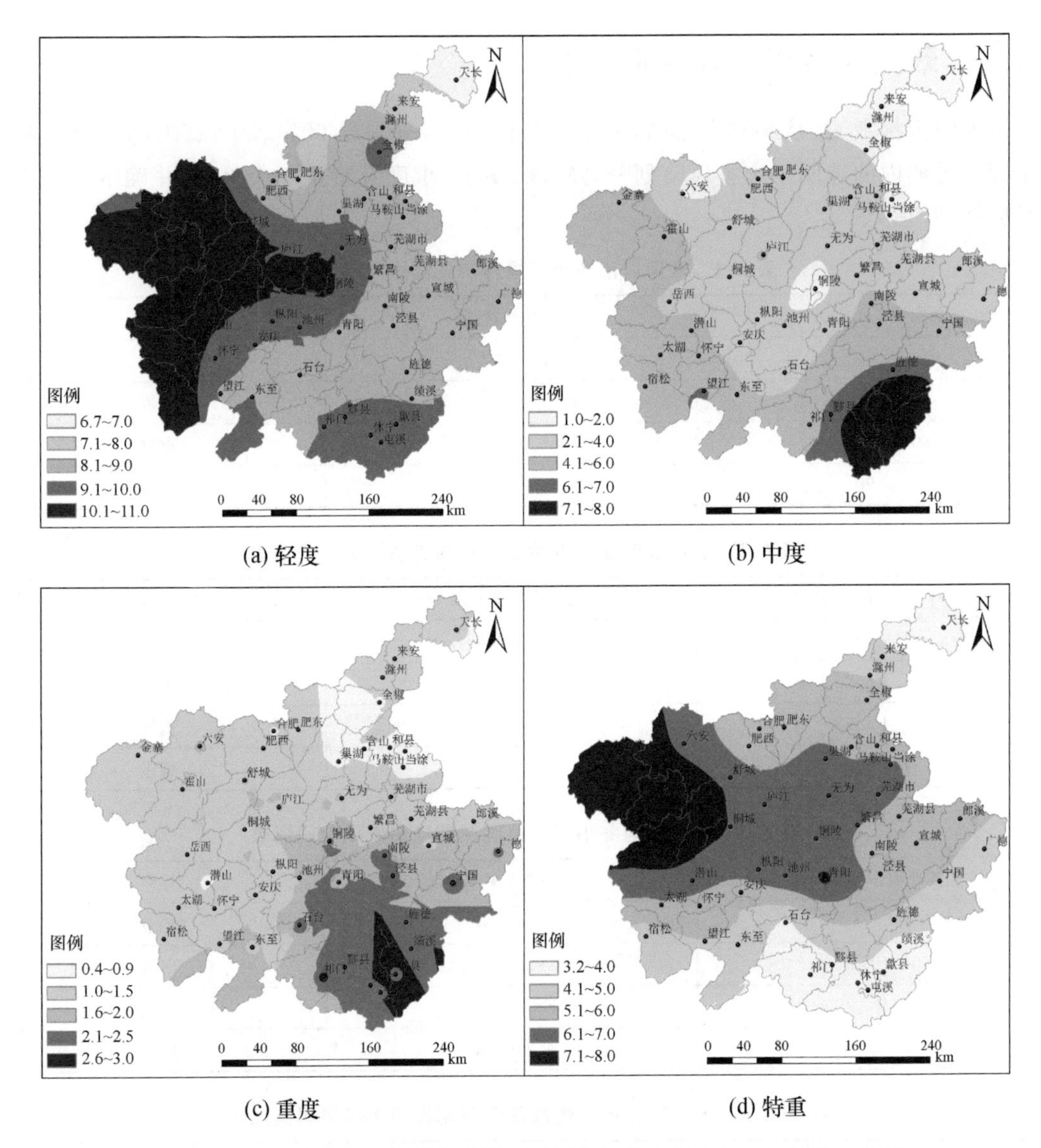

(a) 轻度　(b) 中度

(c) 重度　(d) 特重

图 6.3　淮河以南冬小麦播种期连阴雨不同等级发生频次(a—d:轻度—特重)

总体上来看,相对于其他生育时段,播种期连阴雨发生频次偏低。具体来看,江淮之间西部和皖南南部轻度连阴雨发生频次相对较高,基本上是 5～6 年一遇,而江淮东北部的天长发生频次最低,9～10 年一遇;皖南南部中度连阴雨发生频次最高,在 6～7 年一遇,其次是江淮西部和江南中部,江淮东部仍是发生频次最低的区域;重度发生频次相对较高的区域仍然是皖南南部区域;特重发生频次以江淮大部相对较高,其中大别山区最高,而皖南南部和江淮东部发生频次最低。

(2)抽穗扬花期

根据表 6.2 划分的 Q_W 等级,计算淮河以南各台站冬小麦抽穗扬花期内 Q_W 不同等级的超越频次(图 6.4)。由图可知,江淮东部的天长和来安等地的抽穗扬花期连阴雨轻度发生频次相对较低,通常情况下在 3～4 年一遇,而其他地区基本上是 2 年一遇,特别是皖东南的宣城地区抽穗扬花期内几乎每年都出现连阴雨天气。此外,抽穗杨花期是冬小麦生育期内连阴雨发生频率最高时段，其各连阴雨等级的发生频次高于冬小麦其他关键生育期内对应等级连阴雨发生频次。

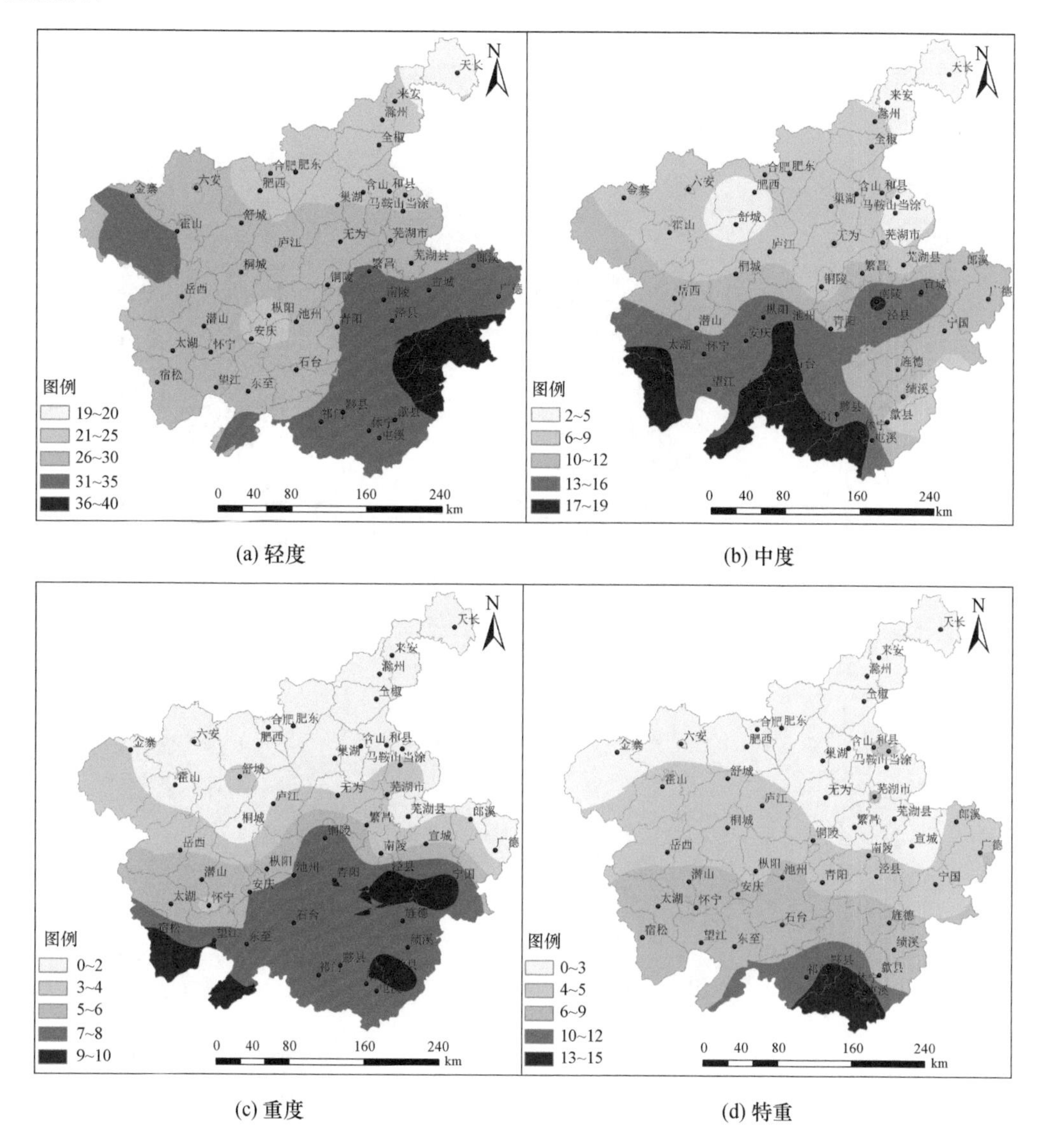

(a) 轻度　　(b) 中度

(c) 重度　　(d) 特重

图 6.4　淮河以南冬小麦抽穗杨花期连阴雨不同等级发生频次（a—d：轻度—特重）

（3）灌浆乳熟期

根据表 6.3 划分的 Q_W 等级，计算淮河以南各台站 Q_W 的不同等级的超越频次（图 6.5）。从灌浆乳熟期连阴雨的不同等级的超越频次图中可以看出，总体上来看，沿江江南发生连阴雨的频率较高，江淮之间中东部较小。具体来看，江南轻度连阴雨发生频次最高，该区域内的基本上是一年一遇，江淮之间东部的滁州和马鞍山等地区发生频次最低，接近 3 年一次；从中度发生频次的空间分布来看，沿江中部及江南西南部发生频次最高，4～5 年一遇，江淮之间中东部发生频次低，基本上 10 年以上一遇，其他地区 5～10 年一遇。重度连阴雨在江淮之间西部及沿江江南中西部是 7～10 年一遇，而江淮之间中东部及沿江江南东部基本不出现连阴雨；特重连阴雨的空间分布与重度比较类似，其中沿江江南中西部 5～6 年一遇，江北大部连阴雨发生频率低，很少出现。

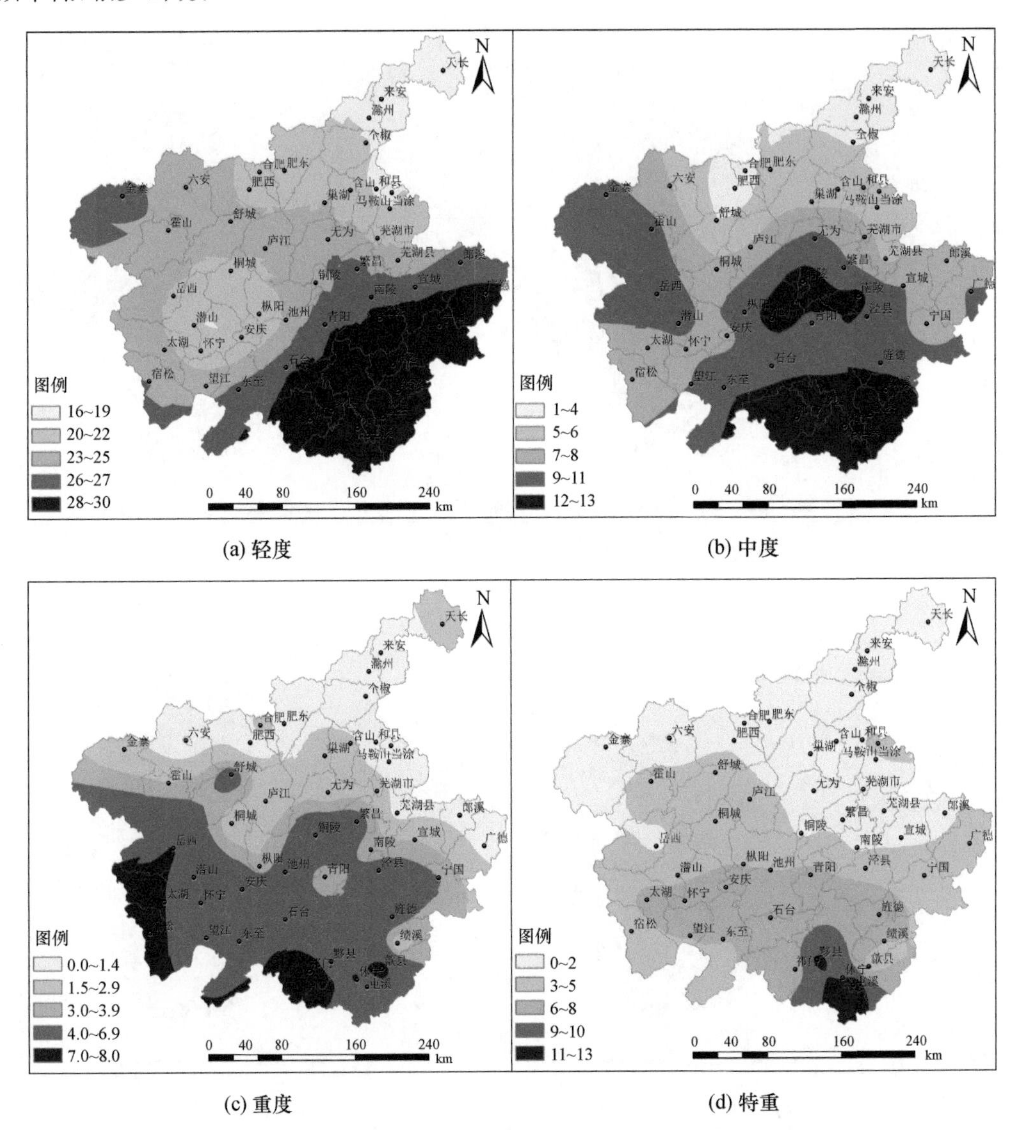

图 6.5　淮河以南冬小麦灌浆乳熟期连阴雨不同等级发生频次（a—d：轻度—特重）

（4）成熟收获期

根据表 6.4 划分的 Q_W 等级，计算淮河以南各台站成熟收获期连阴雨 Q_W 的不同等级的超越频次（图 6.6）。由图可知，成熟收获期连阴雨与播种期连阴雨空间分布和发生频次基本一致，相对于抽穗扬花期和灌浆乳熟期发生频次明显偏少。江淮之间西部轻度连阴雨发生频次最高，为 4～5 年一遇，其次是皖南南部局地为 5～6 年一遇，而江淮之间东北部发生频次最少，为 8～10 年一遇；皖南南部中度连阴雨发生频次较其他地区偏高，接近 7～9 年一遇，沿江及江北中东部发生频次最少，近 60 年来仅发生 1～2 次连阴雨；重度发生频次较其他等级明显偏低，沿江江南中部地区发生频次最高的在近 60 年间也不足 3 次；江淮之间西部，特别是大别山区北部，特重发生频次最高，为 7～9 年一遇。

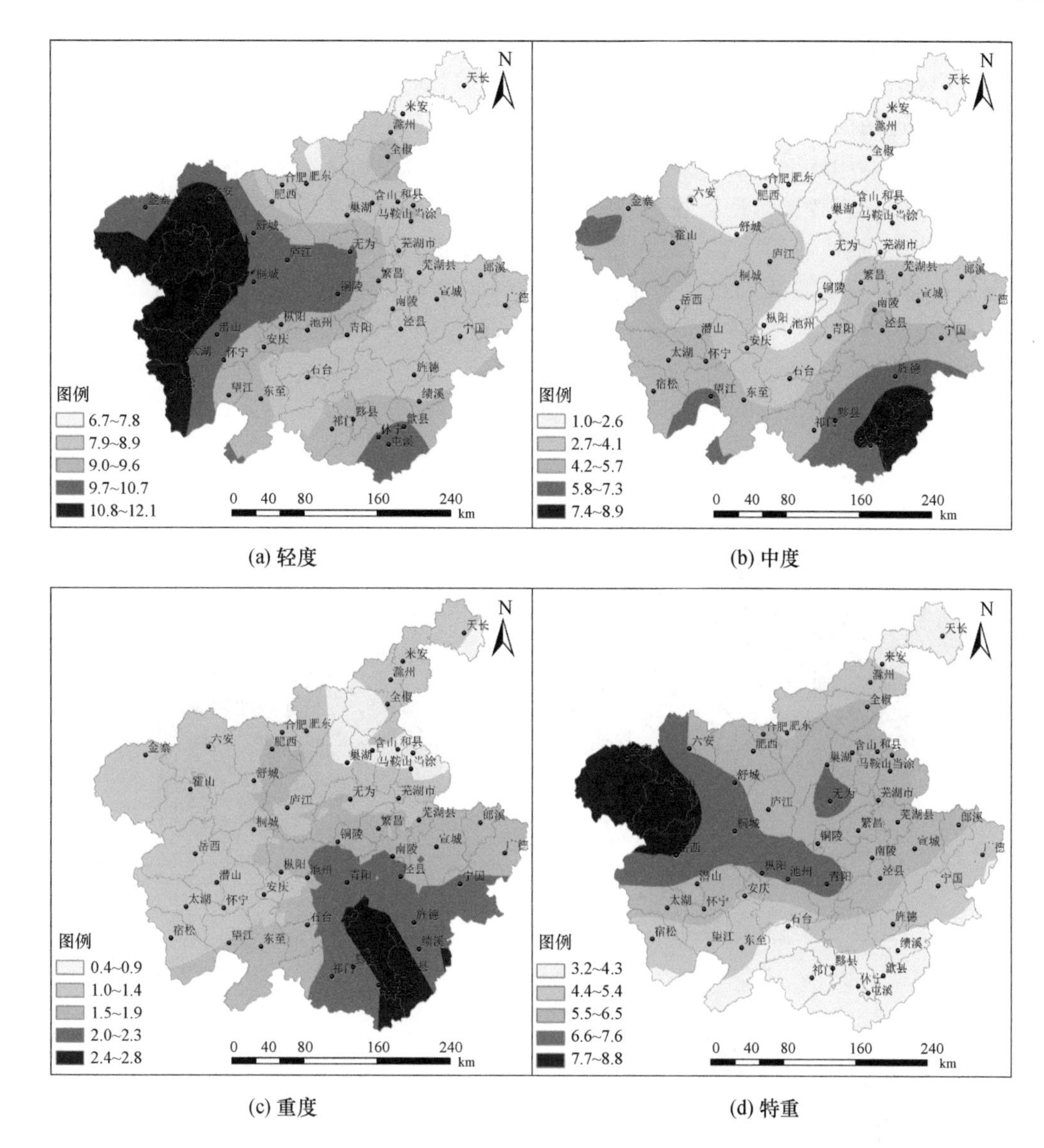

(a) 轻度 (b) 中度

(c) 重度 (d) 特重

图 6.6 淮河以南冬小麦成熟收获期连阴雨不同等级发生频次(a—d:轻度—特重)

6.2 应用案例

基于《中国气象灾害大典 · 安徽卷》中的历史灾情记录,选取冬小麦关键生育时段的连阴雨灾害典型年份,其中播种期连阴雨灾害典型年份为 1985 年、抽穗扬花期为 1991 年、灌浆乳熟期为 2002 年、成熟收获期为 1971 年,对灾害评估结果的合理性进行验证。

图 6.7 为淮河以南冬小麦关键生育时段的典型年份连阴雨灾害评估结果。由图可知,1985 年冬小麦播种期遭遇的连阴雨的灾害等级,除江南南部及沿江西部局地为重度以外,其他地区普遍为特重等级。气象灾害大典记载:1985 年 10 月出现历史同期罕见的全省性连阴雨,其中江北地区 10—31 日维持连阴雨天气,多地月降水量突破历史极值,导致秋种推迟了

10～15 天，部分已播种的小麦、油菜出苗也不好。1991 年冬小麦抽穗扬花期江淮之间及沿江江南连阴雨灾害等级普遍达特重。气象灾害大典记载：1991 年 3 月下旬至 4 月上中旬安徽省出现 2 次低温连阴雨天气。受此影响，午季作物受涝渍及病虫害严重，其中仅 3 月午季作物受灾面积超过 73.3 万 hm^2，其中严重涝渍面积 16.7 万 hm^2，特别是南部地区。2002 年冬小麦灌浆乳熟期连阴雨灾害普遍达特重等级。气象灾害大典记载：2002 年 4 月 15 日—5 月 14 日，全省出现长连阴雨，造成农田渍害。由于正值小麦产量形成的关键时期，导致小麦灌浆进程减缓，尤其是迟播晚熟小麦穗顶部和底部籽粒因营养不足而退化，穗粒数减少。1971 年冬小麦成熟收获期连阴雨灾情等级较其他案例整体偏轻，仅江南南部出现重度到特重等级的连阴雨。气象灾害大典记载：6 月 9—19 日全省阴雨连绵，其中沿江江南局地出现暴雨，导致已收未脱粒的小麦生芽，未收获的小麦受水浸而生芽。

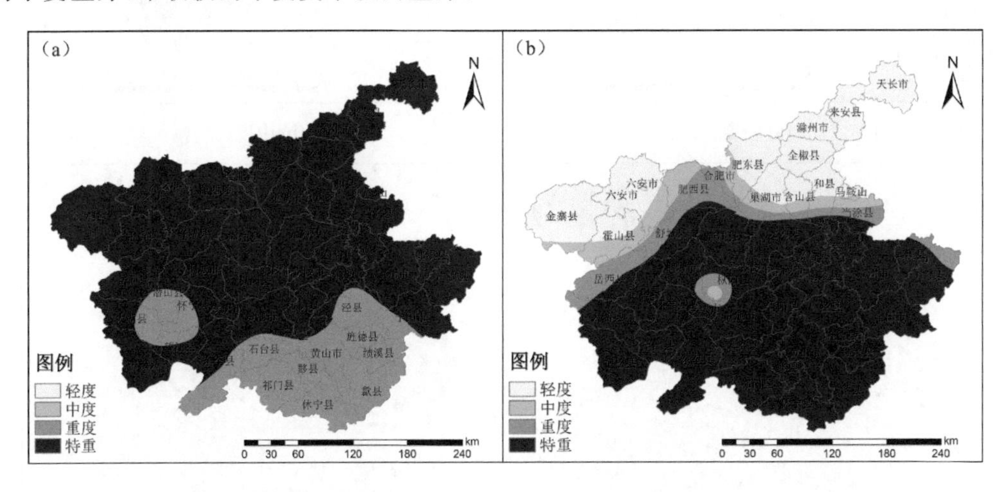

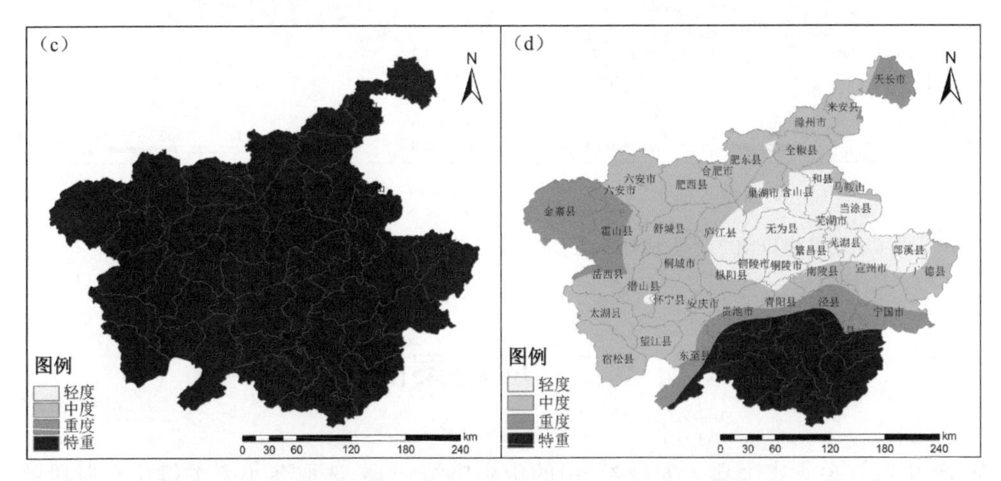

图 6.7　关键生育时段的典型年份连阴雨灾害评估结果

（a：播种期；b：抽穗扬花期；c：灌浆乳熟期；d：成熟收获期）

综上分析，关键生育时段内连阴雨灾害评估结果与实际灾情基本一致。因此，本研究确定的连阴雨灾害风险评估方法科学、结果合理，有较好的实际应用价值。

第7章　低温灾害风险评估

7.1　技术流程

7.1.1　技术路线

低温灾害是影响安徽省冬麦区的主要气象灾害之一，安徽省冬麦区主要位于合肥以北地区。在气候变暖背景下，冬季温度升高明显，安徽省冬季偏暖日数较多，导致冬小麦发育加快，冬季低温冻害对冬麦区的小麦危害较小，倒春寒引起的春霜冻危害较大(于波等，2013)。因此，选择春霜冻作为冬小麦的低温灾害。基于自然灾害风险系统理论，春霜冻考虑以冬小麦为承载体，选取安徽省冬麦区气象、农业统计和灾情资料，建立春霜冻风险评估基础数据集。考虑对春霜冻影响较为敏感的拔节—孕穗期，选取与冬小麦春霜冻减产率相关性较好的过程有害积寒指标，挑选典型年，构建风险评估模型和确定春霜冻灾害风险等级。在此基础上，计算不同等级致灾阈值超越频率的空间分布，根据气象灾害大典春霜冻灾害记录，挑选典型年份验证风险评估结果合理性，完成春霜冻风险评估。技术路线如图7.1所示。

7.1.2　风险数据库建设

气象资料：选取安徽省冬麦区36个市县1961—2011年3—4月气象观测资料以及1981—2010年12个农业气象基本观测站冬小麦生育期资料。气象观测资料包括地面最低温度、最低气温、平均气温等资料；冬小麦发育期和产量资料取自农业气象观测资料。资料来源于安徽省气象信息中心。

农业统计资料：安徽省冬麦区36个市县1959—2008年冬小麦播种面积和产量等资料，取自历年安徽省统计年鉴、农业统计报表。

春霜冻灾情资料：来自安徽省民政厅救灾办历年气象灾情数据、气象灾害普查数据库中的灾情记录，以及《中国气象灾害大典·安徽卷》等记录的冬小麦春霜冻灾情资料。

7.1.3　致灾因子识别

(1)春霜冻指标选取

冬小麦春霜冻多发生在3—4月，小麦处于返青拔节期间(于波 等，2013)，选择春霜冻研

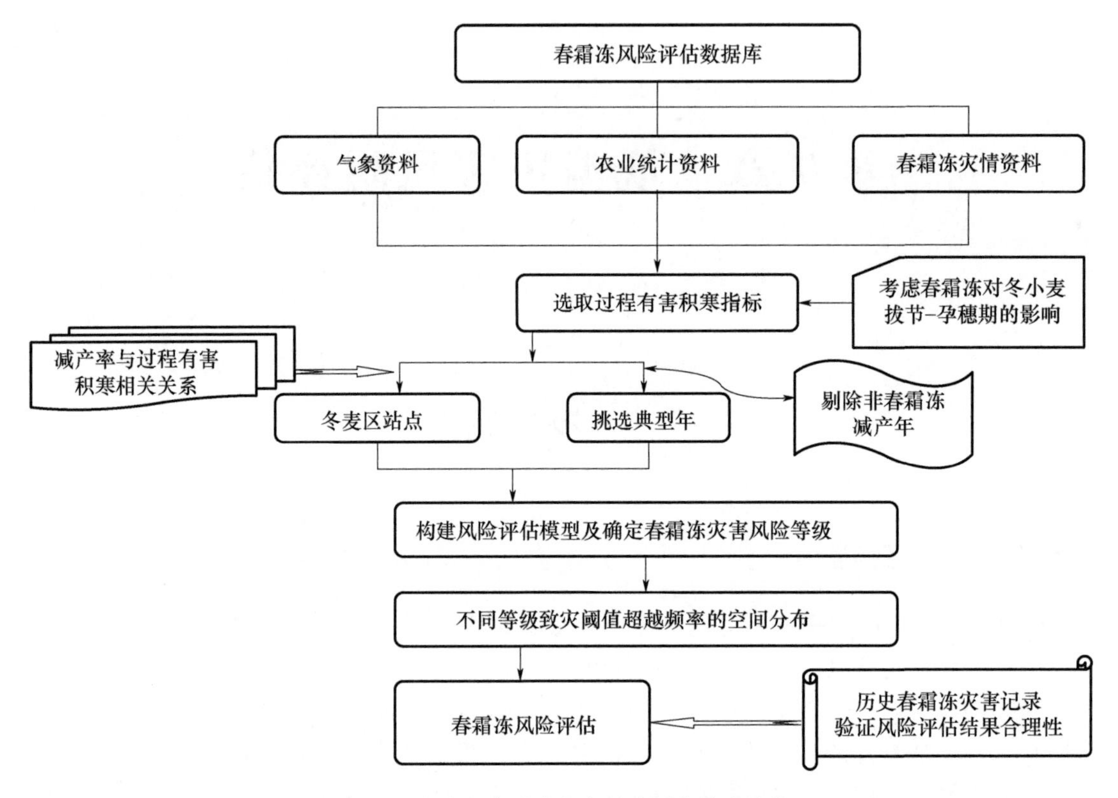

图 7.1　冬小麦春霜冻灾害风险评估技术路线

究时段 3—4 月，根据马晓群等(2003)制定的《冬小麦春霜冻害等级》地方标准，考虑累积效应，确定过程有害积寒表征冬小麦春霜冻强度。冬麦区春霜冻指标采用过程有害积寒指标，鉴于安徽省在 2000 年以前没有逐时气温观测资料，按照该标准采用日平均气温、日最低气温计算过程有害积寒，具体计算公式如下：

$$X_{过程} = \frac{1}{4}\sum_{N=1}^{X_2}(T_c - T_{\min})^2/(T_m - T_{\min})(T_{\min} \leqslant T_c) \tag{7.1}$$

式中，$X_{过程}$为过程有害积寒(℃ · d)，X_2 为一次春霜冻害过程持续的天数，T_m 为日平均气温(℃)，$T_{\min}$为日最低气温(℃)，T_c 为冬小麦霜冻危害的临界温度(随危害时期而异)。

霜冻发生在地面最低温度 0℃以下，由于过程有害积寒计算采用的是气温要素，通过建立地面最低温度和最低气温关系式，发现发生春霜冻最低气温与地面最低温度相差 2℃左右(图 7.2)，因此在冬小麦春霜冻过程有害积寒计算中临界最低气温取 2℃。

当地面最低温度为 0℃以下或者日最低气温为 2℃以下，为冬小麦春霜冻过程的开始，当地面最低温度或者日最低气温高于冬小麦春霜冻害日最低温度指标时，为冬小麦春霜冻过程的结束。据此建立 1961—2011 年 3—4 月安徽省冬麦区冬小麦春霜冻的过程有害积寒序列。

(2)减产率计算

根据减产率的确定(许莹 等，2009)：分段处理安徽省冬麦区冬小麦产量资料，用 5 年滑动平均得到趋势产量，将 1959—2008 年冬麦区冬小麦实际单产与趋势产量比较，得到冬小麦的相对气象产量：

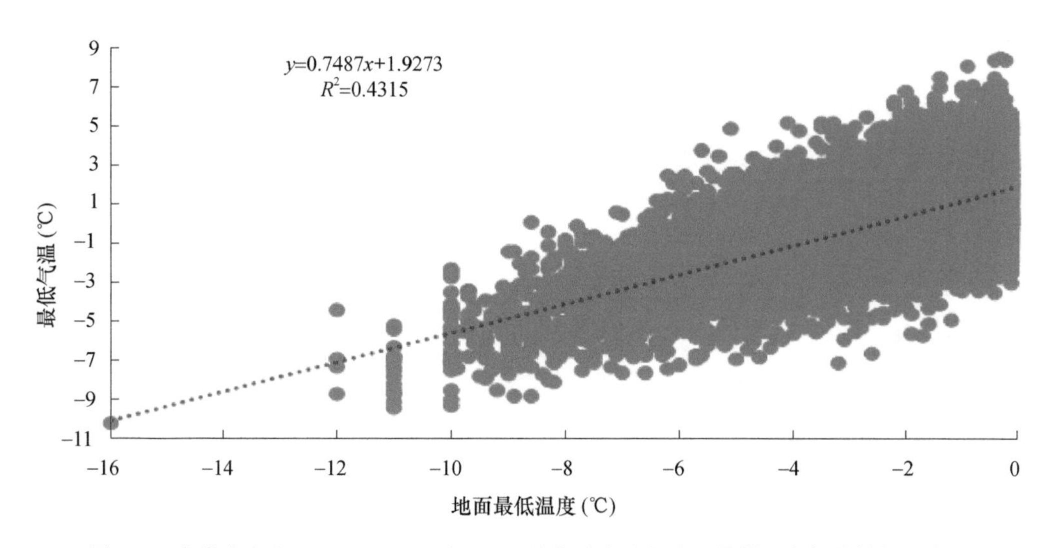

图7.2 安徽省冬麦区1961—2011年3—4月春霜冻过程地面最低温度与最低气温关系

$$Y=\frac{Y_s-Y_t}{Y_t}\times 100\% \tag{7.2}$$

式中，Y为相对气象产量；Y_s为冬小麦实际单产；Y_t为趋势产量。

在相对气象产量序列中，通常将相对气象产量为−5%～5%的年份看作气候平年，>5%的为增产年，<−5%的为减产年。因此，将小于−5%的相对气象产量作为冬小麦受灾减产的灾损率，称为减产率。

(3)致灾因子识别

典型春霜冻年选取：根据灾害大典和冬小麦农业气象观测资料，剔除不符合春霜冻减产的年份，挑选9个典型春霜冻年1961—1963、1976、1983、1990、1995、1998年和2005年，并选取1995年用作验证年。

研究时段选取：根据安徽省12个农业气象基本观测站1981—2010年的冬小麦春霜冻资料统计，普遍拔节时间在3月20日左右，将3—4月分为3段，即3月1日—3月20日、3月21日—4月10日、4月11日—4月30日。经统计分析典型春霜冻年3个时段过程有害积寒与减产率相关性，3月21日—4月10日相关性最好，明显好于其他两个时段，因此选取3月21日—4月10日(拔节—孕穗期)作为研究时段，此与相关研究表明的对农业生产影响较大的春霜冻主要发生在3月下旬—4月中旬的结论较为一致(于波 等，2013)。

7.1.4 致灾阈值确定及风险评估

灾损模型建立：采用线性回归分析方法，建立3月21日—4月10日(拔节—孕穗期)冬小麦减产率与过程有害积寒的定量关系。结果表明安徽省冬麦区减产率与过程有害积寒呈显著的线性关系($\alpha=0.001$)，如图7.3所示。

据此构建冬麦区冬小麦拔节—孕穗期春霜冻风险评估模型(即减产率与过程有害积寒指数的关系模型)：

$$y=-3.6684x-14.672 \quad R=0.416 \tag{7.3}$$

式中，y为减产率(%)，x为过程有害积寒(℃·d)。

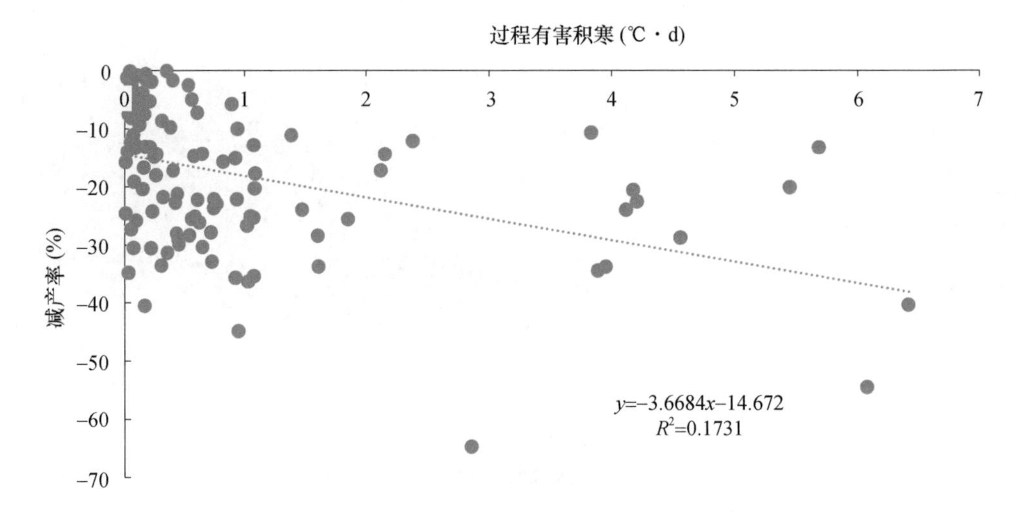

图 7.3 安徽省冬麦区冬小麦减产率与过程有害积寒指数散点图

致灾阈值确定及风险评估：为了实现对冬小麦拔节—孕穗期春霜冻风险评估，通过对已有的灾情进行分析，对减产率序列从小到大排列，采用百分位数法，将春霜冻灾害等级划分为5级，其中小于60%的分位值为轻等（减产率18.1%），小于70%的分位值为中等（减产率23.1%），小于80%的分位值为较重（减产率26.6%），小于95%的分位值为重等（减产率35.8%），95%分位值以上的为特等，并根据春霜冻风险评估模型计算出相应的过程有害积寒等级，具体如表7.1所示。

表7.1 安徽省冬麦区冬小麦春霜冻灾害等级表

指标	等级				
	轻等	中等	较重	重等	特等
减产率 Y(%)	$Y<18.1$	$18.1\leqslant Y<23.1$	$23.1\leqslant Y<26.6$	$26.6\leqslant Y<35.8$	$Y\geqslant 35.8$
过程有害积寒 $X_{过程}$(℃·d)	$X_{过程}<0.9$	$0.9\leqslant X_{过程}<2.3$	$2.3\leqslant X_{过程}<3.3$	$3.3\leqslant X_{过程}<5.8$	$X_{过程}\geqslant 5.8$

注：表7.1中"减产率Y(%)"为去掉"－"号的数值。

7.1.5 不同等级致灾阈值超越频率的空间分布

计算安徽省冬麦区冬小麦1961—2011年3月21日—4月10日（拔节—孕穗期）春霜冻的过程有害积寒各强度等级出现频率（图7.4）。由图可见，春霜冻致灾因子出现频率空间差异显著。轻等春霜冻以淮北北部及沿淮淮北东部出现频率较高，而江淮之间北部出现频率较低；中等春霜冻以淮北东部出现频率较高，而江淮之间北部出现频率较低；较重春霜冻以淮北中北部出现频率最高，而冬麦区南部出现频率较低；重等春霜冻以淮北东北部及沿淮大部出现频率较高，其他地区出现频率较低；特等春霜冻以淮北中东部出现频率较高，其他地区出现频率较低（图7.4）。

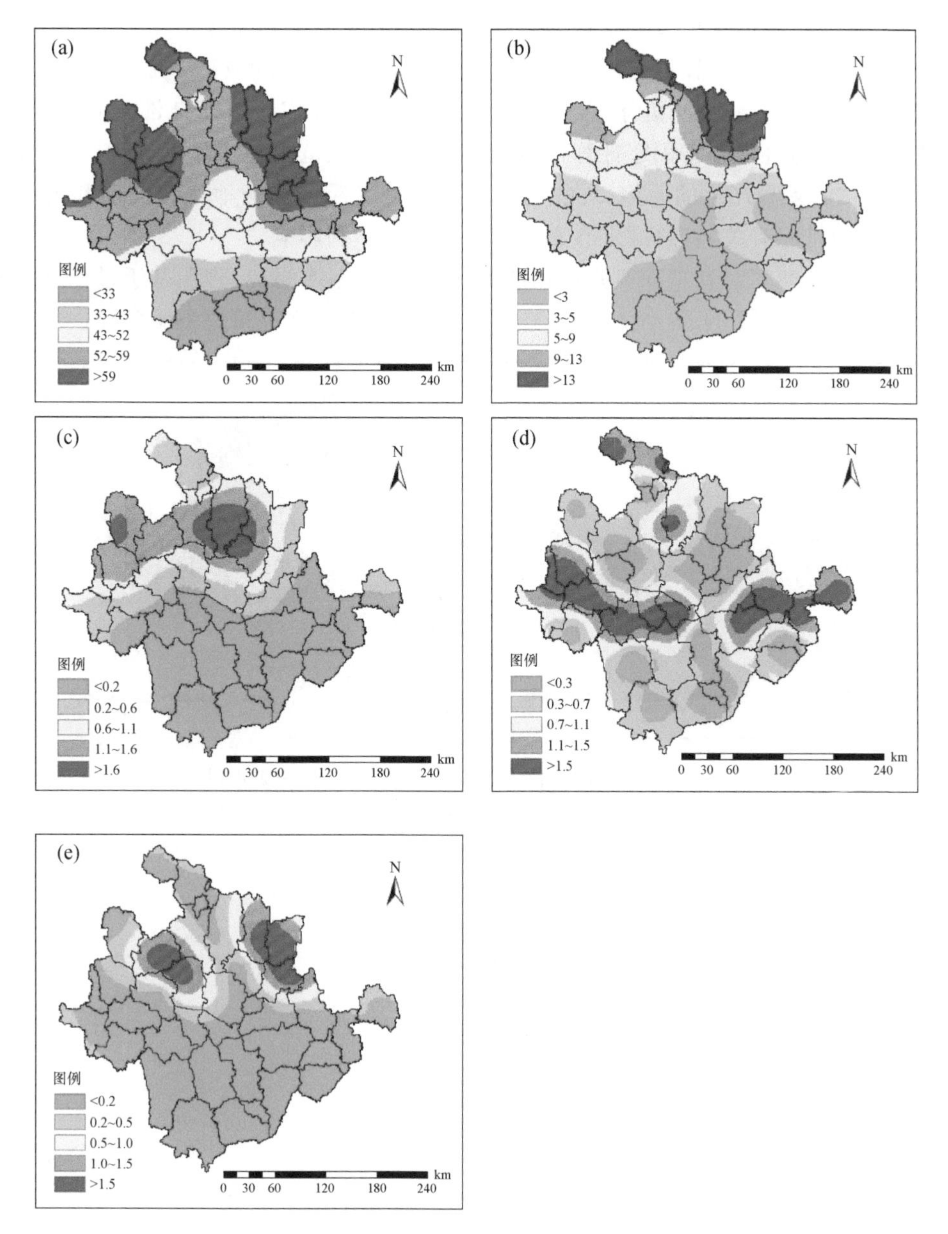

图 7.4　安徽省冬麦区拔节—孕穗期(3 月 21 日—4 月 10 日)出现春霜冻的过程有害积寒不同强度等级超越频率分布(%)
(a)轻等;(b)中等;(c)较重;(d)重等;(e)特等

7.2　应用案例

为验证上述研究结果的合理性,据《中国气象灾害大典 · 安徽卷》记载,1995 年 3 月 26—27 日全省以及 4 月 3—4 日淮北地区出现春霜冻,以 1995 年冬小麦 3 月 21 日—4 月 10 日为例，基于过程有害积寒计算拔节—孕穗期春霜冻风险，对风险评估结果进行验证(图 7.5)。由图可见：用过程有害积寒计算得出的减产率最大值为 14.7%，实际减产率最大值 17.2%，表明冬麦区拔节—孕穗期春霜冻均处于轻等风险。实际减产率高值区位于江淮之间东部，低值区位于冬麦区西部；用过程有害积寒计算得出的减产率高值区范围较实际大，低值区范围较实际小(图 7.5)。二者差异产生的原因，可能与春霜冻年易受霜冻影响地区在灾前和灾后采取的有效防护和补救措施有关，有效减轻春霜冻灾害带来的不利影响。

利用冬小麦减产率对春霜冻风险评估结果验证，二者基本对应，表明基于过程有害积寒的春霜冻风险评估方法适用于冬小麦，结果较为可靠，可为春霜冻决策气象服务提供支持。

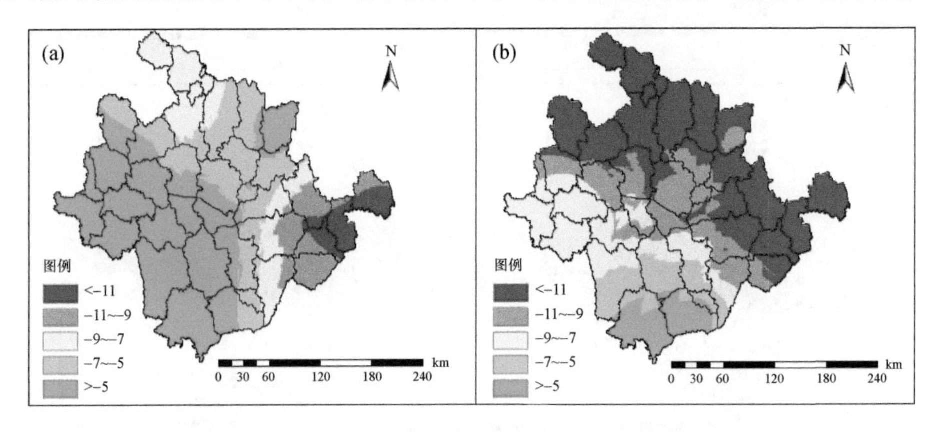

图 7.5　1995 年安徽省冬麦区冬小麦拔节—孕穗期春霜冻实际减产率(a,%)和用过程有害积寒计算得出减产率 (b,%)

第 8 章　高温灾害风险评估

8.1　技术流程

8.1.1　技术路线

在全球气候变暖的背景下，极端高温事件愈发频繁。农业是受气候变化影响最脆弱的领域，长期来看，全球气候变暖将导致我国重要粮食作物生产潜力下降、不稳定性增加。水稻作为安徽主要粮食作物之一，受高温热害影响日益突出。

基于自然灾害风险系统理论，选取一季稻受高温热害影响较为敏感的拔节—扬花期，构建适用于安徽省一季稻的高温热害综合指标，作为致灾因子危险性指数。通过考察一季稻减产率与高温热害指标的相关性，挑选显著性水平较高的站点作为典型站点来建模；并根据气象灾害大典等记录，挑选出高温热害减产典型年份，以此构建一季稻高温热害减产定量评估模型。对减产率进行排序，根据百分位数法确定不同强度灾害等级阈值，并确定相应的高温热害指标等级；通过计算不同等级减产的出现频次（或不同等级高温热害指标的出现频次），完成高温热害风险评估。如图 8.1 所示。

8.1.2　风险数据库建设

气象资料：选取安徽省 1961—2008 年 77 个气象站气象观测资料以及 6 个农气站一季稻生育期资料。气象观测资料包括各气象站建站至今的逐日气温资料，一季稻发育期和产量结构等监测资料取自 1980—2012 年各气象站平行观测的农业气象资料。资料来源于安徽省气象信息中心。

农业统计资料：1949—2008 年安徽省分县逐年一季稻播种面积和产量等数据，取自历年安徽省统计年鉴、农业统计报表。

高温灾情资料：来自安徽省民政厅救灾办历年气象灾情数据、气象灾害普查数据库中的灾情记录，以及《中国气象灾害大典·安徽卷》等记录的高温热害灾情资料。

8.1.3　风险评估模型构建

（1）高温热害指标选取

高温热害定义：根据前人研究成果，结合一季稻生育特性、产量和同期气象资料的综合分析，将日最高气温 $T_{max}\geqslant35$℃连续出现 3 天及 3 天以上记为一次高温热害过程。研究选取时

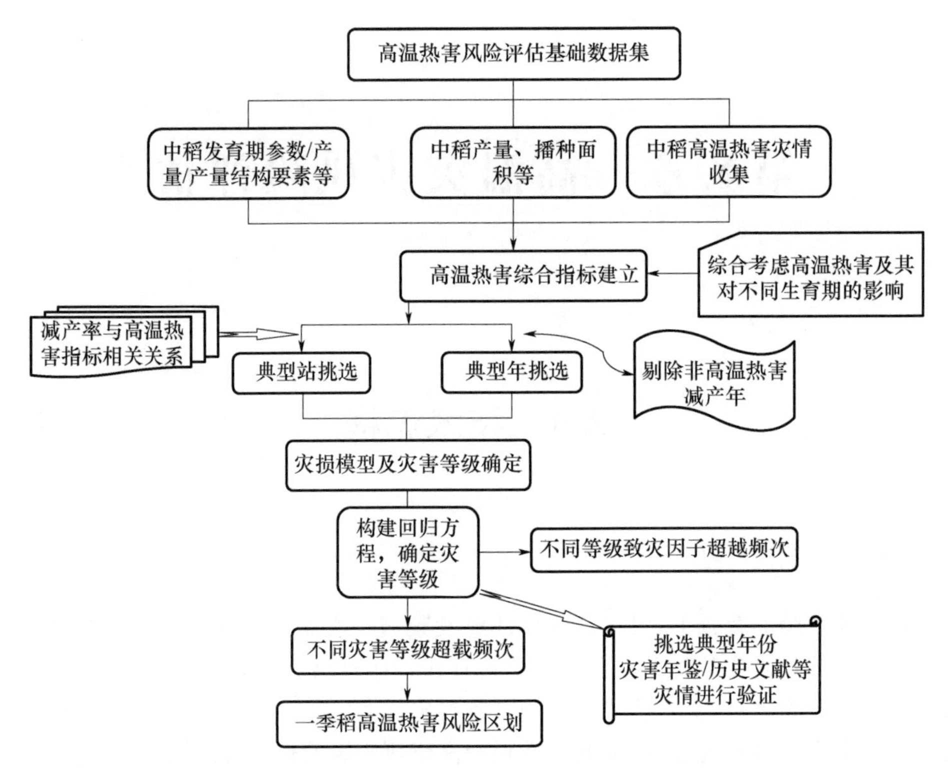

图 8.1　一季稻高温灾害风险评估技术路线

段为 7 月下旬—8 月中旬，利用农气站 1980—2012 年一季稻发育期观测资料统计发现，此阶段正对应一季稻的拔节—扬花期。

本研究中用到的高温热害指标有以下几种：

1)高温热害累积强度：某时段内符合高温热害过程的超过 35℃的累积强度；

2)高温热害累积危害指数：阳园燕等(2013)综合考虑高温热害的持续时间和强度，及其对一季稻不同生育期的影响，构建高温热害累积危害指数：

$$HIS_f = \sum_{i=1}^{n} D_{fi} \times \left[\frac{T_{i\max} - T_{D\max}}{T_{\max} - T_{D\max}}\right] \tag{8.1}$$

式中，权重系数：$D_{fi}=\frac{n-i}{n}$，其中 n 表示抽穗扬花期的总日数。

HIS_f：水稻抽穗扬花期高温热害累积指数；

$T_{i\max}$：水稻抽穗扬花期第 i 天日最高气温(℃)；

$T_{D\max}$：致害最高气温(℃)，定义为 $T_{D\max}=35$℃；

$T_{\max}$：历年水稻抽穗扬花期极端最高气温(℃)；

n：水稻抽穗扬花期天数；

i：水稻抽穗扬花期第几天；

D_{fi}：水稻抽穗扬花期第几天高温热害危害权重系数。

3)基于 Logistic 模型的累积高温热害综合指数：谢志清等(2013)根据水稻结实率随温度变化的特征，利用 Logistic 规范化目标转换函数对高温过程影响因子进行转换，构建了基于气象站气温数据和 Logistic 曲线方程的水稻高温热害综合指数：

$$\text{index} = \sum_{i=1}^{n}\left(\frac{1}{1+\alpha e^{-\beta H_i}} \times \frac{1}{1+\gamma e^{-\lambda d_i}}\right) \tag{8.2}$$

式中，H_i 为第 i 次高温过程日最高气温超过 35℃部分之和，称为危害热积温；d_i 为第 i 次高温过程持续日数；n 为高温过程总次数；α、β、γ、λ 为 Logistic 曲线方程系数(表 8.1)。

表 8.1　Logistic 曲线方程系数

参数值 / 区域	α	β	γ	λ
长江以南	54.799	0.176	724.151	0.878
长江以北	54.799	0.176	300.967	0.878

(2)减产率指标

减产率的确定：分段处理产量资料，用 5 年滑动平均得到趋势产量，用 1949—2008 年一季稻单产与前 5 年滑动平均值比较，得到一季稻的相对气象产量：

$$D_i = \frac{Y_i - \bar{Y}}{\bar{Y}} \times 100\% \tag{8.3}$$

式中，Y_i 为一季稻实际单产，$\bar{Y}$ 为趋势产量，D_i 为相对气象产量。

在相对气象产量序列中，我们将小于－3％的相对气象产量作为一季稻受灾减产的灾损率，称为减产率。

(3)致灾因子识别

本书采用高温热害累积强度、高温热害累积危害指数、基于 Logistic 模型的累积高温热害综合指数，分别考察上述指标与减产率序列的相关关系，结果表明高温热害累积强度与减产率相关系数最高，能较好地反映高温热害对一季稻产量的影响。因此我们选取高温热害累积强度作为致灾因子。

1)高影响台站挑选

通过分析逐站 1961—2008 年一季稻在拔节—扬花期间(7 月 21 日—8 月 20 日)的高温热害累积强度与减产率相关关系，结果表明高温热害累积强度与减产率负相关大值区集中在沿淮中东部及沿淮至沿江大部地区，选取相关达到 0.05 显著性水平的站点作为一季稻高温热害风险评估代表站点，共计 19 个站点如下：凤阳、明光、定远、全椒、来安、滁州、天长、金寨、六安、霍山、桐城、肥西、肥东、繁昌、太湖、青阳、南陵、泾县、宣城。

2)典型年份挑选

利用《中国气象灾害大典·安徽卷》等资料，综合考虑高温及减产率，剔除不符合高温减产的年份，挑选一季稻拔节—扬花期高温热害较为典型的年份参与建模，分别为 1959、1961、1978、1992、1994、2001、2002、2003 年，并选取 1967 年用作验证年。

3)灾损模型建立

由以上分析可知，一季稻减产率与拔节—扬花期的高温热害累积强度存在较好的相关关系，且超过 95％信度检验。结合上述挑选的高影响台站和高温热害典型年份，采用线性回归方法，构建减产率和高温热害累积强度指标的定量关系模型。

构建的回归模型如下：

$$y = -0.5289 \times x_{过程} - 0.9345 \qquad (n = 152, \alpha = 0.001, r = 0.395) \tag{8.4}$$

式中，y 为减产率，$x_{过程}$ 为一季稻拔节—扬花期的高温热害累积强度。

由模型样本数和相关系数可知，该模型达 0.05 的显著性水平。

(4)致灾阈值确定及风险评估

为了对一季稻的高温热害影响进行定量化评估，采用百分位数法确定减产强度的分级阈值，按减产率从小到大排列，前 10%的分位值对应重度减产(减产率<-20%)，前 10%～15%的分位值为较重减产(减产率为-10% ～ -20%)，前 15%～20%的分位值为中度减产(减产率为-5% ～ -10%)，前 20%～25%的分位值为轻度减产(减产率为-3% ～ -5%)，由此得到致灾因子的各等级阈值，具体如表 8.2 所示。

表 8.2　安徽省一季稻高温热害减产风险等级划分

指标	灾害等级			
	轻度	中度	较重	重度
减产率 y	-3%～-5%	-5%～-10%	-10%～-20%	<-20%
高温热害累积强度 $x_{过程}$(℃)	4 ～ 8	8 ～ 17	17 ～ 36	> 36

8.1.4　不同等级致灾阈值超越频率的空间分布

根据上节所述，利用百分位数法对减产率进行分级，进而确定高温热害指标等级。在此基础上，计算 1961—2012 年安徽省不同等级高温热害的出现频率，得到安徽省一季稻拔节—扬花期高温热害不同等级致灾阈值超越频率的空间分布。由图 8.2 可见，轻度及以上高温热害在淮北西北部以及淮河以南大部均有不同程度出现；中度及以上高温热害主要分布在淮河以南大部，其中大别山区北部和沿江江南出现频率较高；较重和重度高温热害出现频率主要分布在大别山区北部和沿江江南大部地区。

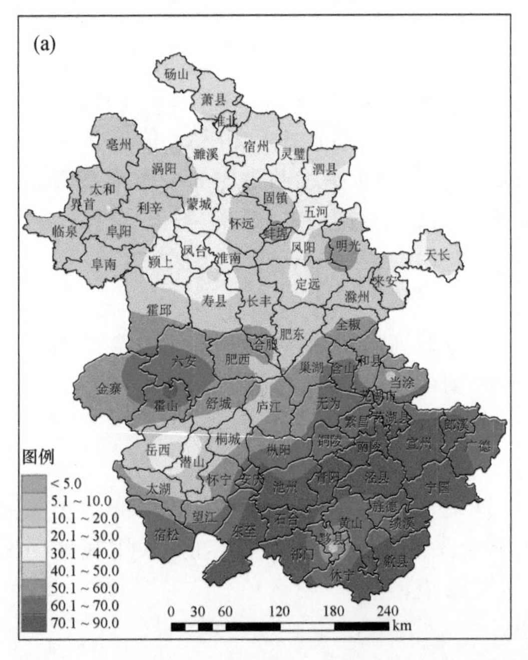

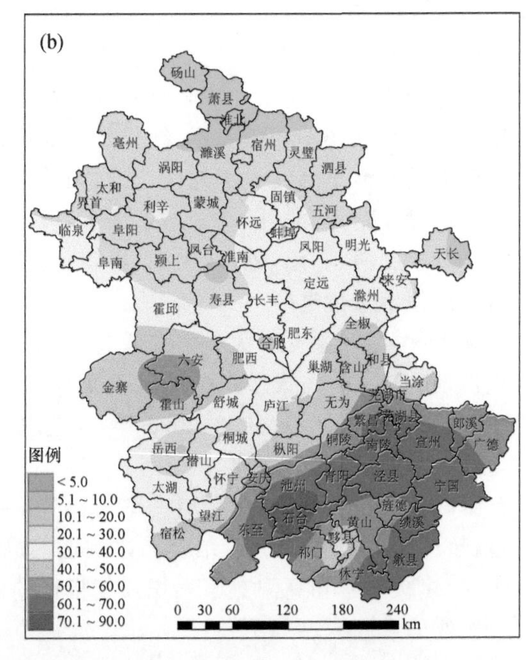

图 8.2　不同强度等级高温热害累积强度超越频率分布(%)

(a)轻度，(b)中度，(c)较重，(d)重度

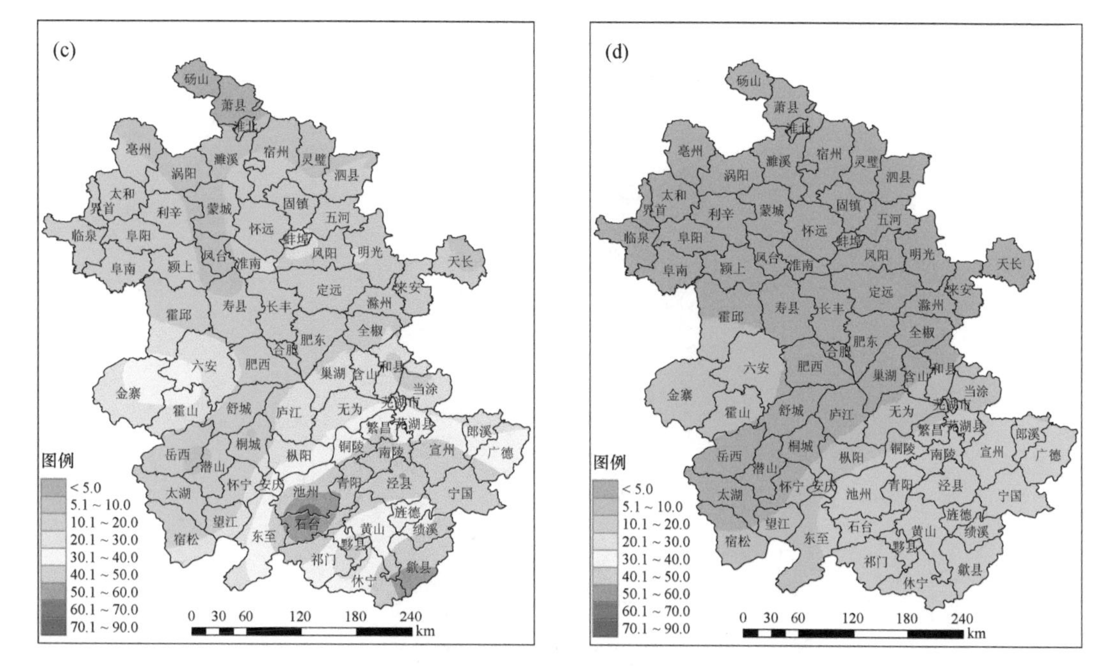

图 8.2(续) 不同强度等级高温热害累积强度超越频率分布(%)

(a)轻度,(b)中度,(c)较重,(d)重度

8.2 应用案例

根据《中国气象灾害大典·安徽卷》中的历史灾情记录,1967 年由于降水量少、温度高、蒸发量大,淮河以南地区出现夏秋连旱,对中稻的孕穗、抽穗和晚稻的拔节、孕穗和抽穗极为不利。本书以 1967 年一季稻为例,对风险评估模型的合理性进行验证。

8.2.1 1967 年高温热害情况

图 8.3 给出 1967 年高温热害累积强度的空间分布,可见在大别山区北部、江南大部存在高值区,高温热害风险较高,其次在淮河以北中南部地区、沿淮和沿江局部存在次高值区,此处也存在一定的风险。

8.2.2 风险评估结果验证

选取典型高温热害减产年 1967 年对回归方程做验证。由表 8.3 可见,对于参与建模的站点,实际发生中度及以上减产的有 9 站,分别为凤阳、定远、全椒、来安、天长、金寨、六安、霍山和青阳,相应地利用高温热害累积强度指标所构建回归方程模拟值中有 8 站出现中度及以上减产,其中来安(模拟−10.6%,实际−8.1%)、六安(模拟−33.4%,实际−30.1%)及青阳(模拟−30.6%,实际−26%)模拟值与实际减产率非常接近。验证结果表明,此模型对一季稻高温热害减产具有一定的模拟能力,模拟结果较为可靠,可为一季稻高温热害风险评估提供技术支撑。

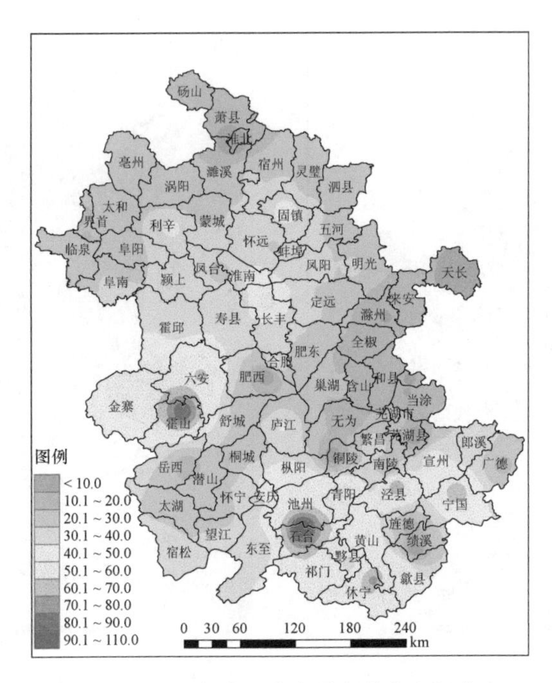

图 8.3　1967 年高温热害累积强度空间分布

表 8.3　1967 年高温热害验证结果

站号	站名	高温热害累积强度(℃)	实际减产率(%)	模拟减产率(%)
58222	凤阳	31	−43.1	−17.3
58223	明光	31.4	12	−17.5
58225	定远	29.3	−37.7	−16.4
58230	全椒	14.1	−21.3	−8.4
58234	来安	18.2	−8.1	−10.6
58236	滁州	8.1	2.4	−5.2
58240	天长	2.2	−34.2	−2.1
58306	金寨	56.9	−12.3	−31.0
58311	六安	61.4	−30.1	−33.4
58314	霍山	88.4	−11.3	−47.7
58319	桐城	19.9	0.8	−11.5
58323	肥东	26.1	20.6	−14.7
58337	繁昌	37.3	1.6	−20.7
58414	太湖	21.8	12.4	−12.5
58421	青阳	56	−26	−30.6
58431	南陵	20.2	−3.5	−11.6
58432	泾县	70.4	3.1	−38.2
58433	宣城	47	9	−25.8

第 9 章　冰雹灾害风险评估

9.1　技术流程

安徽省属暖温带向亚热带的过渡地区，南北冷暖气团交绥频繁，气候复杂多变，气象灾害种类繁多且频发，其中冰雹是主要气象灾害之一。本书通过灾情解析，识别出冰雹致灾关键气象因子，确定了其致灾阈值，然后采用多元线性回归构建了风险评估模型，依据该模型重构了安徽省 1961—2009 年冰雹灾损指数序列，并基于重构的灾损序列，采用百分位数法，分别取 60%、80%和 95%百分位将冰雹灾害风险划分为轻度、中度、重度及特重四个等级，依此开展冰雹灾害风险评估。

9.1.1　技术路线

冰雹灾害风险评估技术路线如图 9.1 所示。

9.1.2　风险数据库建设

与常见的温度、降水灾害相比，冰雹风险评估的瓶颈之一是观测资料的匮乏。安徽省冰雹观测资料记录稀少、质量较差、信息化程度低。

记录稀少：因为冰雹天气的中小尺度特征，局地性很强，有时发生在偏远的乡镇而并非发生在气象站点上，气象台站并未观测到，故历史上可能存在漏记现象。经统计，1953—2009 年全省冰雹记录不到 800 条，样本总体偏小。

质量较差：①冰雹不像温度等要素是连续自动观测，后者有定量的观测值，而前者是作为一种天气现象在 A 文件中记录的。出现在气象站周边的冰雹，观测员一般会测量直径大小，直径超过 10 mm 的还要求称重。但不在测站周边的冰雹只有一些定性描述，如鸡蛋大小、黄豆大小等。②有关降雹持续时间的一些记录也存在问题，如降雹持续 5 h，显然不合理。③有的冰雹记录过于简单，如只记录最大直径，而无其他气象要素的记录且缺乏相应的灾损。

信息化程度低：冰雹的详细描述如大小、重量、造成的损失等记录在 A 文件的纪要栏中。而安徽省 2000 年以前的 A 文件文字部分尚未信息化，需要翻阅月报表去摘录，这部分工作量巨大。

针对这些问题，本研究聘用临时人员，经培训后将这部分资料信息化，并完成冰雹记录的整理分类。具体如下：针对冰雹大小记录不定量的问题，通过比较分析，将一些定性描述转换成定量数据，如“鸡蛋大小”转换为 50 mm，“鹌鹑蛋”转换为 20 mm，“花生米”转换为 10 mm，

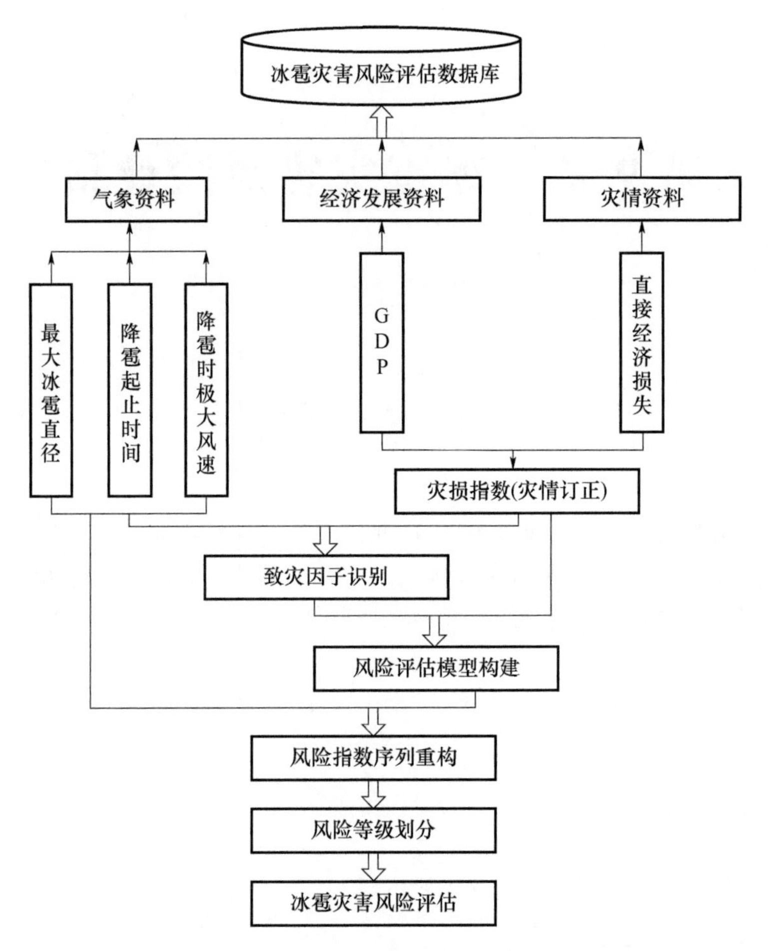

图 9.1　冰雹灾害风险评估技术路线

"绿豆"转换为 5 mm 等(表 9.1)。针对部分降雹持续时间错误,通过信息化后的资料与相关的历史文献进行对照核实,进行修正。然后,根据地面气象观测规范中规定,一天内只要出现冰雹天气,无论次数和持续时间长短均记为 1 个雹日,并充分利用安徽省灾情普查数据、气象灾害年鉴、气象志及相关文献等,对冰雹灾害数据进行补充和完善,完成了安徽省冰雹灾害风险数据库的建设,具体数据源有以下三部分:

1. 台站及其周边的冰雹观测记录,一般情况下均会记录冰雹发生的起止时间、冰雹的最大直径、平均重量、伴随灾害基本情况以及造成的损失等数据。全省所有台站建站至 2009 年共 794 个雹日,其中 552 个雹日在月报表的纪要栏中有较为详细的描述。

2. 根据气象出版社出版的《中国气象灾害大典·安徽卷(1951—2000)》和《中国气象灾害大典·安徽卷(2001—2005)》(翟武全,2007)两本书中关于各市、县(区)的冰雹记录对台站观测记录进行扩充,合计 1190 个雹日。

3. 根据安徽省气候中心编写的 2006—2009 年《安徽省气象灾害年鉴》(安徽省气象局,2009),扩充台站雹日记录 95 条。

三部分资料合计为 2079 个雹日,其中 619 个雹日记录了发生的起止时间(精确到分钟),868 个雹日记录了降雹持续时间(同一个雹日多次发生的为合计时间),707 个雹日记录了冰雹的最大直径(230个雹日记录为约测或是定量描述,对这部分数据参照表9.1进行了定量转化),676个雹日记录了冰雹发生时候的阵风等级(部分为根据起止时间反查月报表资料获得)(表9.2)。

表9.1 冰雹直径转换表

定性描述	冰雹直径(mm)
拳头	60～70
鸡蛋	50
乒乓球	40
鹌鹑蛋	20
花生米	10
绿豆	5

表9.2 扩容后的安徽省冰雹数据分类统计

资料来源和要素组成	记录数(条)
A文件记录	794
《中国气象灾害大典·安徽卷》记录	1190
《安徽省气象灾害年鉴》记录	95
持续时间	870
冰雹直径	709
风等级	676
持续时间+直径	599
持续时间+直径+风	478

通过数据库扩容,冰雹样本量较先前增加了近2倍。根据扩容后的数据统计,降雹时平均阵风等级为7级,其中10级以内的占91.7%,6级风以内的占35%,超过10级的仅有8.3%。由此可见,安徽降雹时极大风速大多数在7～10级。降雹平均持续时间为15.6 min,其中30 min以内的占89.4%,20 min以内的占77.6%,超过30 min的约占10%。最大冰雹直径平均为25.5 mm,其中40 mm以内的占83.3%,25 mm以内的占58.7%。

此外,针对冰雹发生及产生危害的特点,收集了DEM高程、水系等基础地理信息和果园、棉花、设施农业、人口、GDP、灾情等统计数据,其中安徽省1∶5万地理信息数据来源于国家气象信息中心;各市、县(区)的人口、GDP、耕地面积、果园面积、农业塑料薄膜使用量等数据取自《安徽省统计年鉴》;各市、县(区)冰雹灾情资料,包括受灾人口、受灾面积、直接经济损失和农业经济损失等来自安徽省民政厅及安徽省灾情普查数据库。

9.1.3 致灾因子识别及阈值确定

(1)致灾因子识别

通过对冰雹灾情分析,发现降雹时极大风速、最大冰雹直径及降雹持续时间与其致灾有一定关系,因而本书通过对上述三个要素与灾情数据采用相关分析来识别冰雹灾害的关键致灾因子。

考虑到研究序列中的物价、经济增长率等诸多因素可能发生的浮动变化对分析结果的影响，本研究以某区域[市、县(区)]一次冰雹灾害造成的直接经济损失除以当年该区域GDP，得到灾损指数(章国材，2014)，以消除上述因素的影响，具体计算方法见式(9.1)：

$$I=\frac{L}{E}\times 100 \tag{9.1}$$

式中，I表示灾损指数。分析安徽省历次冰雹灾害损失，发现直接经济损失占GDP的比例太小，故对其扩大100倍。L表示直接经济损失，单位为万元；E表示当年GDP，单位为万元。

然后，对冰雹灾损指数(I)分别与最大冰雹直径、降雹持续时间、降雹时极大风速进行相关分析，识别出冰雹灾害的关键致灾因子(表9.3)。

表9.3　灾损系数与气象要素相关分析结果

要素	最大冰雹直径	降雹持续时间	降雹时极大风速
样本数	34	34	30
相关系数	0.577**	0.524**	0.246

注：*表示相关程度通过$\alpha=0.05$显著水平检验；**表示相关程度通过$\alpha=0.01$显著水平检验，下同。

结果表明：各要素与灾损系数正相关，降雹持续时间和最大冰雹直径与灾损系数相关系数通过$\alpha=0.01$显著水平检验，达极显著相关，其中最大冰雹直径与灾损相关程度最高，相关系数达0.577，其次为降雹持续时间，相关系数为0.524。说明降雹持续时间越长，冰雹直径越大，灾损越严重。因此，本研究选取最大冰雹直径、降雹持续时间作为冰雹灾害的关键致灾因子。

(2)致灾阈值确定

根据上节分析可知，冰雹灾损系数与降雹持续时间及最大冰雹直径的相关程度高，本研究通过绘制灾损系数与关键致灾因子的散点图(图9.2和图9.3)，确定不同致灾因子的致灾临界气象条件。

1. 降雹持续时间

从图9.2可以判断，当降雹持续时间达到3 min时就会有灾损出现，故将降雹持续时间达到3 min作为其致灾临界条件。

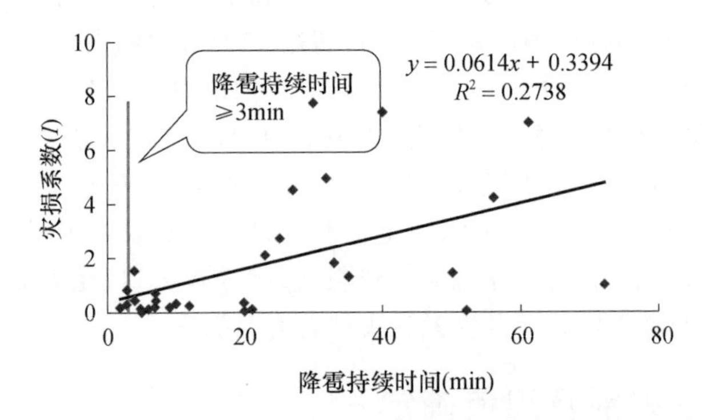

图9.2　降雹持续时间与灾损系数散点图

2. 最大冰雹直径

与降雹持续时间类似，从图9.3得到当最大冰雹直径达到5 mm时，即为其致灾临界条件。

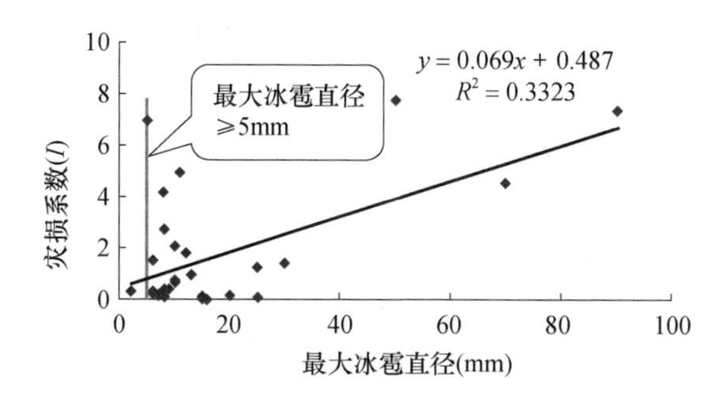

图 9.3 最大冰雹直径与灾损系数散点图

9.1.4 风险评估模型构建

由 9.1.3 分析可知，降雹持续时间、最大冰雹直径为冰雹灾害的关键致灾因子，本书采用多元线性回归分析，构建冰雹灾害风险评估模型[式(9.2)]：

$$\hat{I}=4.122d+1.958t \tag{9.2}$$

式中，$\hat{I}$ 为风险指数，t 为降雹持续时间归一化值，d 为最大冰雹直径归一化值。F－检验结果为 24.489，通过了 $\alpha=0.01$ 的显著性水平检验。

9.1.5 风险等级划分

对于历史记录中只有冰雹而无灾损的个例，利用式(9.2)估算出风险指数($\hat{I}$)，然后与已有的灾损指数(I)构成一个完整序列。最后，基于重建的风险指数($\hat{I}$)序列，采用百分位数法将冰雹灾害风险划分为轻度、中度、重度和特重 4 个等级，并推算得到风险指数($\hat{I}$)阈值区间(表 9.4)。

表 9.4 安徽省冰雹灾害风险等级划分

等级	百分位数	风险指数($\hat{I}$)	风险等级
1	$P\leqslant 60\%$	$\hat{I}\leqslant 1.19$	轻度
2	$60\%<P\leqslant 80\%$	$1.19<\hat{I}\leqslant 1.80$	中度
3	$80\%<P\leqslant 95\%$	$1.80<\hat{I}\leqslant 2.63$	重度
4	$P>95\%$	$\hat{I}>2.63$	特重

9.1.6 不同风险等级超越频率的空间分布

基于重建的风险指数($\hat{I}$)序列，根据表 9.4 的风险等级划分标准，计算全省各地不同风险等级的发生频次，以不同风险等级的发生频次来反映不同区域的风险程度。结果表明：不同等级的高风险区主要分布安徽省沿淮淮北地区、江淮之间东部及西南部、沿江中东部地区(图 9.4)。这与安徽省的冰雹主要影响路径基本重合，也与该省对流云合并高发区比较重合(有研究表明，冰雹过程与对流云合并高度相关)(图 9.5)。但黄山及大别山区的风险等级相对较低，而实际上该区域是安徽省冰雹多发区，造成风险等级偏低的主要原因是由于该区域承灾体较少，所以灾损偏小，且山区地处偏僻，冰雹记录也相对较少。

因此，不能仅利用致灾因子来进行冰雹风险评估分析，还应考虑孕灾环境，比如高程、坡向、坡度、地形切割等，且基于致灾因子得到的评估结果的空间分辨率也比较低(分辨率为县级)。

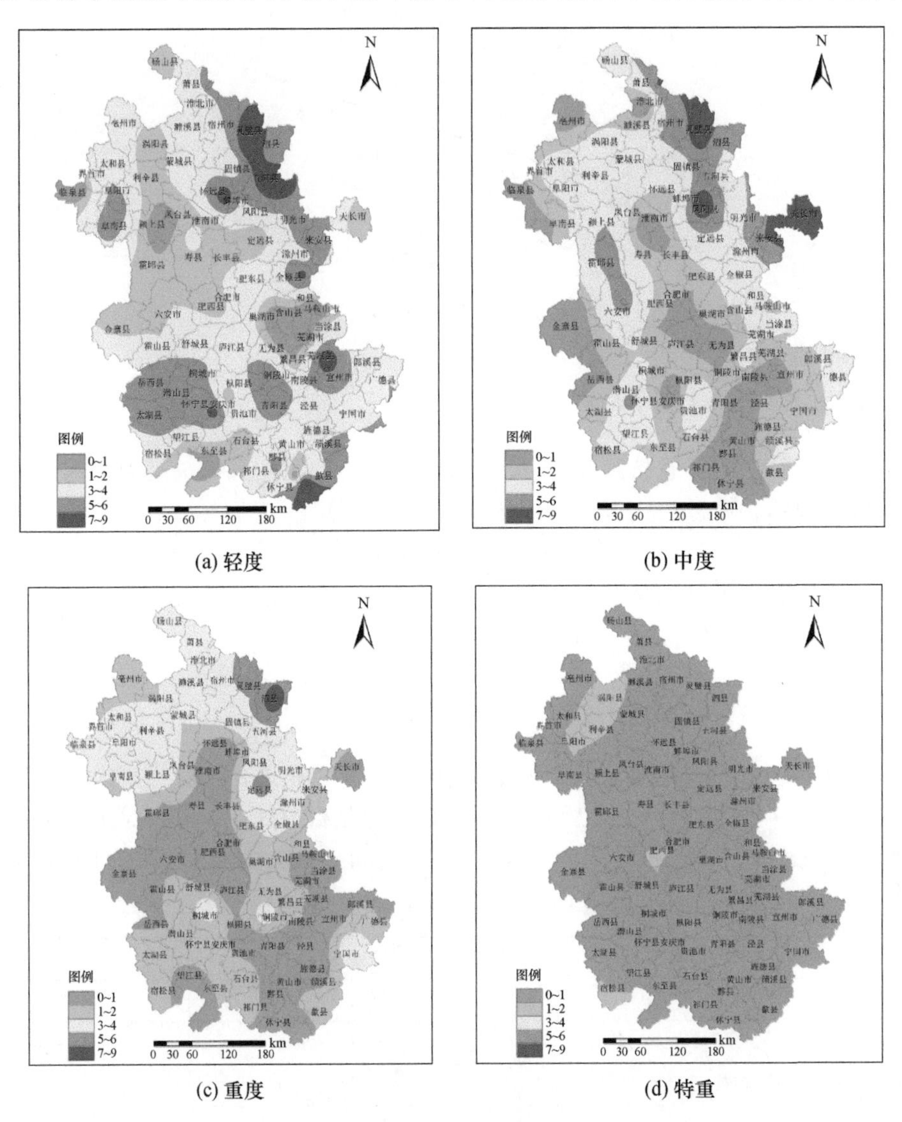

图 9.4　不同冰雹风险等级超越频次(a:轻度;b:中度;c:重度;d:特重)

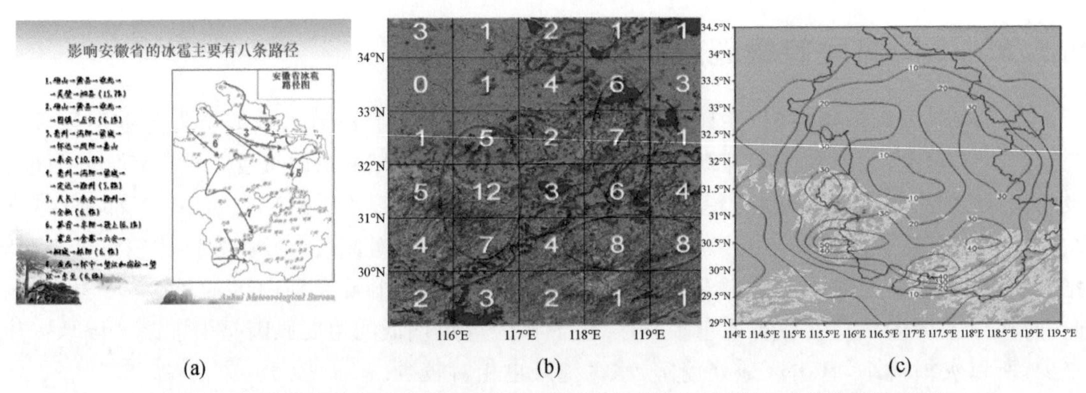

图 9.5　安徽省冰雹主要路径(a)以及卫星(b)和雷达(c)对流云合并空间分布图

为了分析冰雹风险和孕灾环境的关系，利用不同等级风险频次与高程、地形切割、坡向、坡度等地理数据进行偏相关分析（表 9.5），结果表明：除轻度风险频次与高程达极显著性相关（$\alpha=0.01$）外，其他等级频次与地理数据相关程度均未达到显著性水平（$\alpha=0.05$）。

表 9.5　不同等级灾损的发生频次与地理信息数据的相关分析结果

	高程	地形切割	坡向	坡度
轻度频次（$n=74$）	0.483**	−0.226	0.181	−0.036
中度频次（$n=67$）	0.028	0.107	0.096	−0.107
重度频次（$n=60$）	0.059	−0.151	0.095	−0.071
特重频次（$n=23$）	0.035	−0.038	−0.168	0.013

注：n 为样本量。

对轻度灾损的发生频次进一步分析表明：随着海拔的上升，轻度灾损发生频次与高程的相关程度逐渐增加，台站海拔在 50 m 以上的冰雹轻度灾损发生频次与高程的相关程度最高，相关系数达 0.887（表 9.6）。

表 9.6　不同海拔的台站冰雹灾损发生频次与高程的相关分析结果

	海拔 50 m 以上	海拔 30 m 以上	海拔 20 m 以上
相关系数	0.887	0.782	0.699
显著性水平	$a<0.001$	$a<0.001$	$a<0.001$
样本量	20	42	64

为弥补基于致灾因子开展风险评估的不足，同时也为得到高空间分辨率的冰雹灾害风险结果，结合上文分析，对海拔 50 m 以上的灾损发生频次，基于高程（空间分辨率为 100 m×100 m），由式（9.3）推算得到灾损频次：

$$y=0.870x+0.102 \tag{9.3}$$

式中，y 为轻度灾损发生频次，x 为高程的归一化值。

基于台站的灾损发生频次，采用克里格（Kringing）插值法得到海拔≤50 m 的冰雹轻度灾损发生频次的高空间分辨率风险评估结果（图 9.6b）。由图可知，图 a 和图 b 的空间分布基本

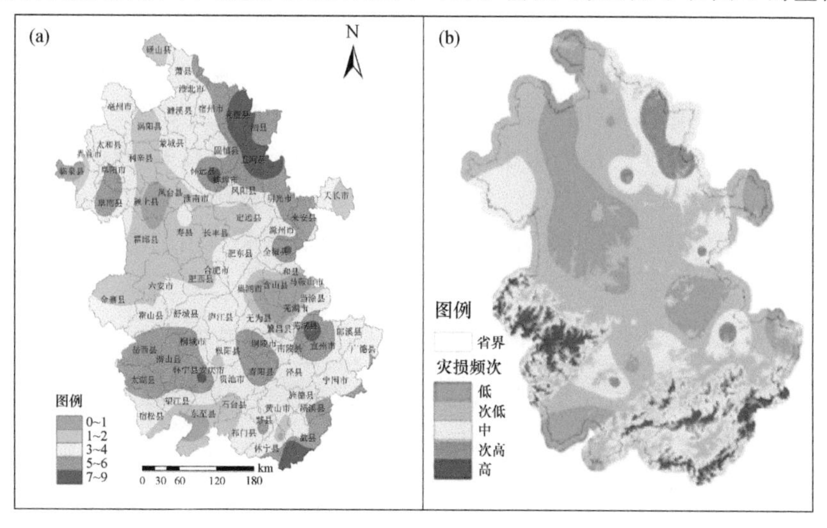

图 9.6　轻度灾损发生频次 surfer 图（a）和基于高程推算得到的 GIS 图（b）

一致，但图 b 两大山区的高风险等级得到更好的体现，该区划结果是致灾因子和孕灾环境两方面因素的综合反映，与实际情况更为吻合。

9.2　应用案例

研究成果已于 2010 年投入业务应用。针对安徽省 2010 年泗县，2011 年巢湖、凤阳、定远、长丰、怀宁和 2013 年灵璧等地发生的冰雹灾害，开展冰雹灾害风险评估，制作发布了多期《气候影响评价》及《重要气候公报》等业务产品(图 9.7)。同时，通过与收集、调查到的实际灾情进行对比分析，对风险评估结果进行检验。

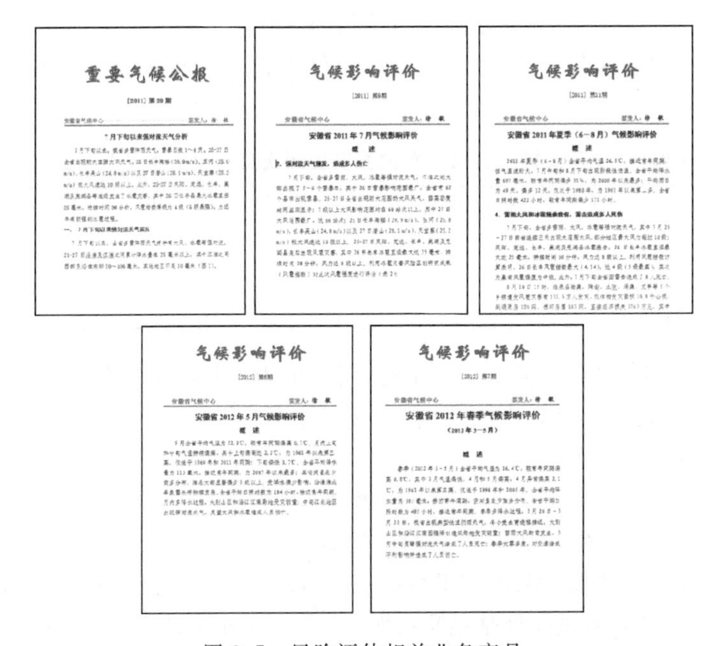
重要气候公报

气候影响评价

安徽省 2011 年 7 月气候影响评价

气候影响评价

安徽省 2011 年夏季（6－8 月）气候影响评价

气候影响评价

安徽省 2012 年 5 月气候影响评价

气候影响评价

安徽省 2012 年春季气候影响评价

图 9.7　风险评估相关业务产品

结果表明：估算灾损指数与实际灾损指数变化趋势基本一致，两者的相关系数达 0.84，但模型估算值较实际值整体偏大(图 9.8)。7 个冰雹个例的实际灾害等级均为轻度，而利用模型得到的估算灾害等级为 5 个轻度和 2 个中度，准确率达 71.4%，长丰和怀宁的估算灾害等级较实际灾害等级偏高 1 个等级(表 9.7)。综合来看，本文构建的冰雹灾损评估模型及划分的灾害等级是比较合理的，能为冰雹灾害风险评估以及政府有关部门的应急决策服务提供一定依据。

表 9.7　安徽省 2010－2013 年冰雹个例评估结果

发生地	降雹持续时间(min)	冰雹最大直径(mm)	估算灾损指数	实际灾损指数	估算风险等级	实际灾害等级
泗县	6	10	0.42	0.20	轻度	轻度
凤阳	2	12	0.29	0.13	轻度	轻度
巢湖	8	10	0.50	0.12	轻度	轻度
定远	2	12	0.29	0.06	轻度	轻度

续表

发生地	降雹持续时间(min)	冰雹最大直径(mm)	估算灾损指数	实际灾损指数	估算风险等级	实际灾害等级
长丰	30	25	1.76	1.07	中度	轻度
怀宁	30	20	1.65	0.40	中度	轻度
灵璧	5	10	0.37	0.24	轻度	轻度

注:估算的灾损指数由式(9.2)计算得到,实际灾损指数由式(9.1)计算得到,灾害风险等级由表 9.4 确定。

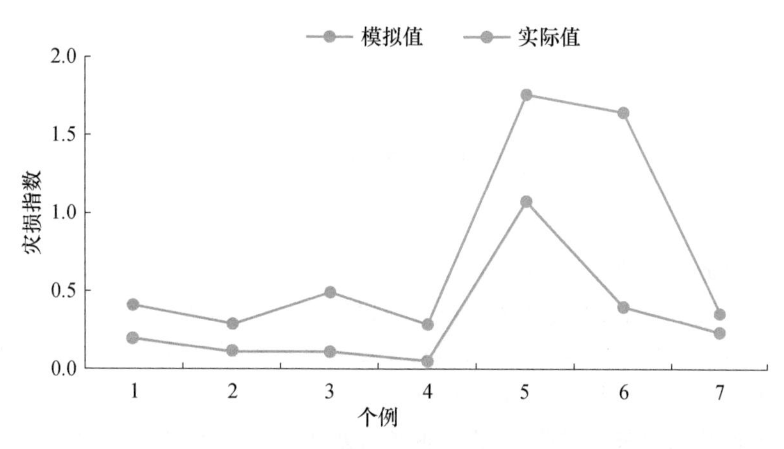

图 9.8　冰雹个例的实际灾损指数与估算灾损指数对比

第 10 章　大风灾害风险评估

10.1　技术流程

气象上将瞬时最大风速超过 17.2 m/s 的风称为大风。大风也是安徽主要的气象灾害之一，可损害农作物、折断树木、毁坏房屋及电力通讯等，甚至造成人员伤亡。安徽大风受地形影响较大，显示出一定的地域分布特征。因而对安徽大风灾害开展风险评估，首先要明确不同重现期风力的地理分布；然后利用灾情数据构建敏感承灾体灾损和风力的关系曲线；第三步根据敏感承灾体的灾损和风力关系曲线，获得不同风力重现期下敏感承灾体损失量的格点值；最后结合安徽人口和 GDP 的分布情况给出大风灾害风险评估结果。如图 10.1 所示。

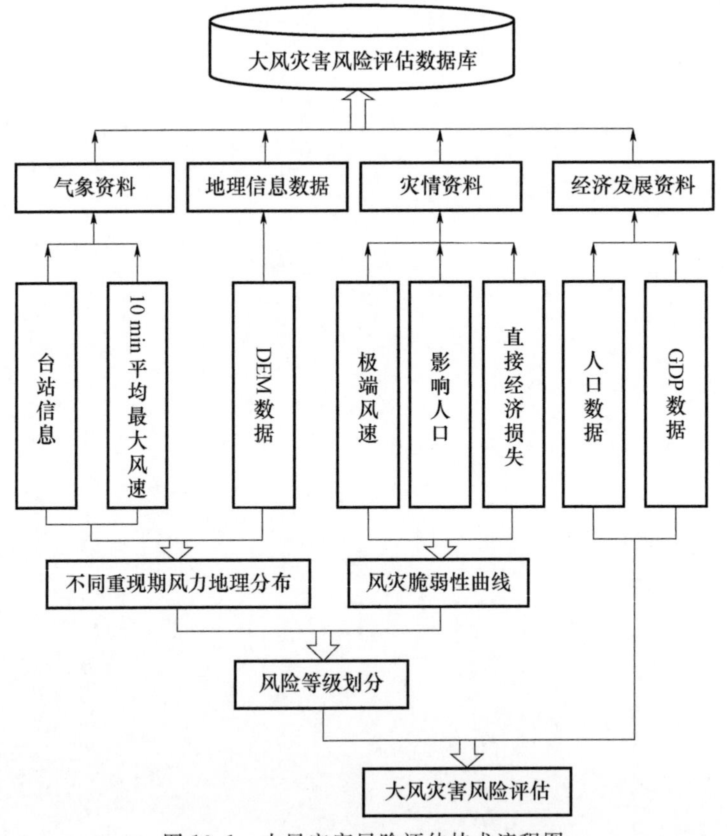

图 10.1　大风灾害风险评估技术流程图

10.2　风险数据库建设

需要获取的数据包括气象数据、地理信息数据、社会经济统计数据和历史灾情数据四大类，具体见表 10.1。

表 10.1　基础数据

数据类型	数据明细
气象数据	气象站地理坐标、海拔高度等 逐日 10 min 平均最大风速
地理信息数据	DEM 数据
社会经济统计数据	人口栅格数据 GDP 栅格数据
历史灾情数据	大风过程灾情记录，包括发生时间、影响范围、最大风速、极大风速、灾害损失、影响人数等

10.3　大风致灾危险性分析

一般来说，大风风速越大，造成的灾害往往也比较严重，极端风速是大风致灾危险性分析中首先要考虑的因素。由于极大风速观测年限较短，因而以 10 min 平均最大风速（以下简称为最大风速）来表征极端风速。另一方面，风速受地形的影响较大，安徽地形复杂，地域性差异明显，摸清安徽大风的实际分布情况十分必要。不过，观测时间较长的国家气象站数据样本较少，样本多的区域气象站观测年限较短，二者代表性均有限，需要采取适当方法对国家气象站数据进行插补或对区域气象站数据进行延长。

此外，不同等级极端风速的出现频率也是大风灾害风险评估中需要考虑的因素。最大风速的重现期，既可以描述某个极端风速在某个气象站出现的频率，又能反映在同一频率下不同地区极端风速之间的差异，较最大风速更能全面地反映大风的致灾危险性；因此，大风灾害致灾危险性以最大风速的重现期作为表征。对国家气象站数据进行插补或对区域气象站数据进行延长实际上则是针对不同等级最大风速的重现期进行，在此取的是 5、10、15、20、30、50、100 年最大风速重现期。

10.3.1　重现期的计算方法

采用极值Ⅰ型分布作为概率模型，按照（10.1～10.9）式分别计算全省气象站 5、10、15、20、30、50、100 年重现期最大风速。

极值Ⅰ型概率分布函数为：

$$F(x)=\exp\{-\exp[-\alpha(x-u)]\} \tag{10.1}$$

式中，u 为分布的位置函数，即其分布的众值；α 为分布的尺度函数。

当观测期 $n\to\infty$ 时，分布参数与均值 μ 和标准差 σ 的关系按照下述确定：

$$\alpha=\frac{\pi}{\sqrt{6}\sigma}=\frac{1.2885}{\sigma} \tag{10.2}$$

$$u=\mu-\frac{0.5772}{\alpha} \tag{10.3}$$

当有限样本的均值 $\bar{x}$ 和统计样本均方差 s 作为 μ 和 σ 的近似估计时，取：

$$\alpha=\frac{C_1}{s} \tag{10.4}$$

$$u=\bar{x}-\frac{C_2}{\alpha} \tag{10.5}$$

观测期为 n 年，变量 z_i 可以按照下式计算：

$$z_i=-\ln\left(-\ln\frac{i}{n+1}\right),\quad 1\leqslant i\leqslant n \tag{10.6}$$

$$C_2=\bar{z}=\frac{1}{n}\sum_{i=1}^{n}z_i \tag{10.7}$$

$$C_1=\sigma_z=\sqrt{\frac{1}{n}\sum_{i=1}^{n}z_i^2-\bar{z}^2} \tag{10.8}$$

平均重现期为 T 的最大风速 x_R 可按下式确定：

$$x_R=u-\frac{1}{\alpha}\ln\left[\ln\left(\frac{T}{T-1}\right)\right] \tag{10.9}$$

10.3.2　精细化风力地理分布的确定

(1)方案一(以下简称为地形内插)

基于国家气象站历年最大风速观测数据，计算每个气象站不同重现期的最大风速。而后根据重现期与精细地形数据的关系，内插得到不同重现期最大风速的格点值。具体步骤如下：

①利用 DEM 数据，提取海拔、起伏度、粗糙度、坡向、坡度、坡度变率等地形因子。

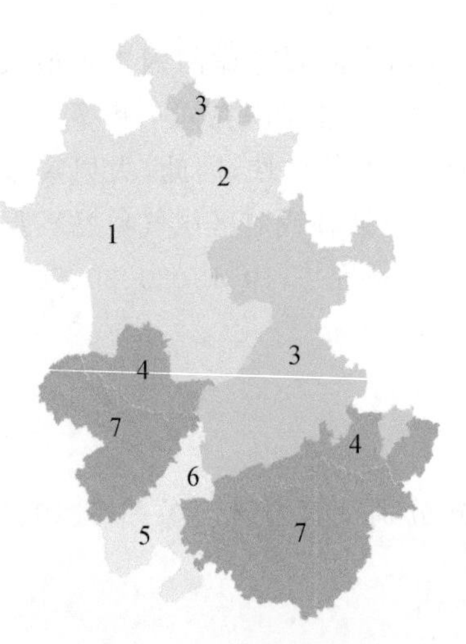

图 10.2　安徽省分区情况

②根据国家气象站(1961 年以来数据较完整的站，共 73 站)的地理位置、地形地貌(以海拔、起伏度等表征)、分布以及各站最大风速的相关关系等对全省进行分区，共分为 7 个区(图 10.2)。并将山区进一步细分为：(a)海拔≤100 m；(b)大别山海拔＞100 m，皖南山区海拔＞100 m 且起伏度＜10；(c)皖南山区海拔＞100 m 且起伏度＞10。

③计算全省气象站 5、10、15、20、30、50、100 年重现期风速。

④利用相关分析、逐步回归和曲线估计等方法，构建各区域气象站不同重现期风速与主要地形因子的方程。

⑤将地形因子回代到方程得到各区域不同重现期风速。

⑥数据拼接，得到全省不同重现期风速的格点值。

(2)方案二(以下简称为气象站内插)

利用数据完整的国家气象站逐日最大风速观测资料，

对存在缺测的国家气象站和区域自动站(以下统称为缺测气象站)最大风速序列进行缺测插补和序列延长,最后内插得到每个格点不同重现期的最大风速。具体骤为:

①缺测气象站数据筛选:若某站年最大风速≤3 m/s,相应站点该年数据弃用;若日最大风速≥40 m/s,认为数据错误。

②参证站选取:

首先取缺测气象站 10 km 范围内的所有国家气象站(假设有 n 个)作为备选。

其次取与缺测气象站日最大风速相关性最好的国家气象站作为参证站。判断相关性的流程为:(a)以缺测气象站历年最大风速的最小值作为阈值,挑选缺测气象站所有超过该阈值的日最大风速建立序列$\{y\}$,对应的国家站最大风速$\{x_1\}\{x_2\}\cdots\{x_n\}$分别求相关。若$\{x_1\}\{x_2\}\cdots\{x_n\}$中有一个以上序列和$\{y\}$序列的相关系数通过 $a=0.05$ 显著性检验,则比较相关系数以确定参证站。(b)若$\{x_1\}\{x_2\}\cdots\{x_n\}$中和$\{y\}$的相关系数均不显著,则由大到小逐个将缺测气象站日最大风速加入$\{y\}$序列,相应也延长国家站$\{x_1\}\{x_2\}\cdots\{x_n\}$序列,并分别计算$\{x_1\}\{x_2\}\cdots\{x_n\}$和$\{y\}$的相关系数,当有一个以上相关系数通过 $a=0.05$ 显著性检验,则比较相关系数以确定参证站。

③延长订正:利用参证站$\{x\}$与缺测气象站$\{y\}$序列建立一元线性回归方程,插补获得缺测气象站历年最大风速$\{y_1\}$,若缺测气象站某年有最大风速观测值,则$\{y_1\}$仍保留该值。

个例分析:以天柱山气象站为例,该站的建立较好地弥补了对高山气象观测的不足。不过该站 2007 年建站,观测资料时长有限。以岳西气象站(海拔 434.2 m)作为参证站,发现滑动挑选样本较以全部样本构造方程重建得到的最大风速与实际观测值绝对误差较小,在数值上更为接近(图 10.3)。

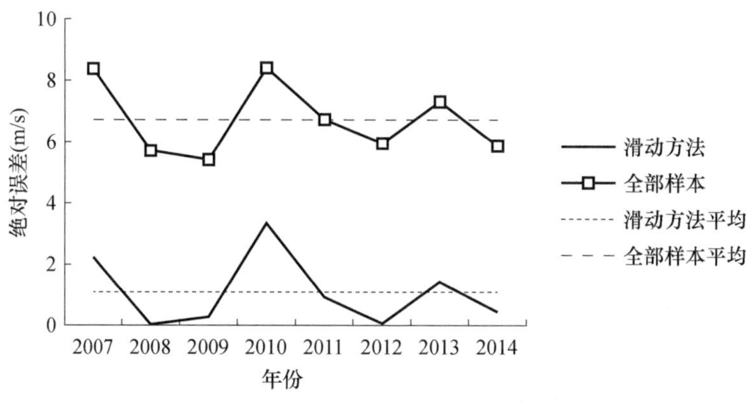

图 10.3　天柱山气象站延长订正效果

④以数据处理后无缺测的所有气象站最大风速为基础计算重现期,之后采用合适的插值方法获得格点数据。对比发现,反距离权重插值对局部风速刻画较细致(图 10.4),因而推荐采用该方法。

(3)两种方案的对比

地形内插方案,因为建模的样本较少,所以存在对局部风速过高(沿江西部)或过低估计(平原地区)的问题,并且在相邻分区没有较好的过渡区。而气象站内插方案,由于缺测气象站历年最大风有人工订正的成分,可靠性还需验证。随着区域站观测数据积累到一定程度,利用尽可能多的观测数据进行地形内插是未来可采用的最可靠的方案。目前来看,气象站内插方案得到的最大风速重现期的空间分布更为平滑合理,因而取该方案获得的格点值进一步开展大风灾害风险评估。如图 10.4,10.5 所示。

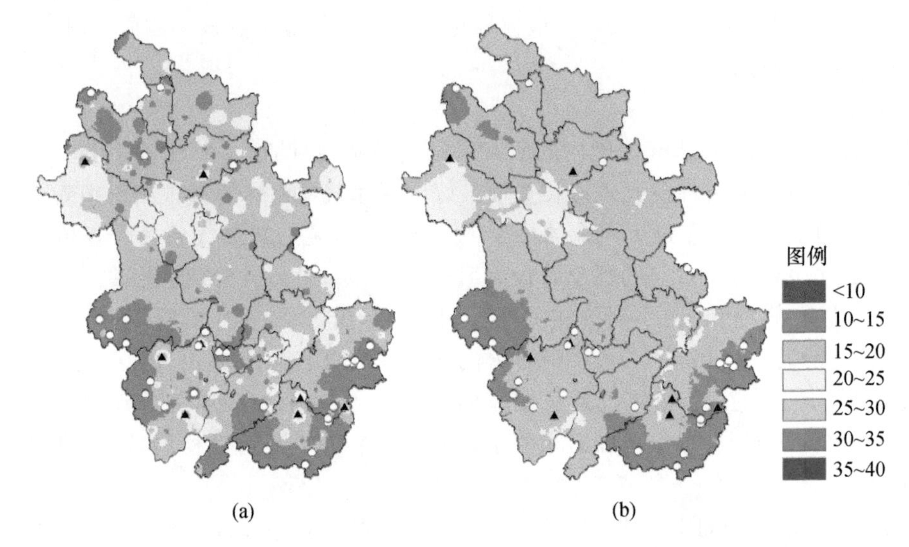

图 10.4 反距离权重(a)和克里金(b)插值获得的百年一遇最大风速的比较
(单位:m/s,色斑图为插值结果,▲站点上观测计算获得的百年一遇最大风速≥30 m/s,○站点≤10 m/s)

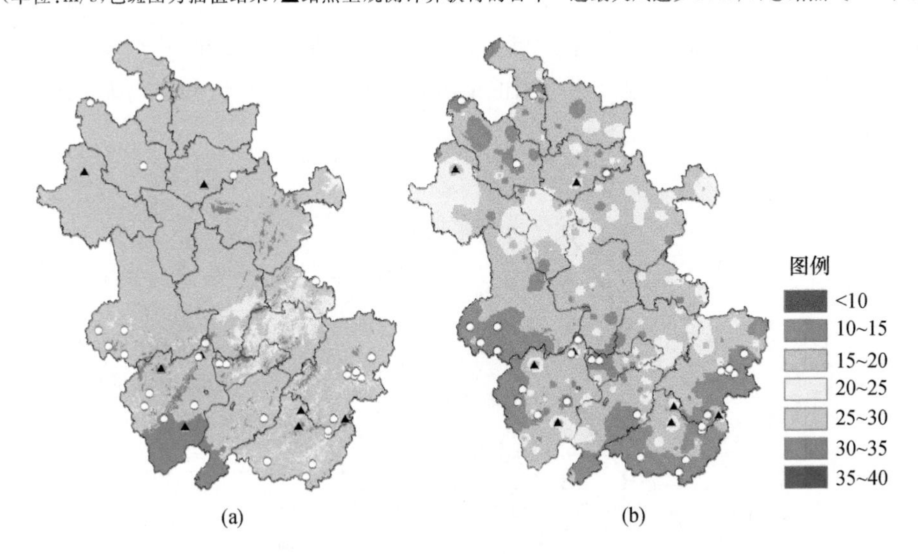

图 10.5 对地形内插(a)和气象站内插(b)获得的百年一遇最大风速效果的比较(单位:m/s)

10.3.3 风力与灾损的关系

根据重现期将风力分为 8 个等级(表 10.2),然后将收集到的 166 次灾情记录中的极端风速与所在站点的风力等级对应。从图 10.6 上看,受灾人口、直接经济损失、伤亡人数、农业经济损失与风力等级没有明显的线性对应关系,这可能与各次风灾影响范围、持续时间、影响区域的人口及工农业分布等不同有关;不过也可以发现,随着风力对应的等级越高,可能影响的最大人口数和造成的最大直接经济损失有所增加,6 级风力(50 年一遇最大风速重现期)以上造成人口伤亡和发生农业经济损失的频率明显增加,大风灾害风险加大(图 10.6)。

表 10.2　重现期风力等级对照表

等级	0	1	2	3	4	5	6	7
重现期(年)	≤4	5～9	10～14	15～19	20～29	30～49	50～99	≥100

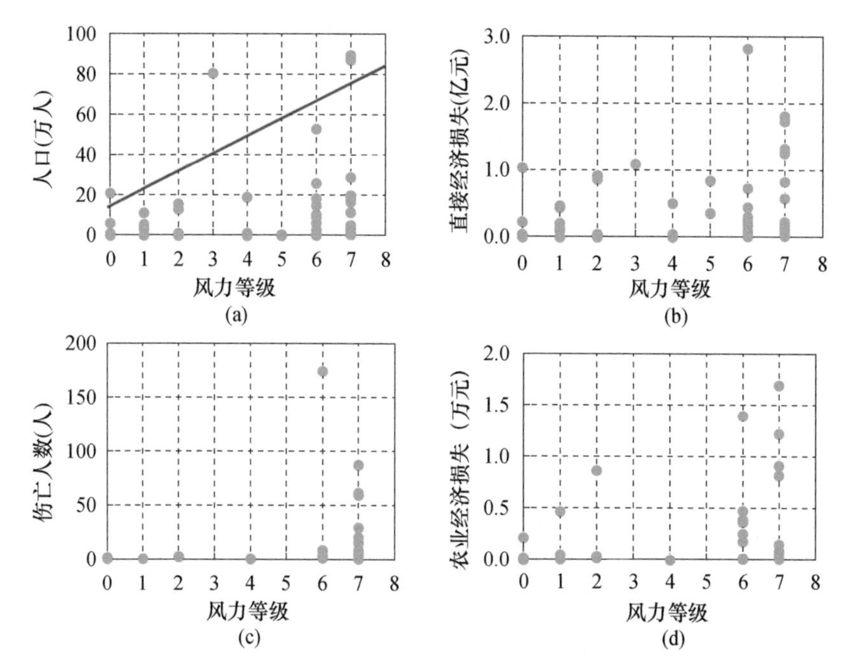

图 10.6　受灾人口(a)、直接经济灾损(b)、伤亡人数(c)、农业经济损失(d)与重现期风力等级的关系

10.4　大风灾害风险评估

以安徽省 50 年一遇最大风速作为致灾阈值，综合考虑人口和 GDP 分布，采用标准差分类法给出安徽省大风灾害风险评估结果(图 10.7)。安徽 50 年一遇最大风速的高值区主要位于沿淮淮北西部、江淮分水岭、沿江以及部分高海拔山区。叠加人口后，中等以上风险区呈现片状分布，主要位于沿淮淮北西部、萧砀地区、合肥周边、沿江以及局部高海拔山区。叠加 GDP 后，中等以上风险区呈现线状分布，主要位于沿淮、萧砀地区、江淮中部和沿江。将人口和 GDP 都考虑后，中等以上风险区呈现点状分布，主要集中在沿淮、江淮之间中部以及沿江的大中城市。

图 10.8 给出了安徽省 1996—2014 年的平均灾损分布情况。受灾较重的地区包括淮北、六安以及宣城地区，并对滁州东北部和沿江西部的经济影响较大，这些都与风险评估结果较为一致。而合肥、马鞍山、芜湖等主要城市由于基础设施较牢固以及应急管理较成熟，灾情较轻，与风险评估存在一定的差异。

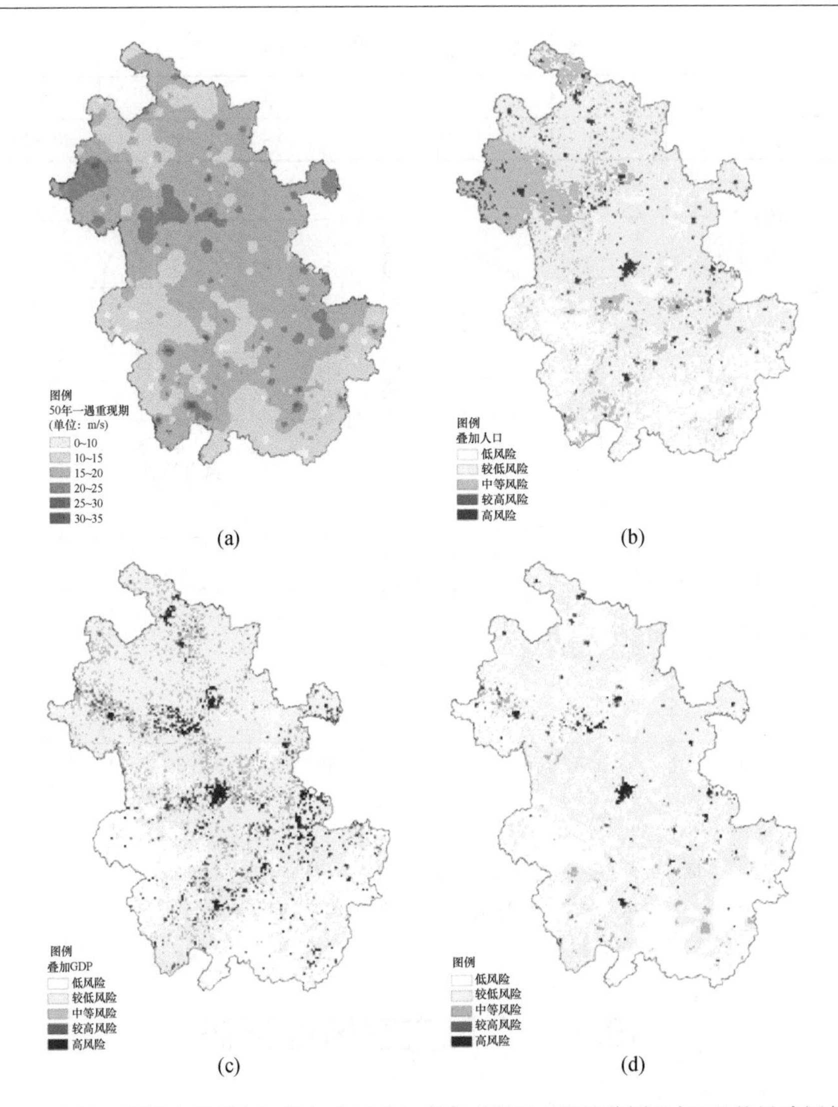

图 10.7 50 年一遇最大风速(a)、叠加人口(b)、叠加 GDP(c)以及共同叠加(d)的风险评估结果

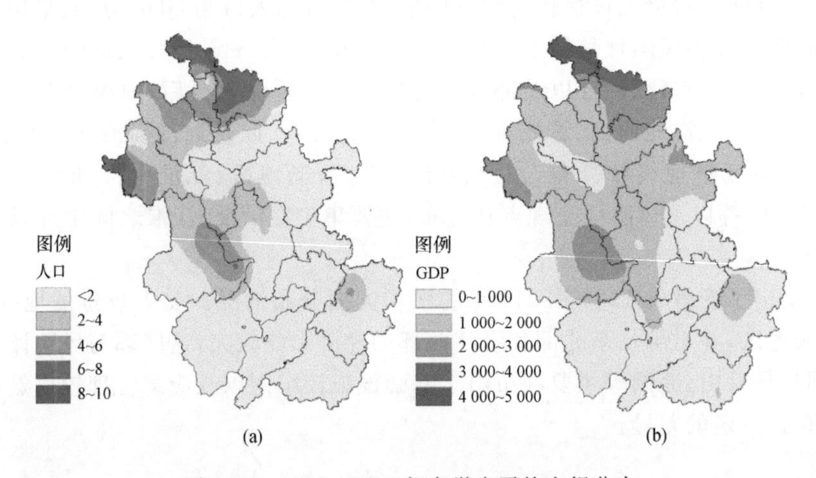

图 10.8 1996—2014 年安徽省平均灾损分布

(a：人口，单位：万人；b：直接经济损失，单位：万元)

第 11 章　安徽省暴雨洪涝灾害风险评估业务

11.1　业务概况

暴雨诱发的中小河流洪水、山洪和地质灾害是影响我国的主要自然灾害之一，近年来呈现多发重发态势，已成为我国灾害损失的主体。开展风险评估是防范暴雨灾害的重要非工程措施之一。安徽省作为全国 5 个试点省之一，主要承担了中小河流洪水风险评估试点，在面雨量计算、致灾临界条件识别、洪水淹没模拟、定量灾损评估等关键技术领域取得进展，建立了从降水→流域面雨量→致灾阈值→淹没范围及水深分布→灾损风险→效果检验的风险评估业务流程，成果自 2012 年起投入业务应用，取得显著效果，有力地支撑了防灾减灾工作。

11.2　业务流程

对于流域暴雨洪涝灾害而言，其灾害发生的最直接原因是流域集水区内强降水量超过某一临界值，使得河流水量无法维持出入平衡，而导致渍涝或洪水淹没等现象，并产生危害流域社会经济的后果。针对上述致灾过程，暴雨洪涝灾害风险评估被分解为：①流域面雨量的计算；②降水致洪过程的描述以及致灾临界雨量的确定；③灾害影响范围和强度的动态分析；④承灾体的暴露量及灾损敏感性评估等一系列气象水文和社会统计环节，从而可以采用多学科交叉的方式来综合解决这些环节中的关键问题。通过分析各部分中关键要素的因果关联和有机联系来耦合各个环节，建立面向实时防灾减灾的暴雨洪涝灾害风险评估方法，实现灾害风险的精细化动态评估(图 11.1)。

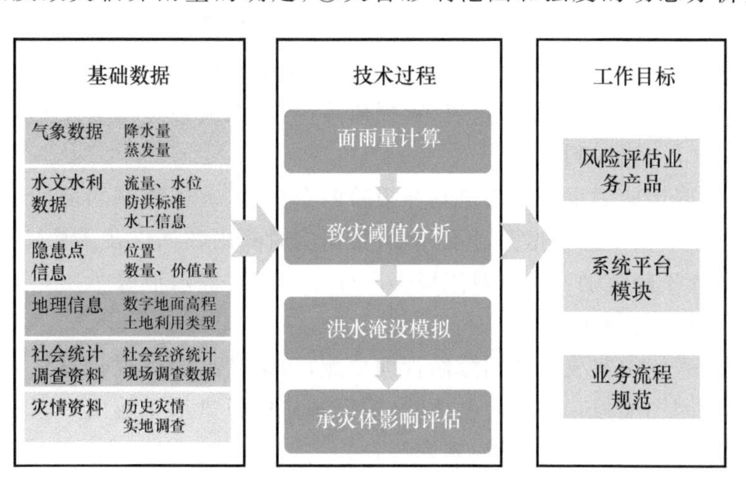

图 11.1　暴雨洪涝灾害风险评估业务技术思路

11.3 业务系统

11.3.1 系统用途

近年来，随着全球气候的不断变化，暴雨洪涝灾害频发，给我国带来了巨大的经济损失，严重影响了我国人民的生命和财产安全。运用科学的手段，及时、准确的预报暴雨及洪涝灾害，缓解其影响，已经成为全国各气象部门的迫切需求。2017 年，安徽省气候中心联合南京可桢气象科技有限公司共同开发完成“暴雨洪涝风险评估系统”，并已取得计算机软件著作权。

本系统通过集成国外先进的暴雨洪涝模拟模型（FloodArea），结合不同区域的气候特点，集成了降水产品生成、淹没模拟、风险评估、降雨监测报警等功能，采用 C/S 架构建立业务服务系统，并通过数据库统一管理系统内部数据，并以 WEB 浏览器作为主要的客户浏览方式（B/S），在保证数据的统一性前提下，实现了客户端与服务端中数据的及时交互。

11.3.2 系统功能概述

（1）核心功能

1）淹没模拟

采用两种方案，一是当流域的面雨量（实况和预报雨量的动态累计计算）达到最低等级洪水标准时，启动淹没模型，首先计算拟评估流域或者区域的面雨量，计算出流域或区域每个设定栅格所增加的水量，通过曼宁公式依次迭代计算流向其他栅格的水量，计算给定时间 T 后，地面形成的积水信息，得到动态洪水淹没图；二是根据当前的雨量数据调入合适的预先设置的降水情景淹没图，得到最终的淹没图。

2）风险评估

风险评估功能是本系统的核心功能之一。获取淹没模拟的结果数据，对于不同小时的淹没结果栅格数据进行统计获取最深淹没栅格、最深淹没出现时间、淹没开始时间、淹没历时等栅格。再结合承灾体信息，由一系列方法统计出风险灾害的影响。风险评估的产品包括隐患点信息表、承灾体暴露量表、灾损风险估计表、灾害影响报告等。

3）降雨监测报警

降雨监测报警分为监测和报警两个部分，首先监测当前的实时降雨数据以及累计降雨数据，生成面雨量数据并显示；然后根据实时降雨数据以及累计降雨数据与预先设置的阈值做比较，大于阈值的站点以及流域会闪烁以及描红提示报警。

（2）辅助功能

系统中集成了基础数据管理功能，包括产品的可视化显示、产品图制作（可根据需要自行制作制图模板）、产品输出功能（根据制作模板自动化输出），以及最基础的地图数据浏览功能（例如：放大、缩小、漫游、查询等）。

（3）数据管理功能

针对系统需要，系统中提供了对隐患点的管理功能，可以对隐患点数据进行编辑，并提供了灾情数据的导入(可由 Excel 文档批量导入)与验证(将系统模拟值与数据库中包含的监测值进行对比验证)功能。

(4)软件系统结构

软件系统结构如图 11.2 所示。

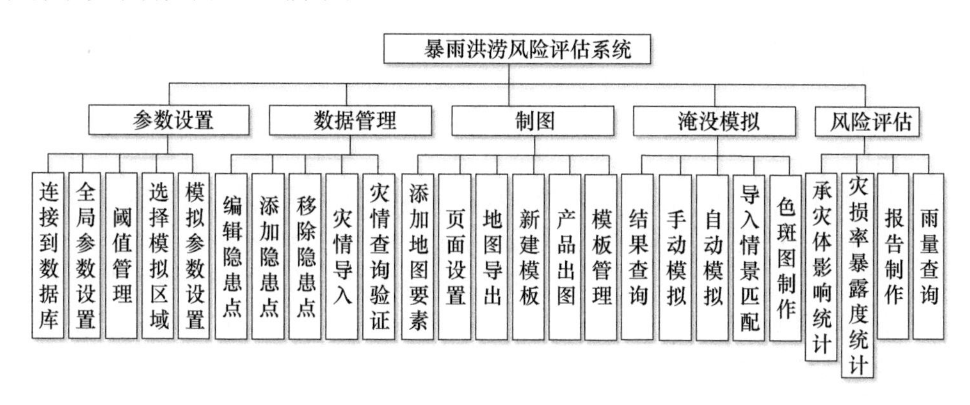

图 11.2　系统框架示意图

11.3.3　操作界面

C/S 端主界面:提供运行于服务器的功能,主要包括:参数设置、数据管理、制图、淹没模拟及风险评估五个功能菜单(图 11.3)。

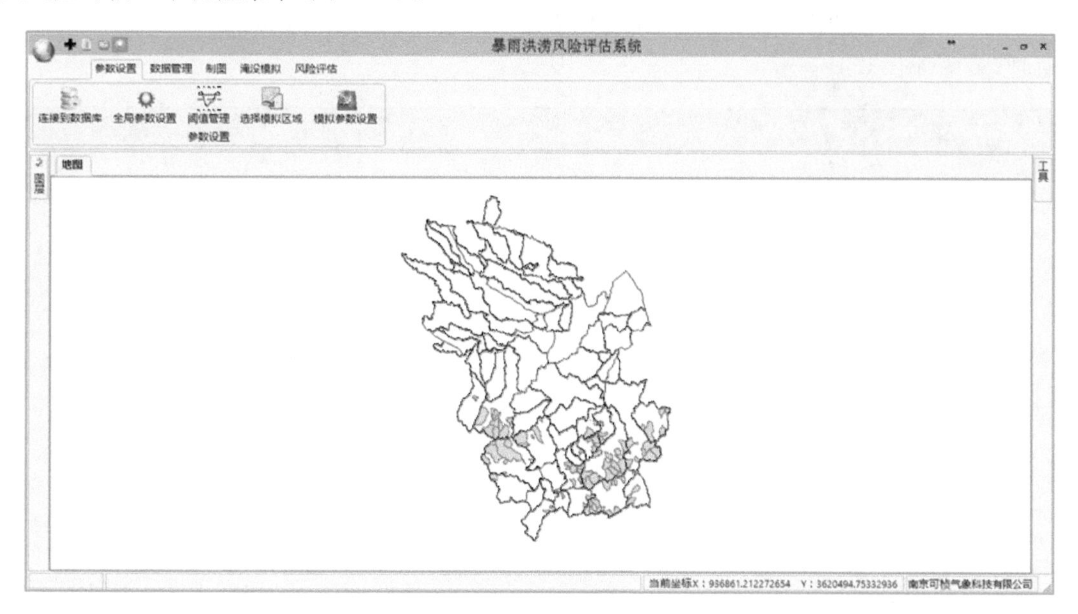

图 11.3　C/S 端运行界面

参数设置菜单下的“连接到数据库”设置提供连接数据库的基本参数设置,一般在程序第一次运行时设置。“全局参数设置”则是对于系统运行所必要的参数:地理数据路径、栅格数据路径、输出结果路径等进行设置。“阈值管理”选项可通过从本地文件将确定的致灾阈值导入到数据库或将阈值数据导出到本地。“选择模拟区域”可以设置需要模拟的区域;“模拟参数设置”可对于模拟时调用 FoodArea 所需要的必要参数进行设置。

数据管理菜单下可提供“隐患点管理”“灾情导入”及“灾情查询并验证”功能。

制图菜单可实现“制图要素添加”“要素选择与删除”“页面设置与输出”及“模板出图”功能。

淹没模拟菜单中提供“手动模拟”和“情景匹配”两类模拟模式及“结果查询”功能。手动模拟:选择合适的模拟时间之后,查询对应时间段的降雨,如果需要模拟整个降雨过程,可以点击填充降雨修改开始时间以及结束时间为整个降雨过程,然后点击开始模拟进行模拟。情景匹配:选择匹配的区域、开始时间、结束时间,然后点击情景匹配按钮进行情景匹配。结果查询分为两种:最近时间查询以及按时间段进行查询。最近时间查询:主要是列出最近的部分模拟结果,单击模拟结果列表就可以列出此次模拟的模拟区域以及模拟产品,双击模拟产品就可以查看模拟的结果;按时间段进行查询:就是按照选择的年和月进行结果的查询。

风险评估菜单中可实现“承灾体影响统计”“暴露度灾损率统计”“报告制作”及“雨量查询。承灾体影响统计可根据模拟降雨的过程统计承灾体损失价值量。暴露度灾损率统计则可对所模拟降水过程中的暴露度和灾损风险进行统计。报告制作菜单是将报告制作界面嵌入到系统上,选择所模拟的项目、模板,点击制作报告按钮,然后对于表格中对于内容的子项进行修改,进行修改后,点击报告输出按钮,就可以预览制作的报告。只有点击这一步操作,才能在 C/S 端结果查询、WEB 端浏览到制作的报告。通过打开雨量查询界面,选择需要查询的年份与月份,点击查询降雨,将数据库中的降雨数据以表格的形式展现出来,切换到图形可将降雨数据以柱状图的形式展示出来,并可对多个降水过程的雨量进行比较。

B/S 端主界面:需打开浏览器输入系统网址,输入用户名密码方能进入系统。此界面主要包括:“首页”“降水数据”“灾情数据”“承灾体数据”“风险情景数据”“产品发布”“值班表”及“用户管理”菜单(图 11.4)。

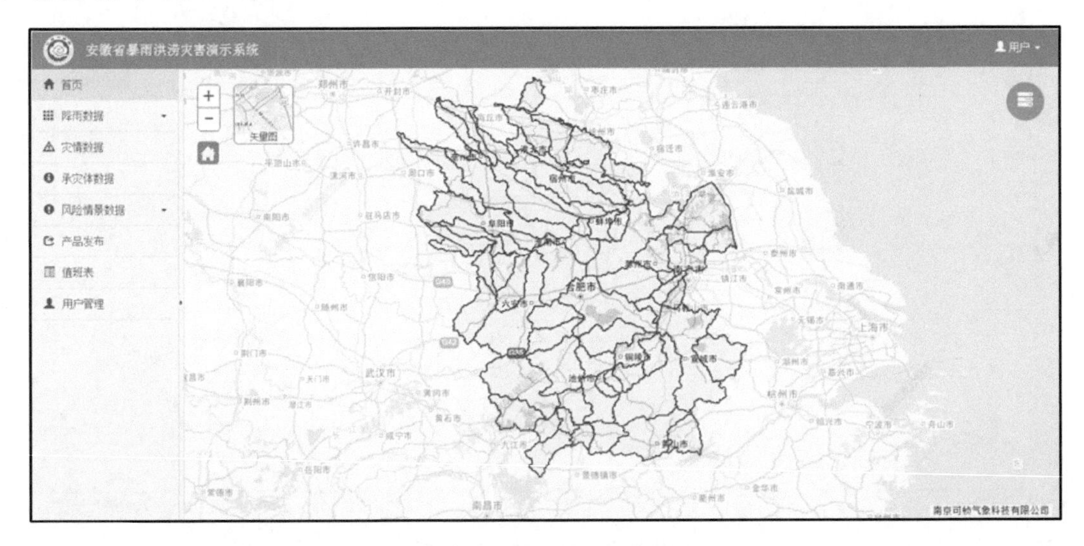

图 11.4　B/S 端运行界面

首页菜单中可自由切换流域、地级市、县级市等边界图层,同时也可以点击不显示隐藏边界图层。

降水数据菜单中包括实时降水查询和预警两项功能。实时降水功能主要显示各个站点的降雨信息以及面状的栅格数据。预警设置界面可以设置报警的雨量阈值大小(业务人员以及以上权限可以设置)，若降雨的雨量超过了阈值，该站点会闪烁并发出声音警报。

灾情数据菜单主要通过查询历史数据，显示隐患点的详细信息及查看隐患点历史灾情。

承灾体数据主要用来显示安徽省学校、村庄、政府、医院等承灾体信息。

风险情景数据主要用来显示 B/S 系统中生成的模拟数据以及情景数据，模拟数据与情景数据显示方式类似。

产品发布功能可以将制作完成的服务材料通过网络发送到指定的用户邮箱。

值班表则显示值班人员值班日期、姓名等信息。

用户管理菜单中设有管理员、业务人员、普通用户三种模式，其中管理员拥有最大权限，可查看以及修改其他用户的密码，业务人员和普通用户则无法打开本页面。本页面中修改密码或角色后点击更新，修改用户信息或者点击删除用户。

11.4　业务产品及服务

在业务化应用与服务方面，研发了淹没模型实时自动化运行技术，解决了承灾体暴露度动态识别技术，构建了以动态淹没模型为核心的轻量化模块，与现有业务系统进行衔接，提高了风险评估的流程化和自动化水平。目前已基本形成动态风险评估业务流程，并在 2013—2018 年汛期多次暴雨过程中得到业务应用，发挥了实时气象防灾减灾效益。2017 年联合南京信息工程大学，研发了基于 B/S 架构的“安徽省暴雨洪涝灾害风险评估系统”，并业务化应用。基于安徽省暴雨洪涝灾害风险评估系统，实现快速自动化淹没模拟，建立暴雨洪涝灾害影响评估方法和业务平台，开展安徽省暴雨洪涝灾害风险评估。风险评估产品冠名为“灾害风险评估快报”，以体现其时效特点(图 11.5)。

每一次风险预评估之后，都要根据降水实况进行模拟检验，有灾情出现时还要开展实地调查。例如，2016 年 6 月 27 日—29 日江淮之间中南部和沿江江南部分地区将出现强降水，针对此次强降水过程，业务人员应用淹没模型对合肥以南中小流域进行暴雨洪涝灾害风险预评估，结果表明江淮之间中部、沿江地区淹没深度普遍达 0.2 m 以上，部分地区超过 0.5 m，低洼地和圩区有可能发生积水内涝，沿江江南多个中小河流域暴雨诱发洪涝灾害风险较高，大别山区南部和沿江江南发生山洪的风险较高(图 11.6)。

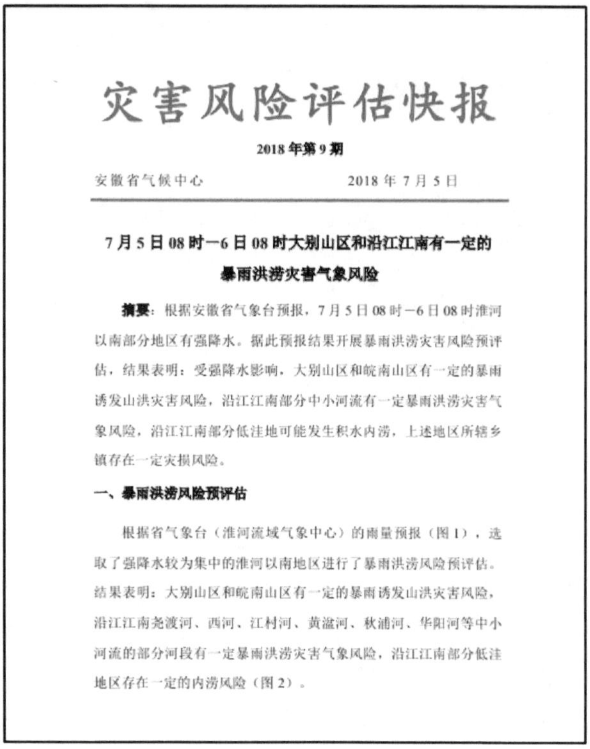

灾害风险评估快报

2018 年第 9 期

安徽省气候中心　　2018 年 7 月 5 日

7 月 5 日 08 时—6 日 08 时大别山区和沿江江南有一定的暴雨洪涝灾害气象风险

摘要：根据安徽省气象台预报，7 月 5 日 08 时—6 日 08 时淮河以南部分地区有强降水。据此预报结果开展暴雨洪涝灾害风险预评估，结果表明：受强降水影响，大别山区和皖南山区有一定的暴雨诱发山洪灾害风险，沿江江南部分中小河流有一定暴雨洪涝灾害气象风险，沿江江南部分低洼地可能发生积水内涝，上述地区所辖乡镇存在一定灾损风险。

一、暴雨洪涝风险预评估

根据省气象台（淮河流域气象中心）的雨量预报（图 1），选取了强降水较为集中的淮河以南地区进行了暴雨洪涝风险预评估。结果表明：大别山区和皖南山区有一定的暴雨诱发山洪灾害风险，沿江江南尧渡河、西河、江村河、黄湓河、秋浦河、华阳河等中小河流的部分河段有一定暴雨洪涝灾害气象风险，沿江江南部分低洼地区存在一定的内涝风险（图 2）。

图 11.5　风险评估业务产品

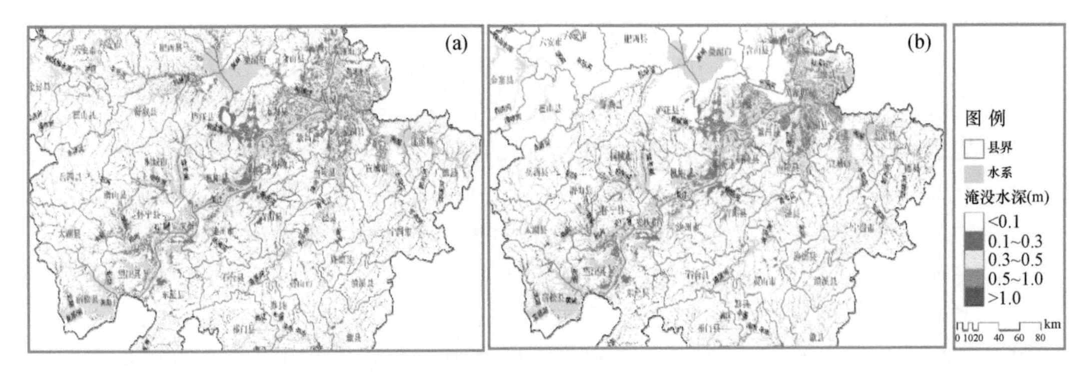

图 11.6　2016 年 6 月 27 日 08 时—28 日 08 时(a)和 28 日 08 时—29 日 08 时(b)风险预评估

安徽省气候中心立即派出调查组及时赶赴受灾较重的霍山县诸佛庵镇进行灾情调查(图 11.7)。模拟涨水深度与实际涨水深度基本接近。

图 11.7　灾情实地调查

产品发布渠道包括部门内外两个方面。部门内通过信息共享平台和办公系统向省、市、县三级发送;部门外则以安徽省气象局《重大气象信息专报》及《专题气象服务》材料报送省委、省政府和相关部门,并在安徽省气候中心网站上发布,公众可以获取;同时市、县气象局参考风险评估产品进一步加工,开展决策服务和点对点公众服务等。至今已发布 60 余期《灾害风险评估快报》,为暴雨灾害的防范应对提供参考依据,其中 2013 年大通河流域服务案例被《中国的气象灾害风险预警》宣传手册和《WMO Bulletin》收录(图 11.8),2014 年 7 月 5 日暴雨过程的风险预评估材料获安徽省委书记重要批示,气象风险预警服务收到良好成效。

图 11.8　风险评估产品大通河服务案例情况

11.5　服务案例

(1)降水情况

2015 年 6 月 24—30 日滁河流域持续强降水，流域累计面降水量 222 mm，其中中南部达 240～328 mm。27 日降水强度最大，流域面降水量 117 mm，最大全椒 155 mm。与历史 6 月单日降水相比，定远(150 mm)为第二多，全椒(155 mm)和来安(134 mm)为第三多。从小时降水来看，超过 40 mm 的乡镇有 7 个，最大全椒六镇(61.9 mm，25 日 13 时)；和县半边月(44.4 mm，27 日 02 时)创所在区域国家站 6 月小时雨量极值(图 11.9)。

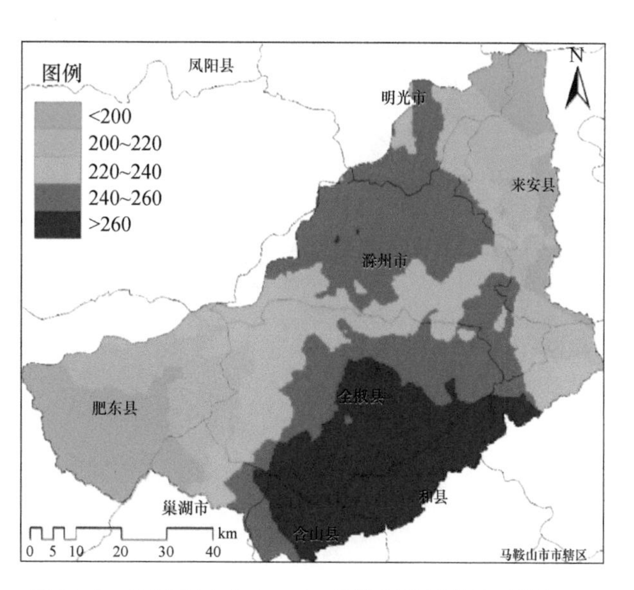

图 11.9　2015 年 6 月 24—30 日滁河流域累计雨量(mm)

受强降雨影响，滁河干流水位迅猛上涨，滁河全线超警，襄河口以上河段发生超历史洪水。27 日 12 时滁河襄河口超警戒水位(11.0 m)，18 时起滁河全线超警戒；22 时 36 分襄河口超保证水位(13.5 m)；28 日 9 时 24 分出现洪峰水位 14.39 m，超保证水位 0.89 m，超历史最高水位

0.16 m(2008 年 14.23 m)，实测洪峰流量 579 m³/s。滁河控制站汊河集站 28 日 9 时 30 分出现洪峰水位 11.45 米，超警戒 1.45 米，最大流量 1180 m³/s，6 时水位 11.04 m。28 日 11 时安徽省防汛抗旱指挥部启用滁河荒草二圩、荒草三圩蓄洪，以消减滁河干流洪峰(图 11.10)。

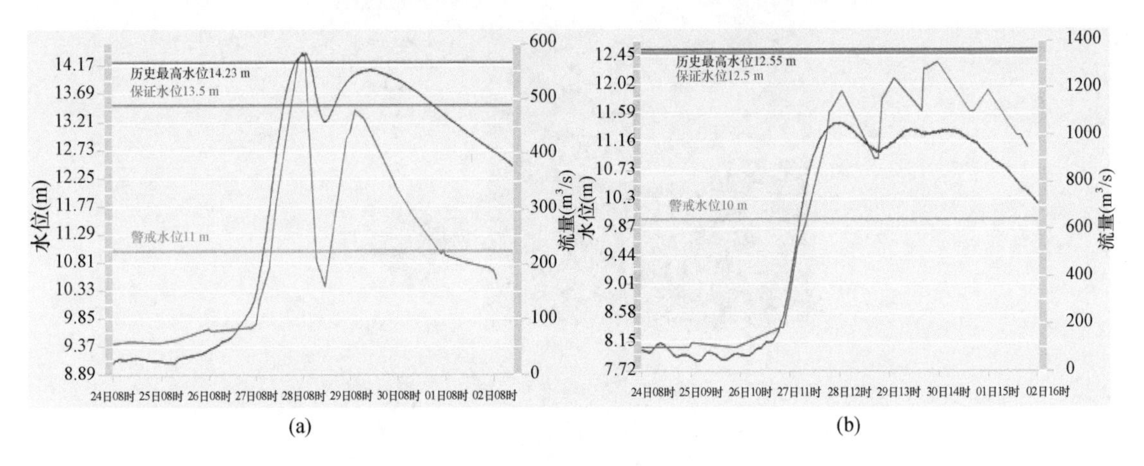

图 11.10　2015 年 6 月 24 日—7 月 2 日襄河口(a)及汊河集(b)水文站水位及流量

(2)淹没分析

根据安徽省气象台预报，2015 年 6 月 27 日至 28 日沿淮至沿江东部将有一次强降水过程，据此预报结果结合滁河流域降水分布型(图 11.11)，采用风险评估业务系统模块开展了暴雨洪涝淹没模拟和风险预评估。

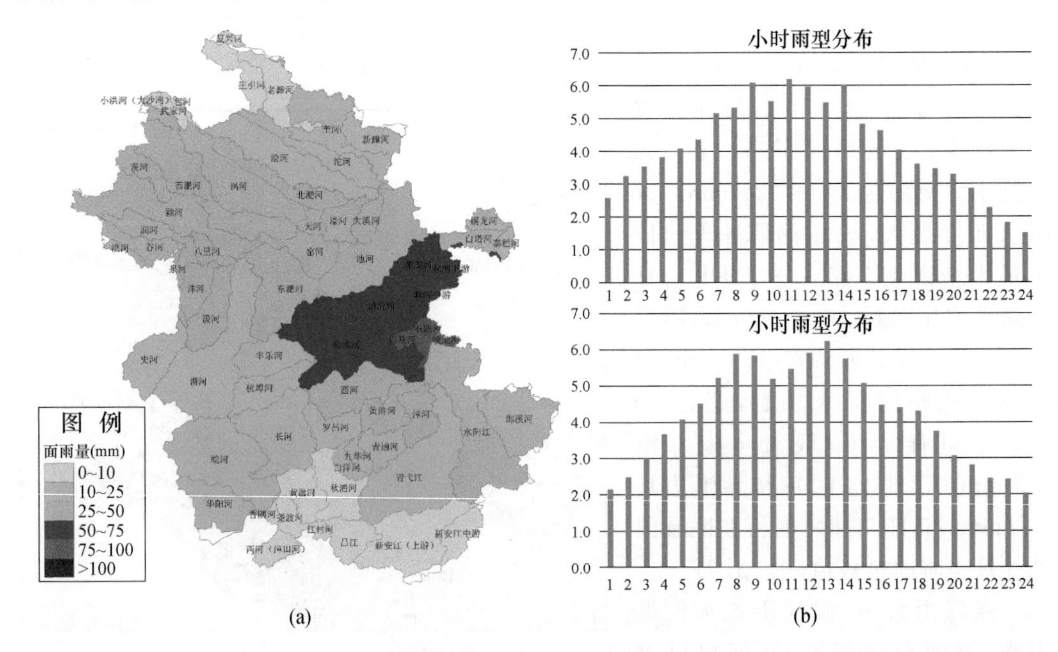

图 11.11　预报面雨量(a)与滁河流域降水分布型(b)

风险预评估结果表明(图 11.12),沿淮至沿江东部将有可能发生积水内涝,滁河、裕溪河、石跋河、得胜河、清流河等流域暴雨诱发洪涝灾害风险较高。其中滁河流域低洼地区和圩区发生不同程度的淹没情况,全椒、来安多个乡镇积水内涝较为严重,滁河干支流淹没深度普遍超过 0.3 m,特别是中上游地区超过 1 m,洪涝灾害风险较高。

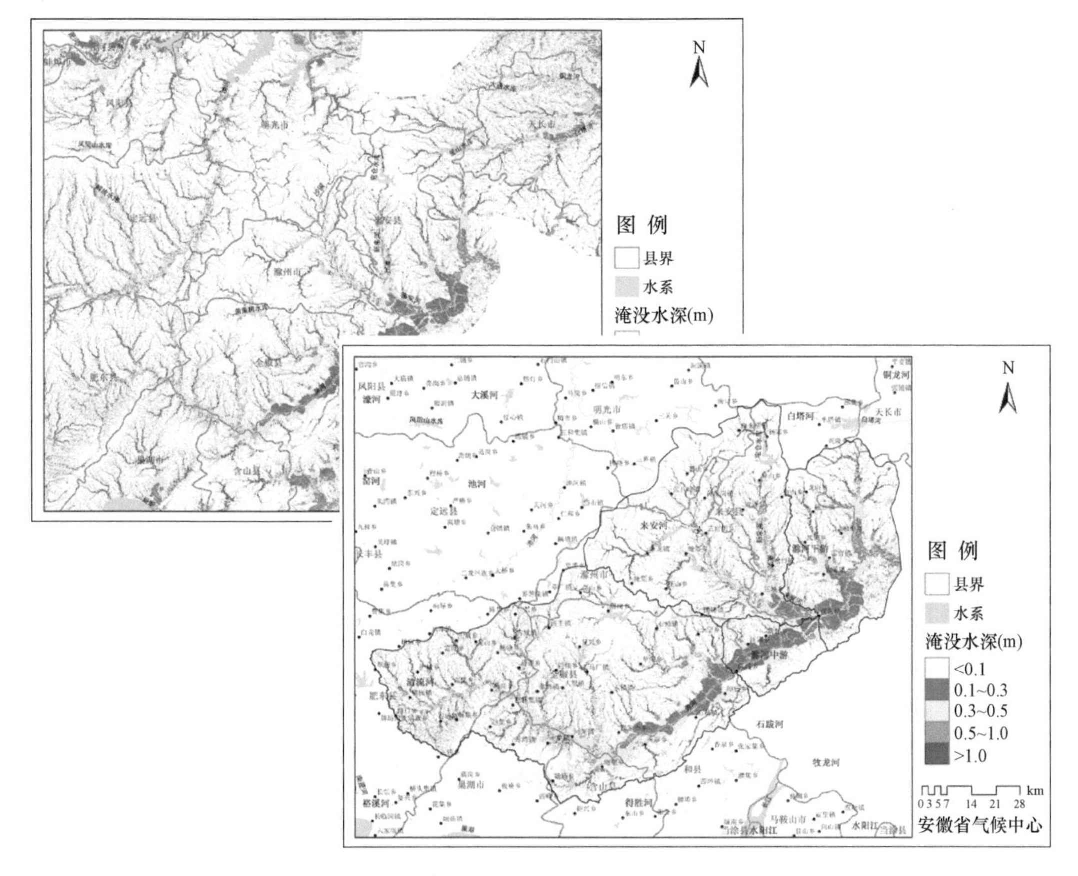

图 11.12　2015 年 6 月 27—28 日滁河流域暴雨洪涝淹没模拟分析

(3)可能损失评估

根据强降水淹没模拟结果,提取了不同居民点的淹没水深,分析了可能受影响的居民点信息(图 11.13),并且结合承灾体分布及其脆弱性函数,进一步定量评估了不同地区的灾损风险。结果表明,受强降水影响滁河流域灾损风险的定量评估结果约为 26 亿元,灾损率平均为 0.63%,灾损风险较高地区主要分布在南谯区沙河镇、花山乡与全椒县石沛镇、马厂镇和襄河镇等地(图 11.14),滁河干流周边的低洼圩区也将出现大面积受灾地区。

(4)服务产品

根据风险预评估结果连续滚动制作发布了 5 期《灾害风险评估快报》,相关信息被纳入到《重大气象信息专报》等材料报送地方政府,同时将产品通过信息共享平台和办公系统发送至各市县气象局,并在安徽省气候中心网站上发布,公众可以获取。

(5)灾情实地调查与结果检验

灾情发生后,安徽省气候中心组织专门调查小组第一时间赴灾害现场开展调查,2015 年 7 月 1 日上午抵达全椒县荒草二圩和荒草三圩蓄洪区,经过调查了解得知:荒草二圩和三圩于 6

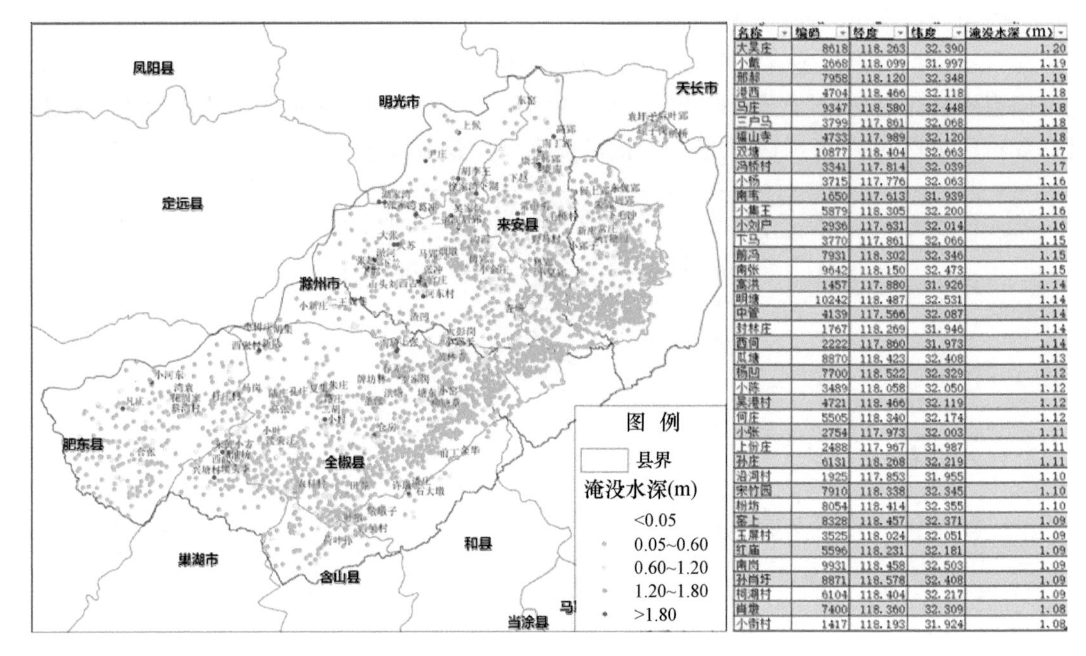

名称	编码	经度	纬度	淹没水深（m）
大吴庄	8618	118.263	32.390	1.20
小甑	2668	118.099	31.997	1.19
邢郢	7958	118.120	32.348	1.19
港西	4704	118.466	32.118	1.18
马庄	9347	118.580	32.448	1.18
三户马	3799	117.861	32.068	1.18
福山寺	4733	117.989	32.120	1.18
双塘	10877	118.404	32.663	1.17
冯桥村	3341	117.814	32.039	1.17
小杨	3715	117.776	32.063	1.16
南韦	1650	117.613	31.939	1.16
小集王	5879	118.305	32.200	1.16
小刘户	2936	117.631	32.014	1.16
下马	3770	117.861	32.066	1.15
前冯	7931	118.302	32.346	1.15
南张	9642	118.150	32.473	1.15
高洪	1457	117.880	31.926	1.14
明塘	10242	118.487	32.531	1.14
中营	4139	117.566	32.087	1.14
封林庄	1767	118.269	31.946	1.14
西何	2222	117.860	31.973	1.14
瓜塘	8870	118.423	32.408	1.13
杨凹	7700	118.522	32.329	1.12
小陈	3489	118.058	32.050	1.12
吴港村	4721	118.466	32.119	1.12
何庄	5505	118.340	32.174	1.12
小张	2754	117.973	32.003	1.11
上份庄	2488	117.967	31.987	1.11
孙庄	6131	118.268	32.219	1.11
沿河村	1925	117.853	31.955	1.10
宋竹园	7910	118.338	32.345	1.10
粉坊	8054	118.414	32.355	1.10
窑上	8328	118.457	32.371	1.09
玉屏村	3525	118.024	32.051	1.09
红庙	5596	118.231	32.181	1.09
南岗	9931	118.458	32.503	1.09
孙尚圩	8871	118.578	32.408	1.09
柯湖村	6104	118.404	32.217	1.09
尚塘	7400	118.360	32.309	1.08
小街村	1417	118.193	31.924	1.08

图 11.13　受影响的居民点分布

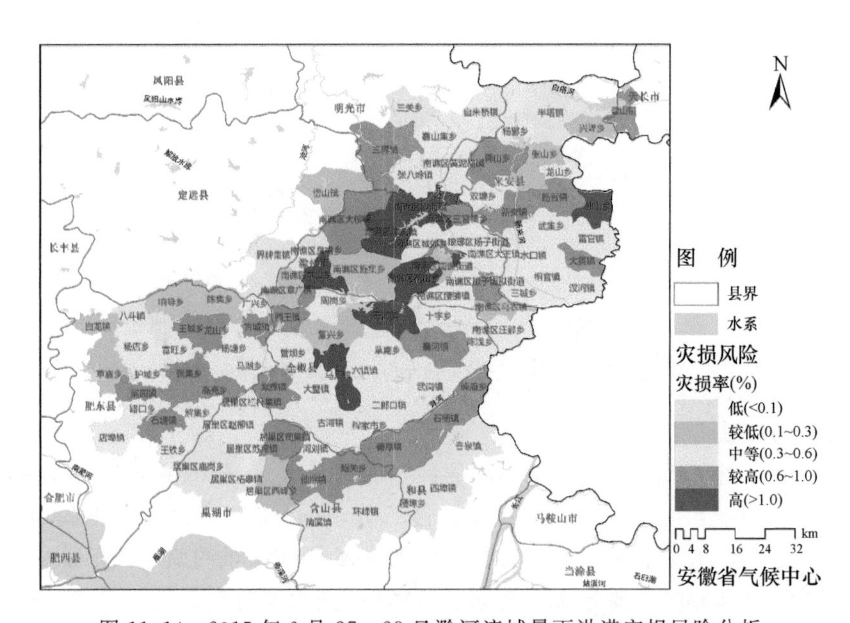

图 11.14　2015 年 6 月 27—28 日滁河流域暴雨洪涝灾损风险分析

月 28 日 11 时至 12 时相继行洪口爆破。7 月 1 日上午来到荒草二圩，洪水几乎与圩提平齐，另一侧是落差近 2 m 的坝埂，而不远处就是落差更大的荒草一圩，圩内水面漫过已经插好的秧苗。

全椒县暴雨造成的内涝也十分严重。截至 7 月 1 日，大部分内涝地区积水已经抽排。调查小组经过县城外环路，可见路边农田及民房淹没的痕迹。一处地势较低的厂房，淹没接近屋顶，淹没深度痕迹达 3 m。城区襄河大闸 27 日 10 时左右道路淹没，县防汛抗旱指挥部连夜组织民工封闭襄河大闸，筑坝高近 1.5 m，防止洪水涌入县城。

通过与实况灾情对比结果表明:滁河流域低洼地区和圩区发生不同程度的淹没情况,全椒县、南谯区、来安县多个乡镇积水内涝较为严重,实况灾情分布与预估的风险较高地区较为一致;与卫星遥感监测结果对比看,所模拟的淹没范围较大的地区与监测结果也较吻合。从定量灾损评估角度看,风险预估结果高于实况灾损,有可能是数据精度不足导致模拟结果欠准确,并且承灾体脆弱性函数也有待进一步修正,此外灾损风险预估结果并未充分考虑防灾减灾措施,这也是预估结果高于实际的重要原因。

(6)服务效果

2015 年滁河流域发生超历史水位的洪水,滁河干流水位全线告急,然而滁州全市尤其是降雨较强的全椒、来安等县,无一人伤亡,灾情也远小于同是大洪水的 1991 年和 2008 年,这得益于防汛抗洪过程中部署、调度等方面的合作与努力,其中暴雨洪涝灾害风险评估成果也为地方政府及时提供了防洪决策建议,为应对该次暴雨过程提供了参考依据。7 月 21 日,滁州市委、市政府给安徽省气象局发来感谢信,感谢信指出,在 2015 年 6 月下旬滁州防汛抗洪工作中,各级气象部门用准确的预报、及时的预警、优质的服务,为市委、市政府科学决策和指挥调度提供了重要依据,为夺取全市抗洪救灾工作的全面胜利做出了积极贡献。

第12章　结　语

本书针对不同的灾害特点，建立了基于致灾过程的暴雨洪涝、城市内涝、干旱、连阴雨、霜冻、高温、冰雹、大风等灾害的风险评估技术体系，并介绍了安徽省暴雨洪涝风险评估业务流程及系统。与前人工作相比，本书在以下几个方面有创新特色：

1. 评估思路

明确提出气象灾害不等同于灾害性天气，故抓住是否致灾这一关键点，依据致灾因子对承灾体的影响程度来确定致灾临界阈值，在此基础上评估灾害性天气（风险源）对承灾体（风险承载体）的影响，其内涵更加科学合理。

2. 评估方法

不同于以往的主观静态评估，而是从致灾机理出发，构建从致灾因子识别→致灾临界气象条件分析→灾害演变模拟→承灾体脆弱性评估→灾害风险定量表达等一整套客观动态的风险评估技术体系，可实现灾前、灾中以及灾后实时评估。

3. 评估指标

融合气象、民政、农业、水文、地理信息等多源数据，构建针对暴雨洪涝、干旱、连阴雨、霜冻、高温热害、冰雹、大风等不同灾种的评估指标和模型，物理机制明确，实用性强，丰富了气候监测评估技术方法，提升了业务服务能力和水平。

4. 评估流程

根据气象灾害发生发展的特点，将致灾过程分解为一系列层层相扣的环节，采用多学科交叉的方式来描述和综合这些环节，实现业务化运行，推动由单纯的天气预报向灾害风险预估延伸，在气象灾害应急服务向灾害风险管理转变中进行了有益探索。

目前，气象灾害风险管理业务还未到成熟阶段，仍存在基础信息不完备、灾害机理分析和评估技术有待加强等一系列问题。因此，后续我们将拓展风险评估的广度和深度，更好地为风险预警服务业务提供技术支撑。

参考文献

安徽省气象局，2009. 安徽省气象灾害年鉴[M]. 北京：气象出版社.

高素华，王培娟，等，2009. 长江中下游高温热害及对水稻的影响[M]. 北京：气象出版社：73-105.

格默(Gemmer M)，王国杰，姜彤，2006. 洪湖分蓄洪区洪水淹没风险动态识别与可能损失评估[J]. 湖泊科学，**18**(5)：464-469.

葛全胜，周铭，郑景云，等，2008. 中国自然灾害风险综合评估初步研究[M]. 北京：科学出版社.

宫德吉，陈素华，1994. 农业气象灾害损失评估方法及其在产量预报中的应用[J]. 应用气象学报，**10**(1)：66-71.

宫清华，黄光庆，郭敏，等，2009. 基于GIS技术的广东省洪涝灾害风险区划[J]. 自然灾害学报，**18**(1)：58-63.

黄崇福，2005. 自然灾害风险评价与减灾政策[M]. 北京：科学出版社.

康西言，李春强，代立芹，2012. 河北省冬小麦生产干旱风险分析[J]. 干旱地区农业研究，**30**(6)：232-237.

李德，景元书，祁宦，2015. 1980—2012年安徽淮北平原冬小麦关键期连阴雨灾害风险分析[J]. 资源科学，**37**(4)：700-709.

李莹，高歌，宋连春，2014. IPCC第五次评估报告对气候变化风险及风险管理的新认知[J]. 气候变化研究进展，**10**(04)：260-267.

刘聪，张旭晖，1999. 作物不同生长时段对水分胁迫敏感性分析[J]. 气象科学，**19**(2)：136-141.

刘家福，李京，刘荆，2008. 基于GIS/AHP集成的洪水灾害综合风险评价——以淮河流域为例[J]. 自然灾害学报，**17**(6)：110-114.

马晓群，陈晓艺，盛绍学，2003. 安徽省小麦渍涝灾害损失评估模型研究[J]. 自然灾害学报，**12**(1)：158-162.

马晓群，吴文玉，张辉，2008. 利用累积湿润指数分析江淮地区农业旱涝时空变化[J]. 资源科学，**30**(3)：371-377.

权瑞松，2014. 基于情景模拟的上海中心城区建筑暴雨内涝脆弱性分析[J]. 地理科学，**34**(11)：1399-1403.

盛绍学，霍治国，石磊，2010. 江淮地区小麦涝渍灾害风险评估与区划[J]. 生态学杂志，**29**(5)：958-990.

盛绍学，马晓群，陈晓艺，2003. 江淮地区小麦、油菜涝渍指标及其基本特征的研究[J]. 自然灾害学报，**12**(2)：175-181.

史培军，2002. 三论灾害研究的理论和实践[J]. 自然灾害学报，**11**(3)：1-9.

史培军，孔锋，叶谦，等，2014a. 灾害风险科学发展与科技减灾[J]. 地球科学进展，29(11)：1205-1211.

史培军，吕丽莉，汪明，等，2014b. 灾害系统：灾害群、灾害链、灾害遭遇[J]. 自然灾害学报，(06)：1-12.

苏布达，施雅风，姜彤，等，2006. 长江荆江分蓄洪区历史演变、前景和风险管理[J]. 自然灾害学报，**15**(5)：19-27.

苏桂武，高庆华，2003. 自然灾害风险的行为主体特性与时间尺度问题[J]. 自然灾害学报，12(1)：9-16.

王胜，田红，杨玮，等，2015. 基于灾损的安徽冬小麦干旱灾害风险评估[J]. 中国农业大学学报，**20**(1)：195-204.

谢志清，杜银，高萍，等，2013. 江淮流域水稻高温热害灾损变化及应对策略[J]. 气象，**39**(6)：774-781.

许莹，马晓群，田晓飞，等，2011. 安徽省冬小麦和一季稻分时段水分敏感性研究[J]. 中国农学通报，**27**(24)：33-39.

许莹,马晓群,岳伟,2009. 安徽省一季稻涝灾损失定量评估研究[J]. 安徽农业科学,**37**(2):722-726.

颜亮东,李林,李红梅,2013. 青海省气象干旱对粮食产量的影响及其评估方法研究[J]. 冰川冻土,**35**(3):687-691.

阳园燕,何永坤,罗孳孳,等,2013. 三峡库区水稻高温热害监测预警技术研究[J]. 西南农业学报,**26**(3):1249-1254.

姚玉璧,张强,李耀辉,等,2013. 干旱灾害风险评估技术及其科学问题与展望[J]. 资源科学,**35**(9):1884-1897.

尹占娥,许世远,殷杰,等,2010. 基于小尺度的城市暴雨内涝灾害情景模拟与风险评估[J]. 地理学报,**65**(5):553-562.

于波,鲍文中,吴必文,等,2013. 安徽农业气象业务服务手册[M]. 北京:气象出版社:152-153.

翟武全,2007. 中国气象灾害大典·安徽卷[M]. 北京:气象出版社.

张会,张继权,韩俊山,2005. 基于GIS技术的洪涝灾害风险评估与区划研究——以辽河中下游地区为例[J]. 自然灾害学报,**14**(6):141-146.

张继权,李宁,2007. 主要气象灾害风险评价与管理的数量化方法及其应用[M]. 北京:北京师范大学出版社.

张强,邹旭恺,肖风劲,等,2008. GB/T20481—2006气象干旱等级[S]. 北京:中国标准出版社:1-17.

章国材,2010. 气象灾害风险评估与区划方法[M]. 北京:气象出版社.

章国材,2014. 自然灾害风险评估与区划原理和方法[M]. 北京:气象出版社.

赵辉,王媛,李刚,等,2011. 春季低温连阴雨灾害对农作物产量影响评估[J]. 气象科技,**39**(1):102-105.

周成虎,万庆,黄诗峰,等,2000. 基于GIS的洪水灾害风险区划研究[J]. 地理学报,**55**(1):15-24.

Aldunce Paulina, Ruth Beilin, Mark Howden, *et al.*, 2015. Resilience for Disaster Risk Management in a Changing Climate: Practitioners' Frames and Practices [J]. *Global Environmental Change*, 30:1-11.

Allen R G, Pereira L S, Raes D, *et al.*, 1998. Crop evapotranspiration[M]. Rome: FAO Irrigation and Drainage Paper: 24.

Birkmann Jörn, Joanna Pardoe, 2014. Climate Change Adaptation and Disaster Risk Reduction: Fundamentals, Synergies and Mismatches [M]. *In* Adapting to Climate Change. Bruce C. Glavovic and Gavin P. Smith, eds. 41-56. Environmental Hazards. Springer Netherlands. http://link. springer. com/chapter/10. 1007/978-94-017-8631-7_2.

FEMA, 2004. Using HAZUS-MH for riskassessment[OL]. http://www. fema. gov/plan/ prevent/hazus.

Geomer, 2003. Floodarea-Arcview extension for calculating flooded areas(User manual Version 2. 4)[M]. Heidelberg: Heidelberg University.

IPCC, 2012. Managing the risks of extreme events and disasters to advance climate change adaptation: a special report of working groups I and II of the Intergovernmental Panel on Climate Change [M]. Cambridge: Cambridge University Press.

IPCC, 2014. Climate change 2014: impact, adaptation, and vulnerability [M/OL]. Cambridge: Cambridge University Press. http://www. ipcc. ch/report/ar5/wg2/.

Karimi I, Hullermeier E, 2007. Risk assessment system of natural hazards: A new approach based on fuzzy probability[J]. *Fuzzy Sets and Systems*, **158**(9):987-999.

Korkmaz K A, 2009. Earthquake disaster risk assessment and evaluation for Turkey[J]. *Environmental Geology*, **57**(2):307-320.

Mechler Reinhard, Laurens M Bouwer, Joanne Linnerooth-Bayer, *et al.*, 2014. Managing Unnatural Disaster Risk from Climate Extremes [J]. *Nature Climate Change*, **4**(4):235-237.

Obersteiner M, Azar C, Kauppi P, *et al.*, 2001. Managing Climate Risk [J]. *Science*, **294**(5543):786-787.

Piers Blaikei, Terry Cannon, Ian Davis, *et al.*, 1994. Risk: Natural hazard, people's vulnerability, and Disasters[M]. London: Routledge:147-167.

Smith D I,Greenaway M A,1988. The computer assessment of urban flood damage:ANUFLOOD[J]. Desktop Planning:Advanced Microcomputer Applications for Physical and Social Infrastructure Planning:239-250.

UNDHA,1991. Mitigating Natural Disasters: Phenomena, Effects and Options: A Manual for Policy Makers and Planners[R]. New York:United Nations.

UNDP, 2004. Reducing disaster risk: A challenge fordevelopment[OL]. John S. Swift Co. , USA. http://www. undp. org/bcpr.

Wilby R L,Troni J,Biot Y,*et al.* ,2009. A Review of Climate Risk Information for Adaptation and Development Planning [J]. *International Journal of Climatology*,**29**(9):1193-1215.

WMO, 2006. Preventing and mitigating natural disasters: Working together for a safer world[R]. WMO-No. 993.

Yoshimatsu H,Abe S,2006. A review of landslide hazards in Japan and assessment of their susceptibility using an analytical hierarchic process (AHP) method[J]. *Landslide*,**3**(2):149-158.

[illegible]
[illegible] computer [illegible]
Planning: Advanced Microcomputer Applications in Physical and Social Infrastructure Planning [illegible]
[illegible] Summary for Policy Makers [illegible]
[illegible] New York: United Nations.
UNEP. [illegible]
[illegible]
[illegible] Annotation and Evaluation [illegible]
[illegible]
WMO. [illegible]
WMO [illegible]
[illegible]
[illegible]